校企合作工业机器人技术专业精品教材

工业机器人应用系统集成
（第 2 版）

主编 王 仲 罗 飞 杨仓军

航空工业出版社

北京

内 容 提 要

本书根据教育部关于高等职业教育教学改革的要求及工业机器人产业的岗位需要，由学校骨干教师和企业技术人员共同编写。全书分为基础篇和实践篇两部分，共有 5 个项目，基础篇包括工业机器人应用系统集成概述、工业机器人应用系统集成的关键技术 2 个项目，实践篇包括搬运码垛机器人应用系统集成、焊接机器人应用系统集成、工业机器人自动生产线集成 3 个项目。

本书可作为职业院校工业机器人技术专业及其他相关专业的教材，也可作为有关工程技术人员的参考资料。

图书在版编目（CIP）数据

工业机器人应用系统集成 / 王仲，罗飞，杨仓军主编. -- 2 版. -- 北京 : 航空工业出版社，2021.11
（2024.8 重印）
ISBN 978-7-5165-2784-9

Ⅰ. ①工… Ⅱ. ①王… ②罗… ③杨… Ⅲ. ①工业机器人－系统集成技术－高等职业教育－教材 Ⅳ. ①TP242.2

中国版本图书馆 CIP 数据核字(2021)第 264972 号

工业机器人应用系统集成（第 2 版）
Gongye Jiqiren Yingyong Xitong Jicheng（Di-er Ban）

航空工业出版社出版发行
（北京市朝阳区京顺路 5 号曙光大厦 C 座四层　100028）
发行部电话：010-85672666　　010-85672683

北京京华铭诚工贸有限公司印刷　　　　　全国各地新华书店经销
2021 年 11 月第 1 版　　　　　　　　　　2024 年 8 月第 3 次印刷
开本：880×1230　1/16　　　　　　　　　字数：446 千字
印张：14.75　　　　　　　　　　　　　　定价：49.80 元

PREFACE 前言

随着科技的进步和经济的发展,近年来我国工业机器人的产业规模持续扩大。工业机器人是先进制造业中的重要装备,以工业机器人为基础的应用系统集成则是工业机器人产业面向终端应用的关键环节。目前,我国正处于制造业转型升级的重要时期,大力发展工业机器人应用系统集成产业,是实现我国制造业自动化、柔性化、智能化的重要途径。

工业机器人应用系统集成产业的不断扩展带来了巨大的人才需求,为了使学生熟练掌握工业机器人应用系统集成的基础知识与实践技能,快速投入工作岗位,我们根据企业实际的岗位需求,结合职业教育的教学特点,精心编写了本书。

本书主要具有以下几个方面的特点。

1. 素质教育,立德树人

党的二十大报告指出:"育人的根本在于立德。"本书积极贯彻党的二十大精神,秉承能力教育与思想教育同向同行的理念,融入了丰富的素质元素。

（1）每个项目首页均设有"素质目标",引导学生树立理想信念,培养优秀精神与品质。

（2）每个任务开始的"任务引入"中,结合背景介绍和故事案例加入素质元素,鼓励学生践行社会主义核心价值观。

（3）在正文中穿插了"大国战略""工匠精神"等模块,培养学生的民族自豪感和职业责任心。

（4）每个任务均设有"素质课堂"模块,通过介绍国家的科技发展进步或具有突出贡献的人物事迹,激发学生的爱国情怀和奋斗精神。

2. 校企合作,工学结合

在编写本书的过程中,编者同一线教师和企业专家密切合作,凭借丰富的教学经验和充分的工程实践,将理论知识和岗位要求有机融合,使内容贴近学校与企业的实际需要。例如,在技能实训"IRB 4600 码垛机器人应用系统集成"中,经过学校教师与企业人员沟通交流,根据设计背景和设备详情,将实际的码垛机器人应用系统进行简化后建立模型,模拟程序调试与运行过程,可以帮助学生认识该系统的连接布局,掌握程序调试与运行的方法。

3. 活页理念,素质教学

为响应教育部对新型活页式教材的倡导,满足学校的教学需求,本书采用活页式理念编写,并注重学生实践能力的培养。本书在介绍理论知识的同时,着力突出学生职业技能的培养与岗位意识的塑造,力争培养出既精通理论又擅长实践的新时代高素质人才。

4. 数字资源，平台辅助

本书配备了海量的数字资源（如微课、课件、答案、程序文件、模拟软件源文件等），为广大师生提供了一站式教学资源。例如，为了便于学生编程与调试，本书在技能实训中介绍程序调试时以二维码的形式给出了相关的程序文件，学生可以随时扫描二维码进行核查；为了便于教师模拟仿真与示范教学，本书实践篇中各任务的系统模型均配有模拟软件源文件和系统模拟运行的微课视频。读者可以登录文旌综合教育平台"文旌课堂"（www.wenjingketang.com）体验平台式教学及下载相关教学资源包。

5. 任务驱动，理实一体

本书采用项目任务式对知识技能进行详细介绍，贯彻执行项目导向与任务驱动，使学生能够学以致用。书中每个项目包含若干个任务，每个任务按照"任务引入→任务工单→知识准备→技能实训"的形式展开。其中，"任务引入"通过背景简介或故事案例引出各任务的主要内容；"任务工单"按照步骤协助学生完成课前准备、理论学习和技能实训；"知识准备"简要介绍本任务涉及的理论知识；"技能实训"详细介绍实训思路与操作步骤，帮助学生掌握系统集成的技术与方法。

6. 图文并茂，模块丰富

为便于学生理解，本书配备了大量实物图和操作图。同时，书中设有"小贴士""资料卡""课堂互动"等小模块，可以增强学生的学习兴趣，促进师生之间的课堂交流，丰富学生对工业机器人的认知，便于学生对知识点的理解。

在编写本书的过程中，编者参考了大量书籍与资料，在此对各书籍与资料的作者表示衷心的感谢。由于编者水平有限，书中存在的疏漏与不妥之处，恳请广大专家和读者批评指正，以便我们进行修订和完善。

本书编委会

主　编 王　仲　罗　飞　杨仓军

副主编 陈　容　谷　泉　杨　娇

　　　　　王　赟　李文辉

CONTENTS 目录

基础篇

项目一 工业机器人应用系统集成概述

任务一　工业机器人应用系统认知 ································· 4
  任务引入——凝聚力量，实现共同目标 ···················· 4
  任务工单 ·· 5
  知识准备 ·· 9
    一、工业机器人应用系统的组成 ···························· 9
    二、工业机器人应用系统的特点 ·························· 16
  素质课堂　人人要安全，人人重安全 ······················ 16
  技能实训——工业机器人实训室认识 ······················ 17

任务二　工业机器人应用系统集成认知 ······················ 19
  任务引入——发展系统集成技术，实施制造强国战略 ············ 19
  任务工单 ·· 21
  知识准备 ·· 25
    一、工业机器人应用系统集成的概况 ···················· 25
    二、工业机器人应用系统集成的基本要求 ············ 28
    三、工业机器人应用系统集成的一般过程 ············ 30
  素质课堂　大国战略，远景目标 ································ 33
  技能实训——工业机器人应用系统集成行业发展调研 ············ 34

I

项目二　工业机器人应用系统集成的关键技术

任务一　工业机器人 I/O 通信技术认知 ………………………… 36
　　任务引入——实践出真知，虚心使人进步 ………………………… 36
　　任务工单 ………………………………………………………… 37
　　知识准备 ………………………………………………………… 41
　　　一、工业机器人控制系统的概况 …………………………………… 41
　　　二、工业机器人控制器的 I/O 通信 ………………………………… 43
　　　三、基于控制器的工业机器人外部控制 …………………………… 51
　　素质课堂　给机器人"造大脑"的中国梦践行者 …………………… 52
　　技能实训——ABB 机器人 I/O 接口实验 …………………………… 53
　　　一、实训概况 ………………………………………………………… 53
　　　二、实训步骤 ………………………………………………………… 53

任务二　工业机器人现场总线技术认知 ………………………… 59
　　任务引入——技术传帮带，和谐好氛围 …………………………… 59
　　任务工单 ………………………………………………………… 61
　　知识准备 ………………………………………………………… 65
　　　一、常用的现场总线技术 …………………………………………… 65
　　　二、基于 PLC 的工业机器人应用系统的连接与设计 ……………… 67
　　　三、工业机器人应用系统的人机界面 ……………………………… 68
　　素质课堂　蒋新松：中国机器人之父 ……………………………… 73
　　技能实训——ABB 工业机器人之间 DeviceNet 总线通信实验 …… 74
　　　一、实训概况 ………………………………………………………… 74
　　　二、实训步骤 ………………………………………………………… 74

实践篇

项目三　搬运码垛机器人应用系统集成

任务一　搬运机器人应用系统集成 ………………………………… 82
　　任务引入——科学是第一生产力 …………………………………… 82
　　任务工单 ………………………………………………………… 83
　　知识准备 ………………………………………………………… 87
　　　一、搬运机器人应用系统的任务分析 ……………………………… 87
　　　二、搬运机器人应用系统的硬件选型 ……………………………… 88
　　　三、搬运机器人应用系统的软件配置 ……………………………… 93
　　素质课堂　国内首创"犀牛"叉车式 AGV …………………………… 101
　　技能实训——IRB 120 搬运机器人应用系统集成 ………………… 101
　　　一、搬运机器人应用系统的设计背景 ……………………………… 101
　　　二、搬运机器人应用系统的设备详情 ……………………………… 102
　　　三、搬运机器人应用系统的连接布局 ……………………………… 104
　　　四、搬运机器人应用系统的程序调试与运行 ……………………… 106

任务二　码垛机器人应用系统集成 ……………………………………… 112
　　任务引入——新起点，新机遇 ………………………………………… 112
　　任务工单 …………………………………………………………………… 113
　　知识准备 …………………………………………………………………… 117
　　　一、码垛机器人应用系统的任务分析 ……………………………… 117
　　　二、码垛机器人应用系统的硬件选型 ……………………………… 117
　　　三、码垛机器人应用系统的软件配置 ……………………………… 121
　　素质课堂　知之非难，行之不易 ……………………………………… 124
　　技能实训——IRB 4600 码垛机器人应用系统集成 ………………… 125
　　　一、码垛机器人应用系统的设计背景 ……………………………… 125
　　　二、码垛机器人应用系统的设备详情 ……………………………… 125
　　　三、码垛机器人应用系统的连接布局 ……………………………… 127
　　　四、码垛机器人应用系统的程序调试与运行 ……………………… 130

项目四　焊接机器人应用系统集成

任务一　弧焊机器人应用系统集成 ……………………………………… 134
　　任务引入——活到老，学到老 ………………………………………… 134
　　任务工单 …………………………………………………………………… 135
　　知识准备 …………………………………………………………………… 139
　　　一、弧焊机器人应用系统的任务分析 ……………………………… 139
　　　二、弧焊机器人应用系统的硬件选型 ……………………………… 140
　　　三、弧焊机器人应用系统的软件配置 ……………………………… 145
　　素质课堂　焊接机器人"加盟"，助力"智造"升级 ………………… 148
　　技能实训——IRB 1410 弧焊机器人应用系统集成 ………………… 149
　　　一、弧焊机器人应用系统的设计背景 ……………………………… 149
　　　二、弧焊机器人应用系统的设备详情 ……………………………… 149
　　　三、弧焊机器人应用系统的连接布局 ……………………………… 152
　　　四、弧焊机器人应用系统的通信配置 ……………………………… 152
　　　五、弧焊机器人应用系统的程序调试与运行 ……………………… 156

任务二　点焊机器人应用系统集成 ……………………………………… 159
　　任务引入——精益求精，一丝不苟 …………………………………… 159
　　任务工单 …………………………………………………………………… 161
　　知识准备 …………………………………………………………………… 165
　　　一、点焊机器人应用系统的任务分析 ……………………………… 165
　　　二、点焊机器人应用系统的硬件选型 ……………………………… 166
　　　三、点焊机器人应用系统的软件配置 ……………………………… 170
　　素质课堂　让机器人也有"工匠精神" ………………………………… 173
　　技能实训——IRB 6640 点焊机器人应用系统集成 ………………… 173
　　　一、点焊机器人应用系统的设计背景 ……………………………… 173
　　　二、点焊机器人应用系统的设备详情 ……………………………… 174
　　　三、点焊机器人应用系统的连接布局 ……………………………… 176

四、点焊机器人应用系统的通信配置 …………………………… 178
　　五、点焊机器人应用系统的程序调试与运行 …………………… 182

项目五　工业机器人自动生产线集成

任务一　工业机器人装配生产线集成 …………………………… 186
任务引入——国家政策助力自动化装配作业 …………………… 186
任务工单 …………………………………………………………… 187
知识准备 …………………………………………………………… 191
　　一、工业机器人装配生产线的任务分析 ……………………… 191
　　二、工业机器人装配生产线的硬件选型 ……………………… 191
　　三、工业机器人装配生产线的软件配置 ……………………… 196
　　四、工业机器人装配生产线的布局与集成案例 ……………… 197
素质课堂　国内首台建筑构件装配机器人"赤沙号"
　　　　　研制成功 ……………………………………………… 202
技能实训——IRB 120 工业机器人装配生产线集成 …………… 202
　　一、工业机器人装配生产线的设计背景 ……………………… 202
　　二、工业机器人装配生产线的设备详情 ……………………… 203
　　三、工业机器人装配生产线的连接布局 ……………………… 204
　　四、工业机器人装配生产线的通信配置 ……………………… 205
　　五、工业机器人装配生产线的程序调试与运行 ……………… 205

任务二　工业机器人喷涂生产线集成 …………………………… 207
任务引入——保护劳动者，环保可持续 ………………………… 207
任务工单 …………………………………………………………… 209
知识准备 …………………………………………………………… 213
　　一、工业机器人喷涂生产线的任务分析 ……………………… 213
　　二、工业机器人喷涂生产线的硬件选型 ……………………… 215
　　三、工业机器人喷涂生产线的软件配置 ……………………… 217
　　四、工业机器人喷涂生产线的形式与功能模块 ……………… 218
素质课堂　蒋刚：十年专注，成就"机器人大工匠" …………… 220
技能实训——IRB 4600 工业机器人喷涂生产线集成 ………… 221
　　一、工业机器人喷涂生产线的设计背景 ……………………… 221
　　二、工业机器人喷涂生产线的设备详情 ……………………… 221
　　三、工业机器人喷涂生产线的连接布局 ……………………… 222
　　四、工业机器人喷涂生产线的通信配置 ……………………… 223
　　五、工业机器人喷涂生产线的程序调试与运行 ……………… 224

参考文献 …………………………………………………………… 226

基础篇
JI CHU PIAN

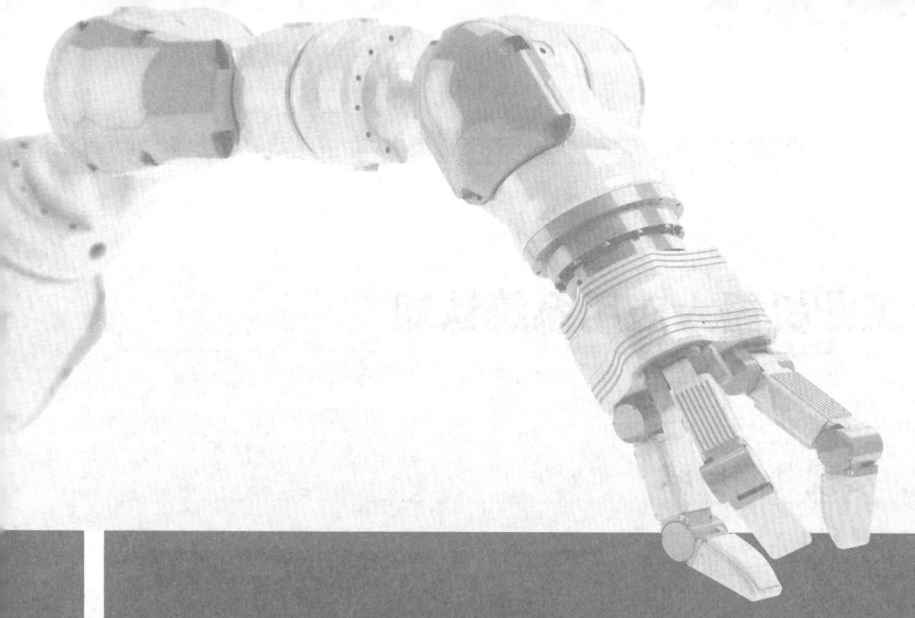

项目一
工业机器人应用系统集成概述

项目导读

在工业机器人产业化的发展历程中,工业机器人应用系统的集成直接对应于系统集成商,处于工业机器人产业链的下游。系统集成商主要为终端用户提供系统解决方案,负责工业机器人本体的二次开发和外围设备的集成,是工业机器人自动化应用的关键步骤。本项目通过认识工业机器人应用系统和熟悉工业机器人应用系统的集成两个任务,介绍工业机器人应用系统及系统集成的相关知识。

素质目标

◆ 树立制造强国的远大职业理想与投身国家建设的使命担当。
◆ 培养团队合作精神与安全责任意识。

学习目标

◆ 熟悉工业机器人应用系统的组成。
◆ 了解工业机器人应用系统的特点。
◆ 了解工业机器人应用系统集成的概况。
◆ 理解工业机器人应用系统集成的基本要求。
◆ 熟悉工业机器人应用系统集成的一般过程。

任务一　工业机器人应用系统认知

任务引入——凝聚力量，实现共同目标

通过前面相关课程的学习，我们已经知道，工业机器人是一种可通过编程实现动作的自动化机械手臂。但在实际的应用中，单独一台机械手臂无法完成自动化生产作业，需要在其周边增加辅助设备才能实现自动化的生产循环，即构建工业机器人应用系统。同样的道理，在我们的学习和工作中，很多时候只有大家齐心协力、团结一致，凝聚成系统的集体力量，才能更好、更快地实现共同目标。

本任务主要从工业机器人的组成和特点两个方面来认识工业机器人应用系统。本任务的知识与技能要求如表 1-1 所示。

表 1-1　知识与技能要求

任务内容	工业机器人应用系统认知	学习程度		
		识记	理解	应用
学习任务	工业机器人应用系统的组成	●		
	工业机器人应用系统的特点	●		
实训任务	认识工业机器人应用系统			●
自我勉励				

班级_____   姓名_____   学号_____

任务工单

1. 任务描述

根据实际情况,通过搜集资料或实地考察的方式,认识工业机器人应用系统的组成,理解工业机器人应用系统的特点,将获取的资料以图片和文字的形式进行记录,并编写调查报告。

2. 小组分工

以 3~5 人为一组,选出组长并进行任务分工,将小组成员及分工情况填入表 1-2 中。

表 1-2 小组成员及分工情况

班级		组号		指导教师	
小组成员	姓名	学号	任务分工		
组长					
组员					

3. 获取信息

在进行具体工作前,需要掌握工业机器人应用系统各组成部分的相关知识。请各组组长组织组员收集相关资料,回答下列问题。

引导问题 1:工业机器人应用系统是指使用一台或多台_____,配备相应的_____,用以完成某一特定工序作业的独立生产系统,也可称为工业机器人工作单元。

引导问题 2:工业机器人根据用途的不同,可分为搬运机器人、_____、焊接机器人、_____、喷涂机器人等。

引导问题 3:根据其用途和结构的不同,末端执行器可以分为_____、吸附式末端执行器和_____三类。

引导问题 4:应用系统控制装置主要包括_____和_____两部分。

引导问题 5:简述工业机器人应用系统的特点。

班级_____ 姓名_____ 学号_____

4. 制订计划

制订工作计划,并将其填入表 1-3 中。

表 1-3 工作计划

步骤	工作内容	负责人

5. 进行决策

(1)每人阐述工作计划。

(2)组员之间进行提问与答疑,选出最佳计划。

(3)教师对各组的工作计划进行点评。

6. 任务实施

按照本组确定的最佳计划对工业机器人应用系统进行认识,然后根据实际过程,将实施步骤、实施内容及实施过程中遇到的问题和解决办法记录在表 1-4 中。

表 1-4 任务实施过程记录表

序号	实施步骤	实施内容	遇到的问题和解决办法

班级_____ 姓名_____ 学号_____

表1-4（续）

序号	实施步骤	实施内容	遇到的问题和解决办法

表1-4（续）

班级_____ 姓名_____ 学号_____

7．考核评价

各组代表讲述任务实施成果，并配合指导教师完成如表 1-5 所示的考核评价表。

表 1-5 考核评价表

项目名称	评价内容	分值	评价分数		
			自评	互评	师评
职业素养考核项目 40%	无迟到、无早退、无旷课	6 分			
	仪容仪表符合规范要求	6 分			
	具备较强的安全意识与责任意识	10 分			
	具备良好的团队合作与交流能力	6 分			
	具备较强的纪律执行能力	6 分			
	保持良好的作业现场卫生	6 分			
专业能力考核项目 60%	积极参加教学活动，按时完成任务工单	12 分			
	工作计划设计合理	18 分			
	任务目标明确、任务内容清晰	12 分			
	任务完成情况良好	18 分			
合计		100 分			
总评	自评（20%）+互评（20%）+师评（60%）=____	综合等级：_____	教师（签名）：_____		

知识准备

一、工业机器人应用系统的组成

工业机器人应用系统是指使用一台或多台工业机器人,配备相应的外围设备,用以完成某一特定工序作业的独立生产系统,也可称为工业机器人工作单元。它主要由工业机器人、末端执行器、应用系统控制装置、外围设备组成。

工业机器人应用系统是以工业机器人为主体的作业系统。由于工业机器人具有可再编程的特点,当作业对象改变时,可以对工业机器人的作业程序进行重新编写,从而使应用系统具有一定的柔性。对工业机器人应用系统的各组成部分进行系统集成,使之构成一个有机整体,可以满足不同生产任务的要求。

(一) 工业机器人

工业机器人是一种具有自动控制和移动功能且能够完成多种作业的可编程操作机,通常由执行机构、驱动系统、控制系统和传感系统四部分组成,如图1-1所示。工业机器人各组成部分之间的关系如图1-2所示。

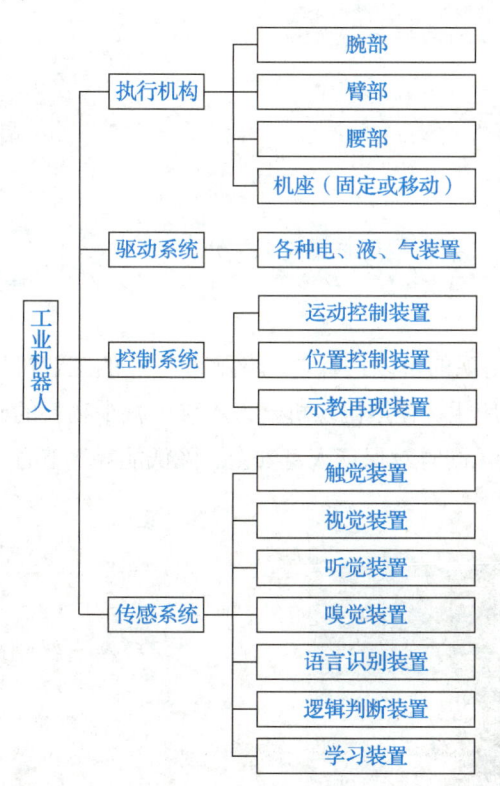

图1-1 工业机器人的组成

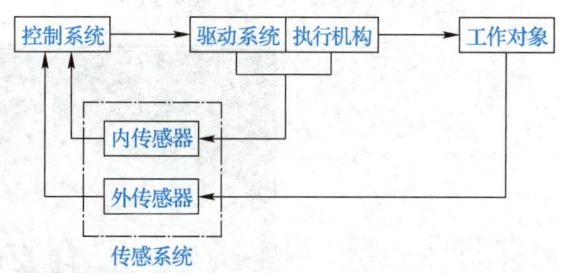

图1-2 工业机器人各组成部分之间的关系

工业机器人可以从不同角度进行分类,根据机械结构的不同,可分为串联机器人、并联机器人和混联机器人;根据坐标系的不同,可分为直角坐标型机器人、圆柱坐标型机器人、球坐标型机器人和关节坐标型机器人;根据控制方式的不同,可分为非伺服控制机器人和伺服控制机器人;根据用途的不同,可分为搬运机器人、码垛机器人、焊接机器人、装配机器人、喷涂机器人等。下面按照用途分类简单介绍几种常用工业机器人。

1. 搬运机器人

搬运机器人是指可以进行自动化搬运作业的工业机器人，如图1-3所示。搬运作业时，搬运机器人使用某种机构握持工件，将工件从一个加工位置移动到另一个加工位置。搬运机器人在实际生产中应用范围最广，一般只需要对其进行点位控制，即仅要求始点和终点位置准确，而对被搬运工件的运动轨迹无严格要求。搬运机器人可以完成各种不同形状和状态的工件搬运作业，大大减轻了工人繁重的体力劳动，提高了生产效率和质量，减少了物料的破损与浪费。

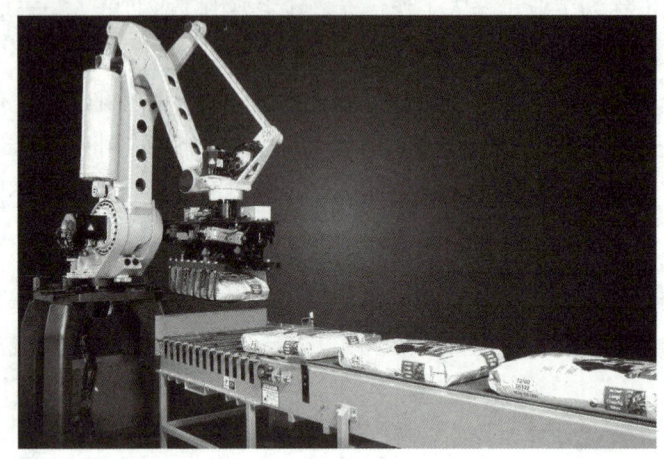

图1-3 搬运机器人

小贴士

世界上很多国家已出台人工搬运的最大限度，超过限度时必须由搬运机器人来完成。

2. 码垛机器人

码垛机器人是经历了人工码垛、码垛机码垛两个阶段后出现的可以进行自动化码垛作业的工业机器人，如图1-4所示。码垛机器人在码垛作业中有着相当广泛的应用。使用码垛机器人不仅可减少物料的破损与浪费，还可以改善工人的劳动环境，减轻工人的劳动强度，同时对保证人身安全、降低能耗、节省空间、提高作业效率和稳定性具有重要意义。

图1-4 码垛机器人

3. 焊接机器人

焊接机器人是指从事焊接作业的工业机器人，可分为点焊机器人、弧焊机器人等。人工焊接作业对工人具有很大的伤害且无法保证焊接质量。焊接机器人具有安装面积小、工作空间大等特点，在保证定位精度的情况下，可实现小节距的多点定位，而且示教简单，焊接质量有保证。焊接机器人通常用于汽车制造领域（见图1-5），是目前应用最广泛的工业机器人之一。

图1-5 焊接机器人

4. 装配机器人

装配机器人是指在工业生产线上可以完成装配或拆卸零部件作业的一类工业机器人，如图1-6所示。装配机器人与一般工业机器人相比，具有精度高、柔性好、工作空间小、适配性好等特点。在工业生产中，使用装配机器人可以保证产品质量，降低生产成本，提高生产的自动化水平。目前，装配机器人主要用于各种电器、电动机、汽车、计算机等产品及其组件的装配作业。

图1-6 装配机器人

5. 喷涂机器人

喷涂机器人是指可以进行自动喷漆或喷涂其他涂料的工业机器人，如图1-7所示。喷涂机器人具有喷涂质量高、重复精度好、材料利用率高、生产效率高等优点，能够将工人从有毒、易燃、易爆的工作环境中解放出来。目前先进的喷涂机器人采用柔性手腕，既可向各个方向弯曲，又可转动，能方便地通过较小的孔伸入工件内部，喷涂工件内表面。喷涂机器人作业速度快、操作维护简单，广泛用于汽车、仪表、电器等产品的生产部门。

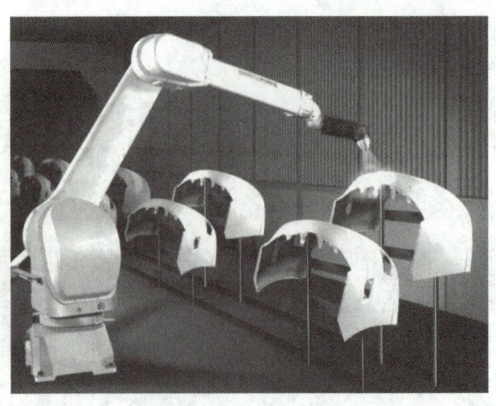

图 1-7 喷涂机器人

> **课堂互动**
>
> 从实际生产应用的角度分析,以上几种工业机器人哪种类型应用率最高?说说你的理由,并尝试说明该类型工业机器人所应用的行业领域和作业场景,讨论其发展趋势与应用前景。

(二)末端执行器

工业机器人应用系统的末端执行器即工业机器人的手部,它安装在工业机器人的腕部,用于直接抓握工件或执行焊接、喷涂等作业,对工业机器人的任务完成质量起到关键作用,是工业机器人最为重要的执行机构。

大多数末端执行器的结构和尺寸都是根据其不同的作业任务要求来设计的,因此其结构形式多种多样。通常,根据其用途和结构的不同,末端执行器可以分为夹持式末端执行器、吸附式末端执行器和专用工具三类,如图 1-8 所示。

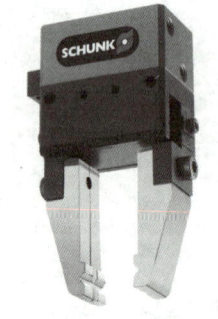 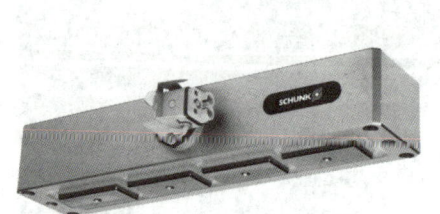 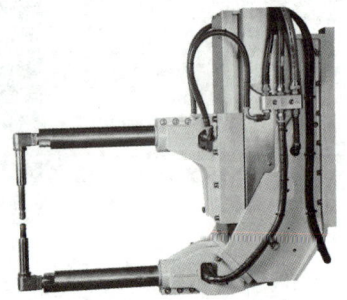

(a)夹持式末端执行器　　　　(b)吸附式末端执行器　　　　(c)专用工具(柔性焊枪)

图 1-8 末端执行器

1. 夹持式末端执行器

夹持式末端执行器主要由手指、驱动机构、传动机构、支架等组成,其结构如图 1-9 所示。夹持式末端执行器主要通过手指的开闭动作实现对工件的夹持,应用较为广泛。

根据手指开合动作的特点不同,夹持式末端执行器可分为回转型和平移型两种。回转型末端执行器应用较多,其手指为一对杠杆,并与斜楔、滑槽、连杆、齿轮、蜗轮蜗杆或螺杆等机构组成复合式杠杆传动机构,用以改变传动比和运动方向;平移型末端执行器通过手指指面的直线往复运动或平面移动来实现松开或闭合动作，常用于夹持具有平行平面的工件，如冰箱、洗衣机等。

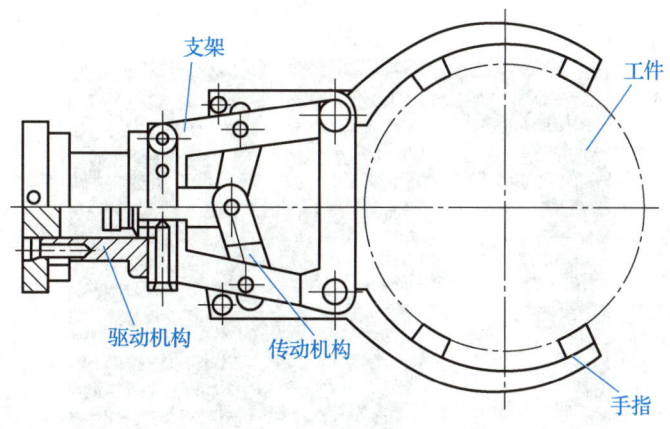

图 1-9 夹持式末端执行器的结构

末端执行器的手指是工业机器人直接与工件接触的部件，它的结构形式通常取决于工件的形状和特性。常用的手指有 V 形指、平面指、尖指和特形指等，如图 1-10 所示。一般来说，V 形指用于夹持圆柱形工件，平面指用于夹持具有两个平行平面的工件或细小棒料，尖指用于夹持小型、柔性或炙热的工件，特形指用于夹持形状不规则的工件。

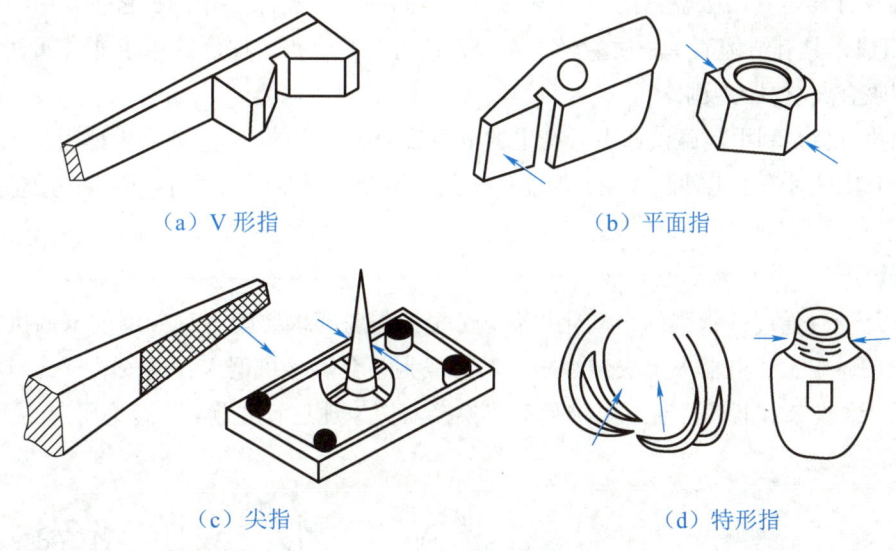

图 1-10 末端执行器的手指

末端执行器手指的指面形状包括齿形指面、光滑指面和柔性指面等。一般来说，齿形指面用于夹持表面粗糙的半成品或毛坯，光滑指面用于夹持已完成表面加工的工件，柔性指面用于夹持炽热件、薄壁件、脆性工件、已完成表面加工的工件等。

资料卡

夹持式末端执行器最完美的形式是模仿人手的多指灵巧手，如图 1-11 所示。多指灵巧手有多个手指，每个手指有多个回转关节，每个关节的自由度都是独立控制的。因此，人类手指能完成的各种复杂动作它几乎都能模仿，如拧螺钉、弹钢琴、拿水杯等。若多指灵巧手再配置触觉、力觉、视觉、温度等传感器，将会达到更完美的程度。

多指灵巧手的应用前景十分广泛，它可在各种极限环境下完成人类无法实现的操作，如在核辐射区域或宇宙空间中作业等。

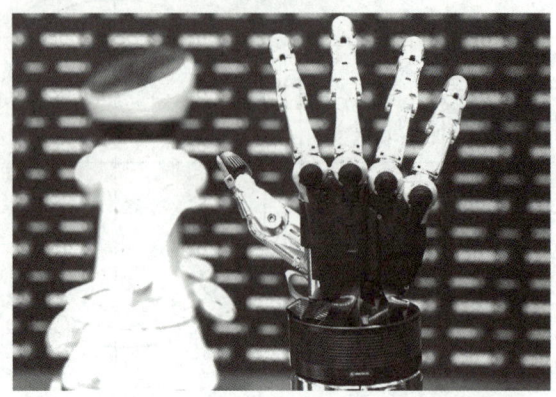

图 1-11　多指灵巧手

2．吸附式末端执行器

吸附式末端执行器是目前应用较多的一种末端执行器，特别适用于搬运机器人。根据吸附原理的不同，吸附式末端执行器可分为气吸式和磁吸式两种。

气吸式末端执行器是利用吸盘内的压力与大气压之间的压力差而工作的。它主要由吸盘、吸盘架及进/排气系统等组成，具有结构简单、质量轻、使用方便可靠等优点，广泛应用于非金属材料（如玻璃、板材等）或无剩磁金属材料的吸附。

磁吸式末端执行器是利用电磁铁通电后产生的电磁吸力而工作的。它主要由电磁吸盘、防尘盖、线圈、壳体等组成，由于其只对铁磁工件起作用，不能用于某些不允许有剩磁的零件，所以使用范围具有一定的局限性。

3．专用工具

工业机器人是一种通用性很强的自动化设备，可根据作业要求装配各种专用的末端执行器来执行各种动作。例如，在通用工业机器人上安装焊枪，其可成为一台焊接机器人；而安装拧螺母机，其可成为一台装配机器人。这些专用工具可通过电磁吸盘式换接器快速地进行更换，以满足用户的不同加工需求，如图 1-12 所示。

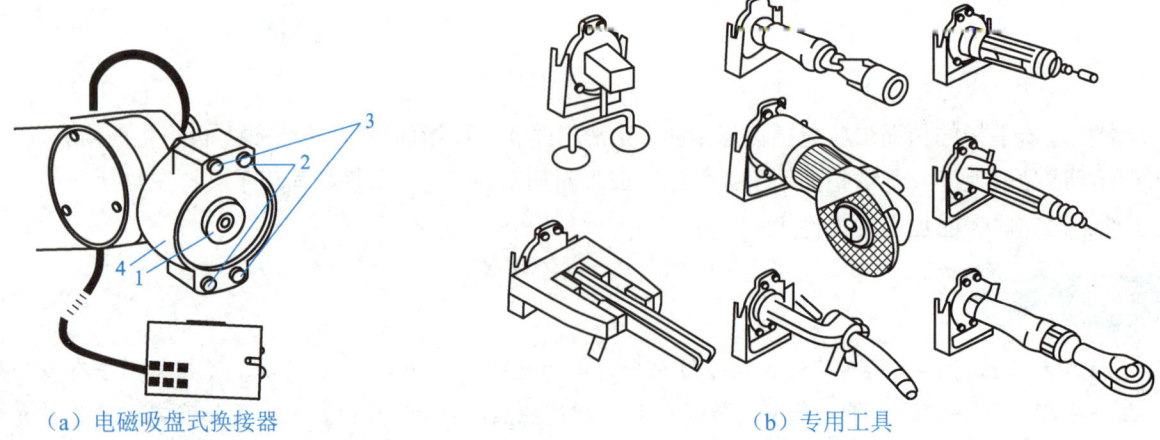

（a）电磁吸盘式换接器　　　　　　　　　　（b）专用工具

1—气路接口；2—定位销；3—电接头；4—电磁吸盘。

图 1-12　电磁吸盘式换接器和专用工具

项目一 工业机器人应用系统集成概述

资料卡

工业机器人工具快换装置能够快速换接机器人的末端执行器,以满足某些工业机器人在承担多种不同任务时,需要自动换接不同末端执行器的要求。工具快换装置的主要部件是换接器,换接器插座和换接器插头分别安装在工业机器人的腕部和末端执行器上,以实现工业机器人末端执行器的自动快速换接。

(三)应用系统控制装置

应用系统控制装置主要包括人机交互装置和工业机器人控制装置两部分。

人机交互装置是使操作人员参与工业机器人控制并与工业机器人进行联系的装置,如计算机标准终端、信息显示板、指令控制台、危险信号报警器等。该装置归纳起来可分为指令给定装置和信息显示装置两大类。

工业机器人控制装置通过对工业机器人驱动系统的控制,使执行机构按照规定的要求进行工作,它一般由控制计算机和伺服控制器组成。控制计算机不仅要发出指令,协调各关节驱动器之间的运动,同时还要完成编程示教与再现,在传感器、工艺要求、外围设备之间传递信息和协调工作;伺服控制器控制各关节驱动器,使各杆按一定的速度、加速度和位置要求进行运动。

(四)外围设备

外围设备是指附加在工业机器人应用系统中,用以加强工业机器人功能的设备。它可将工业机器人作业内容相关的生产活动由人工操作转变为自动化作业,从而拓展了系统的作业范围,提升了系统的自动化水平。工业机器人应用系统的用途与生产对象不同,其外围设备也不同。以完成搬运、装卸作业和焊接、喷涂作业的工业机器人应用系统为例,其作业内容与主要外围设备如表1-6所示。

表1-6 工业机器人应用系统的作业内容与主要外围设备

类 型	作业内容	主要外围设备
搬运、装卸作业	压力机上的装卸作业	传送带、滑槽、供料装置、提升装置、定位装置、取件装置、真空装置、切边压力机
搬运、装卸作业	切削加工的装卸作业	传送带、上下料装置、定位装置、反转装置、随行夹具
	压铸加工的装卸作业	浇注装置、冷却装置、切边压力机、脱模剂喷涂装置、工件检测装置
焊接、喷涂作业	点焊作业	传送带、焊接电源、时间继电器、次级电缆、焊枪、异常电流检测装置、工具修整装置、焊透性检验设备、焊接夹具、夹紧装置
	弧焊作业	弧焊装置、焊丝进给装置、焊枪、气体检测装置、焊丝检测装置、焊枪修整装置、焊接夹具、位置控制器
	喷涂作业	传送带、工件探测装置、喷涂装置、喷枪

外围设备应根据具体的作业内容和作业环境来选择,可专门设计,也可利用现有的人工操作设备。当将人工操作设备作为工业机器人应用系统的外围设备时,一般需要对这些设备进行必要的改造。

二、工业机器人应用系统的特点

在工业生产中，工业机器人应用系统与传统产业设备相比，具有以下几个特点。

（一）技术先进

工业机器人应用系统集精密化、柔性化、智能化等先进制造技术于一体，通过对生产过程实施检测、控制、优化、调控、决策和管理，可实现增加产量、提高质量、降低成本、减少资源消耗和环境污染的目的，是目前工业自动化水平的最高体现。

工业机器人应用系统案例

（二）升级方便

工业机器人应用系统是由系统集成商开发的完整的生产系统，企业可直接引进并将其用于工业生产，也可结合现有设备对生产车间进行快速的升级改造，从而实现生产结构的数字化、自动化、网络化及智能化。同时，工业机器人强大的开发功能，为系统后期的技术升级提供了便利。

（三）应用广泛

工业机器人应用系统是自动化生产的关键设备，可用于制造、安装、检测、物流等环节，并广泛应用于汽车整车及汽车零部件、工程机械、轨道交通、低压电器、电力、IC装备、军工、烟草、金融、医药、冶金及印刷出版等众多行业，应用领域非常广泛。

（四）综合性强

工业机器人应用系统是一个综合性系统，涵盖了工业机器人控制技术、机器人动力学及仿真、机器人构建有限元分析、激光加工技术、模块化程序设计、智能测量、建模加工一体化、工厂自动化及精细物流管理等多个技术领域，是众多先进技术的整体呈现。

 素质课堂

人人要安全，人人重安全

根据2016年国家自然科学基金项目《高校实验室安全事故行为原因分析及解决对策》，通过对国内2010年至2015年间发生的46起高校实验室安全事故进行分析发现：高校实验室安全事故发生地通常集中在化学、生物、电气、医学实验室以及危险化学品库房；事故类型主要有火灾、爆炸、中毒、感染、腐蚀灼伤等5类，其中火灾、爆炸事故占事故总数的91%。

人的不安全行为和物的不安全状态是导致事故的直接原因，其中人的不安全行为导致了88%的事故。因此，控制高校师生的不安全行为是防止高校实验室发生安全事故的重要手段。工业机器人实训室同样要强化管理，提高师生的安全意识，制订严格的使用规范，切实保障实训安全。

2019年6月，教育部印发了《关于加强高校实验室安全工作的意见》（简称《意见》）。《意见》强调，要提高认识，进一步提高政治站位，充分认识实验室安全的复杂艰巨性，强化安全红线意识，深刻理解实验室安全的重要性，坚决克服麻痹思想和侥幸心理，切实解决实验室安全薄弱环节和突出矛盾，掌握防范、化解、遏制实验室安全风险的主动权。《意见》还要求，各地各校要强化落实，通过强化法人主体责任、建立分级管理责任体系，健全实验室安全责任体系，营造人人要安全、人人重安全的良好校园安全氛围。

技能实训——工业机器人实训室认识

在指导老师的带领下,熟悉工业机器人实训室,了解工业机器人在实际作业中的各种应用场景,认识工业机器人应用系统的各组成部分。

如图 1-13 所示,以某职业技术学院机电工程专业的工业机器人实训室为例,该实训室共有工业机器人基础实训区、工业机器人离线仿真编程实训区、工业机器人综合应用实训区、工业机器人技能竞赛实训区四个功能区,其中包含桌面型工业机器人实训台与实训室专用的国内外知名品牌的工业机器人等,能够实现工业机器人的基础操作、自动化生产线实训操作以及 I/O 通信板和机器人信号的设定等功能。

该工业机器人实训室可以完成的实训项目有工业机器人示教编程实训、搬运机器人实训、码垛机器人实训、焊接机器人实训、涂装机器人实训等。

图 1-13 工业机器人实训室

学生根据自己学校工业机器人实训室的具体情况，选择某个实训项目为研究对象，编制工业机器人应用系统调查报告，在调查报告中详细说明以下几点。

（1）工业机器人的品牌、型号、特点及应用。

（2）末端执行器的结构与作用。

（3）应用系统控制装置的组成。

（4）主要的外围设备及各设备的作用。

（5）工业机器人应用系统的功能与特点。

任务二　工业机器人应用系统集成认知

任务引入——发展系统集成技术，实施制造强国战略

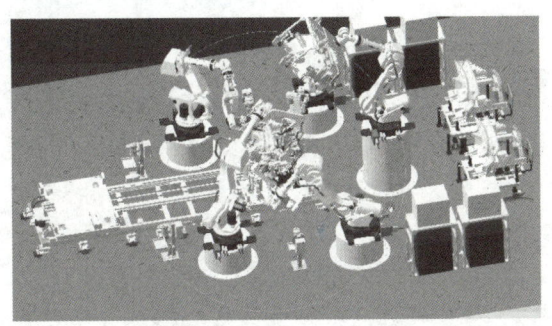

随着科技的进步和社会的发展变化，近年来工业机器人产业发展迅速，产业规模在全球范围内保持稳步增长。在工业机器人领域，我国企业的竞争优势主要集中在系统集成行业。工业机器人应用系统集成是机器人产业链上技术门槛较高的关键环节，随着工业机器人产业的升温，系统集成领域也受到了越来越多的关注。对于系统集成技术的发展，我国坚持从长远、整体的角度出发，不断调整技术结构，跟踪新技术的发展，努力突破关键技术，提高自主创新能力和核心竞争力，助力制造强国战略的实施。

本任务在工业机器人应用系统集成概况的基础上，介绍工业机器人应用系统集成的基本要求与一般过程。本任务的知识与技能要求如表 1-7 所示。

表 1-7　知识与技能要求

任务内容	工业机器人应用系统集成认知	学习程度		
		识记	理解	应用
学习任务	工业机器人应用系统集成的概况	●		
	工业机器人应用系统集成的基本要求	●		
	工业机器人应用系统集成的一般过程		●	
实训任务	熟悉工业机器人应用系统的集成			●
自我勉励				

班级_____   姓名_____   学号_____

任务工单

1. 任务描述

根据实际情况,通过搜集资料或实地考察的方式,了解工业机器人应用系统集成的发展情况,认识工业机器人应用系统集成的基本要求与一般过程,梳理归纳所获取的信息,并编写调查报告。

2. 小组分工

以 3~5 人为一组,选出组长并进行任务分工,将小组成员及分工情况填入表 1-8 中。

表 1-8 小组成员及分工情况

班级		组号		指导教师	
小组成员	姓名	学号	任务分工		
组长					
组员					

3. 获取信息

在进行具体工作前,需要掌握工业机器人应用系统集成的相关知识。请各组组长组织组员收集相关资料,回答下列问题。

引导问题 1:工业机器人产业化的发展模式有哪些,它们各有什么特点?

引导问题 2:工业机器人应用系统集成具有什么特点?

班级_____   姓名_____   学号_____

引导问题 3：简述工业机器人应用系统集成的发展趋势。

引导问题 4：简述工业机器人应用系统集成的基本要求。

引导问题 5：_____又称用户需求周期，是指在一定时间内，可用工作时间与用户需求量之间的比值，单位为小时/件。

引导问题 6：概括在工业机器人应用系统集成过程中可行性分析的主要内容。

引导问题 7：工业机器人应用系统集成的一般过程通常按照_____、应用系统的设计、_____、交付使用四步进行。

22

班级_____　　姓名_____　　学号_____

4. 制订计划

制订工作计划,并将其填入表 1-9 中。

表 1-9　工作计划

步骤	工作内容	负责人

5. 进行决策

(1)每人阐述工作计划。

(2)组员之间进行提问与答疑,选出最佳计划。

(3)教师对各组的工作计划进行点评。

6. 任务实施

按照本组确定的最佳计划熟悉工业机器人应用系统的集成,然后根据实际过程,将实施步骤、实施内容及实施过程中遇到的问题和解决办法记录在表 1-10 中。

表 1-10　任务实施过程记录表

序号	实施步骤	实施内容	遇到的问题和解决办法

班级_____　　姓名_____　　学号_____

表 1-10（续）

序号	实施步骤	实施内容	遇到的问题和解决办法

7．考核评价

各组代表讲述任务实施成果，并配合指导教师完成如表 1-11 所示的考核评价表。

表 1-11　考核评价表

项目名称	评价内容	分值	评价分数		
			自评	互评	师评
职业素养考核项目 40%	无迟到、无早退、无旷课	6 分			
	仪容仪表符合规范要求	6 分			
	具备良好的安全意识与责任意识	10 分			
	具备良好的团队合作与交流能力	9 分			
	具备较强的纪律执行能力	9 分			
专业能力考核项目 60%	积极参加教学活动，按时完成任务工单	12 分			
	工作计划设计合理	18 分			
	任务目标明确、任务内容清晰	12 分			
	任务完成情况良好	18 分			
合计		100 分			
总评	自评（20%）+互评（20%）+师评（60%）=_____	综合等级：_____	教师（签名）：_____		

项目一　工业机器人应用系统集成概述

> **知识准备**

一、工业机器人应用系统集成的概况

工业机器人应用系统集成是指根据现场的实际情况和用户的工艺要求，通过方案设计、场景搭建、编程开发、调试运行等作业流程，为用户提供一个全面的系统解决方案，以实现工业机器人的二次开发及其与外围设备的集成，形成有效的工业自动化生产体系。

工业机器人不能独立完成工业生产作业，只有通过系统集成使之成为一个完整的应用系统，才能为终端用户所用。这就要求系统集成商不仅要具有产品设计能力，还应理解终端用户的工艺要求，以提供可适应各种应用领域的标准化与个性化系统集成方案。

从产业链的角度来看，工业机器人本体是工业机器人产业发展的基础，处于产业链下游的系统集成商则是工业机器人商业化与大规模普及的关键。

由于工业机器人本体技术壁垒较高，有一定的垄断性，所以议价能力较强，毛利水平较高；而系统集成技术壁垒相对较低，与上下游议价能力较弱，毛利水平不高，但其市场规模要远远大于工业机器人本体的市场规模。

下面我们主要从工业机器人应用系统集成产业化的发展模式、系统集成的应用方向、系统集成的发展现状、系统集成的发展趋势四个方面，来了解工业机器人应用系统集成。

（一）工业机器人应用系统集成产业化的发展模式

根据世界各国工业机器人产业化的发展历程，可以归纳出系统集成商的三种不同发展模式，即日本模式、欧洲模式和美国模式。

（1）日本模式：工业机器人本体与系统集成完全分离，工业机器人本体制造商只负责开发新型工业机器人和制造工业机器人本体，由其子公司或其他工程公司集成各行业所需要的工业机器人应用系统。

（2）欧洲模式：工业机器人本体与系统集成均由本体制造商完成。

（3）美国模式：系统集成商通过购买品牌工业机器人，进行自行设计、制造与系统集成，然后交给用户。

目前，国内的工业机器人企业多为系统集成商，国内工业机器人产业的发展模式更接近于美国模式，即以系统集成为主，单元产品采用外购或贴牌生产的形式，为用户提供系统集成方案。

（二）工业机器人应用系统集成的应用方向

工业机器人本体是系统集成的核心，系统集成是对工业机器人本体的二次开发。工业机器人本体的性能决定了系统集成的水平，但必须与具体行业的应用特点相结合，才能真正发挥其作用。对于国际品牌的工业机器人本体，系统集成商通常更易理解和更加清楚如何对其整合来充分发挥各项功能，从而满足用户的需求。因此，系统集成以国际品牌的工业机器人本体为核心，其在各行业中的市场规模按照由汽车、3C产品等技术要求高、自动化程度高的行业，向金属加工、物

工业机器人系统集成的应用方向

25

流等技术要求较低、自动化程度较低的行业依次递减。工业机器人系统集成的应用方向按照行业不同，主要分为汽车行业和一般行业。

汽车行业自动化程度较高，属于技术密集型产业，整车厂商在长期使用工业机器人的过程中形成了自己的规则和标准，大部分外资整车厂商的生产线标准和工业机器人选型是全球统一的。整车厂商与工业机器人供应商之间通常具有一二十年的稳定合作关系，如大众汽车与库卡和发那科、宝马汽车和奔驰汽车与库卡、通用汽车与发那科、丰田汽车和本田汽车与安川等。此外，一些国际品牌的工业机器人在某种生产应用中具有明显优势，也被广泛应用。例如，白车身加工和冲压线主要用ABB工业机器人，涂装主要用德国杜尔涂装机器人等。

一般行业根据行业性质的不同，可分为食品饮料、石油化工、金属加工、医药加工、3C产品等；根据具体应用的不同，可分为焊接、搬运、码垛、装配、喷涂等。以喷涂应用为例，由于喷涂作业环境恶劣、对喷涂作业人员技术要求较高，因此利用喷涂机器人进行喷涂作业，除了具有重复精度高、生产效率高等优点外，还能将作业人员从恶劣的工作环境中解放出来。

我国大约有80%的工业机器人企业集中在系统集成领域。由于汽车行业格局稳定，拥有商务关系、技术和资金三重壁垒，国内企业难以进入。但在一般行业，尤其是3C产品行业，国内系统集成商具有一定的优势。

资料卡

（1）3C产品是计算机类、通信类和消费类电子产品的统称，也称为信息家电，如电脑、平板电脑、手机或数字音频播放器等。

（2）白车身是指车身结构件及覆盖件的焊接总成，是包括前翼板、车门、发动机罩、行李箱盖等，但不包括附件及装饰件的未涂漆的车身。

（三）工业机器人应用系统集成的发展现状

工业机器人的系统集成商作为国内工业机器人市场上的主力军，规模普遍较小，年产值不高，面临强大的竞争压力。

目前汽车行业的自动化程度比较高，供应商体系相对稳定，但一般行业的自动化改造需求旺盛。从应用角度来说，搬运机器人应用系统占比最高，在全球工业机器人的销售调查中，发现有半数工业机器人用于搬运作业。

总体来说，现阶段工业机器人应用系统集成行业的发展存在以下问题。

1. 不能批量复制

系统集成项目是非标准化的，每个项目都不一样，不能100%复制，因此比较难上规模。此外，由于系统集成项目需要垫资，系统集成商通常需要考虑同时实施项目的数量和规模。

2. 需要熟悉相关行业工艺

系统集成是工业机器人产品的二次开发，需要熟悉下游行业的生产工艺，才能完成重新编程、布置安装等工作。国内系统集成商如果聚焦于某个领域，通常可以获得较高的行业壁垒，生存没有问题；但同样由于行业壁垒，很难实现跨行业拓展业务。因此，现阶段国内系统集成商的规模普遍较小。

3. 需要专业人才

系统集成商的核心竞争力是人才。其中，最为核心的是销售人员、项目工程师和现场安装调试人员。销售人员负责拿到订单，项目工程师根据订单要求进行方案设计，安装调试人员到用户现场进行安装调试，并最终交付用户使用。

可以看出，系统集成商实际上是轻资产的订单型工程服务商，其核心资产是专业的销售和技术人才。因此，系统集成商很难通过并购的方式扩张规模。

（四）工业机器人应用系统集成的发展趋势

1. 从汽车行业向一般行业延伸

现阶段，汽车行业是国内工业机器人最大的应用市场。随着市场对工业机器人产品认可度的不断提高，工业机器人的应用正在从汽车行业向一般行业延伸。在一般行业中，国内工业机器人应用系统集成业务迅速增加。

我国工业机器人应用系统集成业务在一般行业中应用的热点和突破点主要在3C产品、金属加工、食品饮料及其他细分市场。国内系统集成商应从易到难逐步推进，把握不同行业的不同需求，完成专业的技术积累。

2. 行业逐渐细分化

工业机器人应用系统集成未来的发展趋势是行业逐渐细分化。对某一行业的工艺有深入理解的系统集成商，有机会将系统集成模块化、功能化，进而作为标准设备来提供。由于工艺是门槛，那么同一家公司能够掌握的工艺只能局限于某一个或几个行业，这必将使行业逐渐细分化。

在一般行业中，系统集成项目越来越多，细分领域的增加会引起系统集成商的数量进一步增加。可以预见，未来几年该行业的集中度会进一步降低。参考国外经验，未来拥有核心竞争力，且能把3C产品等大体量行业的系统集成业务做精的系统集成商将脱颖而出。

3. 标准化程度持续提高

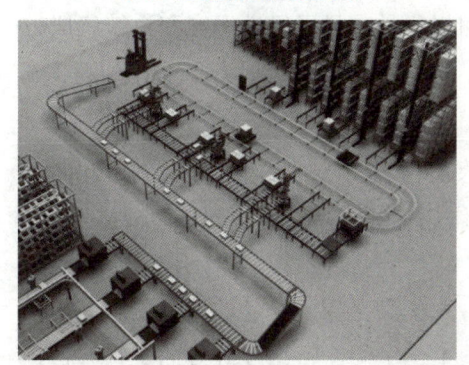

工业机器人应用系统集成的另一个发展趋势是项目标准化程度持续提高，这将有利于系统集成商形成规模。如果在系统集成过程中只有机器人本体是标准的，那么整个项目的标准化程度仅为30%~50%。现在很多系统集成商在推动系统集成方案的标准化，未来系统集成项目的标准化程度有望达到75%左右。

4. 向智慧工厂方向发展

智慧工厂是现代工厂信息化发展的新阶段，其核心是数字化。信息化和数字化将贯穿生产的各个环节，降低从设计到生产之间的不确定性，缩短产品设计到生产的转化时间，提高产品的可靠性与良品率。

系统集成商未来将向智慧工厂的方向发展，它们将来不仅要做硬件设备的集成，而且还会做顶层架构的设计和软件方面的集成。

> **资料卡**
>
> 智慧工厂是在数字化工厂的基础上,利用物联网技术和设备监控技术,加强信息管理和服务,清楚掌握产销流程,提高生产过程的可控性,减少生产线上的人工干预,及时正确地采集生产线数据,合理编排生产计划与控制生产进度,并集绿色智能手段和智能系统等新兴技术于一体,构建的一个高效节能、绿色环保、环境舒适的人性化工厂。

二、工业机器人应用系统集成的基本要求

由于工业机器人应用系统灵活多变、关联因素众多,因此在设计应用系统的集成方案时,需要将各种关联因素提炼出来,在满足系统集成基本要求的前提下,统筹规划、合理布局,以设计出符合生产实际的最优方案。

工业机器人应用系统集成的基本要求主要包括:① 设计前要充分分析作业对象,拟定最合理的作业顺序和工艺要求;② 应用系统应满足作业任务的功能要求和环境要求;③ 应用系统应满足生产节拍的要求;④ 应用系统整体及各组成部分要符合安全规范及标准。具体如下。

(一)对作业对象的分析

对作业对象(工件及其工艺要求)进行细致的分析,是整个设计过程的关键环节,它直接影响应用系统的总体布局、工业机器人型号的确定、末端执行器及外围设备的选择等。一般来说,对工件的分析应包含以下几个方面。

(1)工件的形状。它决定了末端执行器和夹具的结构及工件的定位基准。

(2)工件的尺寸及精度要求。它是确定工业机器人应用系统的作业范围和控制精度的重要依据。

(3)工件的质量。当工件安装在夹具上时,需要特别考虑工件的质量和夹紧时的受力状况;当工件需要由工业机器人搬运或抓取时,工件的质量成为选择工业机器人型号最主要的依据。

(4)工件的材料和强度。它对应用系统中夹具结构的设计、动力形式的选择、末端执行器的结构及其他辅助设备的选择都有直接影响。

(5)作业顺序和工艺要求。它是用户对设计人员提出的技术期望,是项目可行性研究和系统集成方案设计的主要依据。

(二)功能要求和环境要求

工业机器人应用系统的生产作业是由工业机器人、末端执行器及外围设备等具体完成的,其中起主导作用的是工业机器人。所以,在选择工业机器人时,必须首先考虑作业任务的功能要求和环境要求。

1. 功能要求

在选择工业机器人时,为了满足作业任务的功能要求,需要从工业机器人的承载能力、工作空间、自由度等方面进行分析,只有这些技术参数同时满足要求或增加辅助装置后能满足要求时,所选用的工业机器人才是可用的。

(1)确定工业机器人的承载能力。工业机器人腕部所能抓取的质量是工业机器人的重要性能指标。

(2)确定工业机器人的工作空间。工业机器人腕部基点的动作范围即为工业机器人的工作空间,它是工业机器人另一个重要

性能指标。需要注意的是，腕部安装末端执行器后，作业时实际的工作点会发生变化。

（3）确定工业机器人的自由度。工业机器人在承载能力和工作空间上满足应用系统的功能要求后，还要分析它是否可以在作业范围内满足作业姿态的要求。工业机器人的自由度越大，其机械结构与控制系统就越复杂。通常情况下，对于较少自由度的工业机器人能够完成的作业，不应盲目选用较多自由度的工业机器人去完成，以免造成系统性能的浪费，以及投资和运维成本的增加。

此外，工业机器人的选用经常受到市场供应因素的影响，所以还需要考虑市场价格，只有价格合理、性能可靠且具有较好售后服务的工业机器人才是最优选择。

2．环境要求

目前，工业机器人在许多生产领域都得到了广泛应用，如搬运、码垛、焊接、装配、喷涂等领域，各种应用领域必然会有各自不同的环境条件。因此，系统集成商应根据不同的应用环境和作业特点，不断地研究、开发和生产出不同类型的应用系统，以供用户选择。

系统集成商需要确定自己产品最适用的应用领域，这不仅要考虑到用户的功能要求，还要考虑到应用中可能会出现的环境问题，如粉尘、温度、湿度等。

（三）对生产节拍的要求

生产节拍又称用户需求周期，是指在一定时间内，可用工作时间与用户需求量之间的比值，单位为小时/件。生产节拍（T）的计算公式为

$$T = \frac{T_a}{T_d}$$

式中，T_a——可用工作时间，单位为小时/天；

T_d——用户需求量，单位为件/天。

生产节拍是一个目标时间，它随需求量和需求期内有效工作时间的变化而变化，一般是人为确定的。

生产周期是生产效率的指标，它受设备生产能力、生产工艺方法等因素的影响，可通过优化管理和技术改进等方法进行提升。

在应用系统总体设计阶段，首先要根据用户需求量计算出生产节拍；然后对具体工件进行分析，计算各个处理动作的时间，确定出完成一个工件处理作业的生产周期。将生产周期与生产节拍进行比较，当生产周期小于生产节拍时，说明这个应用系统可以完成预定的生产任务；当生产周期大于生产节拍时，说明这个应用系统不具备完成预定生产任务的能力，这时需要重新研究这个应用系统的总体设计与构思。

（四）安全规范及标准

工业机器人是一种特殊的机电一体化设备。作为应用系统的主体，它与其他设备的运行特性不同。工业机器人工作时，臂部以高速运动的形式掠过比其机座大很多的空间，其各杆的运动形式和启动时刻难以预料，有时会随作业类型和环境条件的变化而改变。因此，工业机器人的工作空间经常与其外围设备的工作区域重合，极易产生碰撞、夹挤，或由于手抓松脱而出现工件飞出等危险，特别是当应用系统中有多台工业机器人协同工作时，发生危险的可能性更高。同时，维修及编程人员有时需要在关节驱动器通电的情况下进入工作空间。所以，在工业机器人应用系统的设计中，必须充分考虑各种可能出现的危险情况，预估事故发生的风险，制定相应的安全规范及标准。

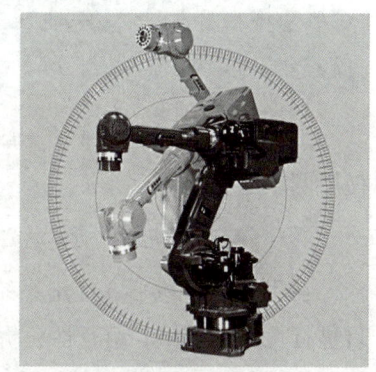

此外，在大部分工业机器人的实际应用案例中，系统集成还需要满足一些具体要求。例如，外围设备及应用系统控制装置应具有故障显示及报警装置；操作系统要简单明了，便于操作和人工干预，并便于联网控制；应用系统要便于组成生产线，而且经济实惠，能够快速投产，同时便于维护修理等。

大国战略

完善和落实安全生产责任制，建立公共安全隐患排查和安全预防控制体系。建立企业全员安全生产责任制度，压实企业安全生产主体责任。加强安全生产监测预警和监管监察执法，深入推进危险化学品、矿山、建筑施工、交通、消防、民爆、特种设备等重点领域安全整治，实行重大隐患治理逐级挂牌督办和整改效果评价。推进企业安全生产标准化建设，加强工业园区等重点区域安全管理。加强矿山深部开采与重大灾害防治等领域先进技术装备创新应用，推进危险岗位机器人替代。在重点领域推进安全生产责任保险全覆盖。

——《中华人民共和国国民经济和社会发展第十四个五年规划和2035年远景目标纲要》

三、工业机器人应用系统集成的一般过程

工业机器人应用系统集成主要包括硬件集成和软件集成两个方面。硬件集成需要根据需求对各个设备接口进行统一定义，以满足通信要求；软件集成则需要对整个系统的信息流进行综合，然后再控制各个设备按流程运转。

在硬件集成中，需要进行输入设备（如操作按钮、转换开关、模拟量的信号输入装置等）、执行元件（如接触器、电磁阀、信号灯等）及应用系统控制装置的设计；根据PLC使用手册的说明，对PLC进行I/O通道分配及外部接线设计。

在软件集成中，首先要编写工艺流程图，即梯形图。将整个流程分解为若干步，确定每步的转换条件，配合分支、循环、跳转及某些特殊功能便可容易地编制梯形图了。在编制梯形图时，项目经验的积累会起到非常重要的作用。软件设计可以与现场施工同步进行，即在硬件集成完成后，同时进行软件集成和现场施工，以缩短项目周期。

小贴士

在进行I/O通道分配时应做出I/O通道分配表，表中应包含I/O编号、设备的代号、名称及功能，且应尽量将相同类型、相同电压等级的信号排在一起，以便于施工。对于较大的控制系统，为便于软件集成，可根据工艺流程，将所需的计数器、定时器及内部辅助继电器进行相应的分配。

工业机器人系统集成的一般过程通常按照可行性分析、应用系统的详细设计、产品制造与装调、交付使用四步进行。

（一）可行性分析

在引入工业机器人应用系统之前，必须仔细分析工业机器人的应用目的与技术要求，对所要设计的项目进行可行性分析。可行性分析主要包括技术上的可行性与先进性、投资上的可能性与合理性、工程实施的可能性与可变更性三个方面。

1. 技术上的可行性与先进性

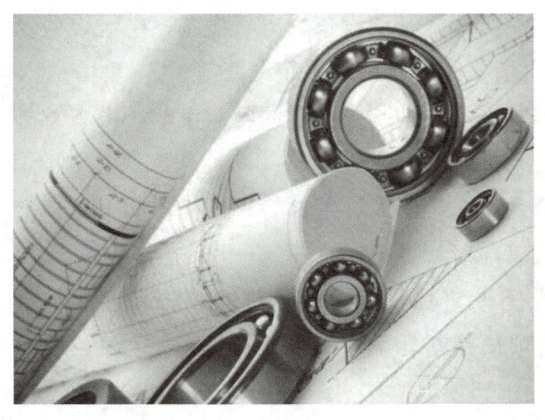

技术上的可行性与先进性是可行性分析要解决的首要问题，该问题按以下四步进行分析。

（1）进行可行性调查。可行性调查主要包括作业现场调查和相似作业实例调查。

（2）在取得充分的调查资料后，进行技术方案的初步规划。规划工作包括：① 作业量及难度分析；② 编制作业流程卡片；③ 绘制时序表，确定作业范围，并初步选择工业机器人的型号；④ 确定相应的外围设备；⑤ 确定作业难点，并进行试验取证；⑥ 确定人工干预程度等。

（3）提出若干规划方案，并绘制工业机器人应用系统的平面配置图，编制说明文件。

（4）对各方案的先进性进行评估，包括工业机器人、末端执行器、外围设备、应用系统控制装置、通信系统等的先进性。

2. 投资上的可行性与合理性

为了保证项目在投资上的可行性与合理性，需要根据前面提出的技术方案，对工业机器人、末端执行器、外围设备、应用系统控制装置及安全保护设施等进行逐项估价，并考虑工程进行中可以预见和不可预见的附加开支，按工程计算方法科学计算并得出初步的工程造价。

3. 工程实施的可能性与可变更性

对于满足前两个方面要求的技术方案，还要进行工程实施过程中的可能性与可变更性分析。因为各元件和设备在制造、选购、运输与安装的过程中，可能会出现一些不可预见的问题，必须准备好替代方案来应对这些问题。

（二）应用系统的详细设计

对可行性分析过程中所选定的初步技术方案，进行详细的设计与开发，并对关键技术和设备进行局部试验，然后绘制施工图和编写说明书。该过程包括以下几个方面。

（1）规划及系统设计。规划及系统设计包括设计单位内部的任务分配、对工业机器人进行考查与询价、编制规划单、设计运行系统、规划外围设备（如辅助设备、安全装置等）等内容。

（2）布局设计。布局设计包括选择工业机器人的类型，配置人机系统，确定作业对象的物流路线、电液气系统的走线、操作箱和电器柜的位置，配置安全设施等内容。

（3）扩大工业机器人工作空间辅助设备的选用与设计。这项工作的主要任务是选用与设计工业机器人用以完成作业的末端执行器、固定和改变作业对象位姿（位置和姿态）的夹具和变位机、改变工业机器人动作方向和范围的机座等设备部件。一般来说，这部分的工作量最大。

（4）外围设备和安全装置的选用与设计。这项工作主要包括选用与设计外围设备和安全装置（如围栏、安全门等），以及改造现有设备等内容。

(5) 应用系统控制装置的设计。这项工作包括以下几个方面的内容：① 选定系统的标准控制类型与追加性能，确定系统的工作顺序与工艺、联锁与安全设计；② 对液压气动设备、电气设备、电子设备及备用设备等进行试验；③ 设计电气控制线路；④ 设计工业机器人线路及整个系统线路等。

(6) 支持系统的设计。这项工作包括编制故障排除与修复方法、编制停机时的应对策略、准备意外情况时的急救措施及筹划备用机器等内容。

(7) 工程施工设计。这项工作包括编写应用系统说明书、工业机器人详细性能和规格说明书、标准件说明书，接收检查文本，绘制工程施工图纸，编写图纸清单等内容。

(8) 编制采购资料。这项工作包括编写工业机器人估价委托书，检测工业机器人性能并记录检测结果，编制标准件采购清单、重要操作人员培训计划、维护说明及各项预算方案等内容。

（三）应用系统的制造与装调

应用系统的制造与装调是根据详细设计阶段确定的施工图纸和说明书等进行布置、工艺分析、采购、制作，然后进行安装、测试、调速，使之达到预期的技术要求，同时对管理人员、操作人员进行培训。该过程主要包括以下几个方面。

(1) 制造准备。这项工作包括进行制造估价，拟定售后服务与保证事项，签订制造合同，选定培训人员及实施培训等内容。

(2) 制造与采购。这项工作包括设计加工零件的制造工艺，加工零件，采购标准件，检查工业机器人性能，采购件的验收检查及故障处理等内容。

(3) 安装与试运行。这项工作包括安装总体设备，试运行检查，高速试运行，连续试运行，对工业机器人应用系统进行工作循环、生产试车、维护维修、培训等内容。

(4) 连续运行。连续运行包括按规划中的要求进行系统的连续运转和记录，发现和解决异常问题，实地改造，接受用户检查，编写验收总结报告等内容。

（四）应用系统的交付说明

应用系统装调完成后，需要交由用户验收，验收合格后便可交付使用。验收的内容主要包括外观检查、实物核对和技术验收三个方面。其中，外观检查需要确认设备及其主要附件是否完好；实物核对需要确认设备的品牌、种类、数量、型号、规格是否符合设计要求，附件、零配件是否齐全，设备的说明书、合格证、保修卡、随机资料软件等是否齐全；技术验收时要检查安装、调试、运行是否顺利，技术指标与性能、功能是否符合设计要求等。

系统集成商在装调完成后、交付使用前，需要编制应用系统的说明手册。说明手册应考虑工业机器人应用系统使用过程中的各个环节，包括运输、装配、安装、试运行、操作使用（包括开机、关机、设置、示教/编程、进程切换、操作、清洁、故障检查与维修），在某些场合应包括结束试运行、拆卸及处理等方面的内容。说明手册还应包括工业机器人应用系统与上层及下层进程之间的接口（物理接口、机械接口及功能接口）信息。

交付使用后，为达到和保持预期的性能和目标，系统集成商应对工业机器人应用系统进行维护和改进，并进行综合评估，主要包括以下三个方面。

(1) 运转率检查。这项工作包括测定正常运转概率、周期循环时间与产量，分析停车现象与故障原因等内容。

(2) 应用系统改进。这项工作包括正常生产必须改造事项的选定及实施，今后改进事项的研讨及规划等内容。

（3）应用系统评估。这项工作包括技术评估、经济评估、对现在效果和将来效果的研讨及编写总结报告等内容。

由此可以看出，在工业生产中，引入工业机器人应用系统是一项相当细致且复杂的工程。它涉及机械、电子、通信等诸多技术领域，不仅对技术水平有严格要求，而且还要从经济效益、社会效益、企业发展等方面进行可行性分析。只有立项正确、投资准、选型好、设备经久耐用，才能最大限度地发挥工业机器人应用系统的优越性，提高生产效率。

 素质课堂

大国战略，远景目标

"十四五"时期是我国全面建成小康社会、实现第一个百年奋斗目标之后，乘势而上开启全面建设社会主义现代化国家新征程、向第二个百年奋斗目标进军的第一个五年。"加快发展现代产业体系，巩固壮大实体经济根基"是一项重要的远景目标，其中最为关键的是深入实施制造强国战略。

《中华人民共和国国民经济和社会发展第十四个五年规划和2035年远景目标纲要》指出，在实施制造强国战略的过程中，应该做到以下几点。

（1）深入实施智能制造和绿色制造工程，发展服务型制造新模式，推动制造业高端化智能化绿色化。培育先进制造业集群，推动集成电路、航空航天、船舶与海洋工程装备、机器人、先进轨道交通装备、先进电力装备、工程机械、高端数控机床、医药及医疗设备等产业创新发展。

（2）改造提升传统产业，推动石化、钢铁、有色、建材等原材料产业布局优化和结构调整，扩大轻工、纺织等优质产品供给，加快化工、造纸等重点行业企业改造升级，完善绿色制造体系。

（3）深入实施增强制造业核心竞争力和技术改造专项，鼓励企业应用先进适用技术、加强设备更新和新产品规模化应用。

（4）建设智能制造示范工厂，完善智能制造标准体系。深入实施质量提升行动，推动制造业产品"增品种、提品质、创品牌"。

关于制造业核心竞争力的提升，在智能制造与机器人技术方面，要重点研制分散式控制系统、可编程逻辑控制器、数据采集和视频监控系统等工业控制装备，突破先进控制器、高精度伺服驱动系统、高性能减速器等智能机器人关键技术。

（资料来源：http://www.gov.cn/xinwen/2021-03/13/content_5592681.htm，有改动）

技能实训——工业机器人应用系统集成行业发展调研

资料1：受宏观经济和贸易摩擦等因素影响，我国工业机器人的均价处于下行通道中，2019年我国工业机器人销量整体呈下滑态势，工业机器人应用系统集成行业也受到较大影响。数据显示，2019年工业机器人应用系统集成市场规模约为550亿元，同比下滑9%左右。2020年第一季度，受疫情影响，下游应用行业的需求出现波动，第一季度后，随着国内疫情形式的好转，下游应用行业逐步复苏，工业机器人应用系统集成全年市场规模达640亿元，同比增长5%。长远来看，随着工业机器人在各行业领域市场渗透率的逐年提升，工业机器人应用系统集成市场规模将稳步增长，预计到2024年中国工业机器人应用系统集成市场规模将突破1 000亿元。

资料2：未来几年，5G技术的商业化将大幅度提高3C产品行业的投资；物流运输领域在政策刺激和市场主流趋势的影响下，自动化需求越来越高；受到环保政策日趋严格的影响，喷涂、抛光、打磨、焊接等污染较大的制造企业将加速推进转型升级。这些因素都将带动工业机器人应用系统集成市场规模的增长。

上述两份资料对未来几年我国工业机器人应用系统集成的市场规模和重点行业进行了预测，你认为我国工业机器人应用系统集成行业未来将如何发展？

分析提示：为了分析工业机器人应用系统集成行业的发展情况，需要先了解我国工业机器人行业的运行情况。根据中华人民共和国工业和信息化部（以下简称工信部）公布的数据，2020年1月至10月，全国工业机器人完成产量183 447台，同比增长21%；全国规模以上工业机器人制造企业营业收入396.2亿元，同比增长2.3%，实现利润9.2亿元，同比下降58.6%。2020年10月，全国工业机器人完成产量21 467台，同比增长38.5%。

2021年9月10日至13日，2021世界机器人大会在北京举行，工信部副部长辛国斌介绍，中国工业机器人市场已连续八年稳居全球第一，目前我国机器人产业实力持续增强，发展势头强劲。首先是机器人高端应用持续拓展，工业机器人智能作业技术和系统成功应用于航空、航天、造船、汽车、发动机等多个高端制造行业，然后是服务机器人、特种机器人在医疗手术、教育服务、安防巡检、灾后救援等高附加值服务场景实现突破应用。

辛国斌表示，工信部正在牵头制定"十四五"机器人产业发展规划，希望将我国建设成为全球机器人技术创新的策源地、高端制造的集聚地和集成应用的新高地；同时工信部将积极推动机器人向更多应用场景开放，在汽车、电子等已形成较大规模应用的领域进一步深耕，在矿山、建筑、农业、医疗康复等领域对接需求，开发拓展新型应用产品和解决方案。此外，针对特定细分场景、环节及领域，推动系统集成商开发先进、适用、易于推广的定制化解决方案；鼓励用户单位和机器人企业联合开展技术实验验证，支持各方共同建设机器人应用推广平台，促进机器人企业与应用行业的精准对接。

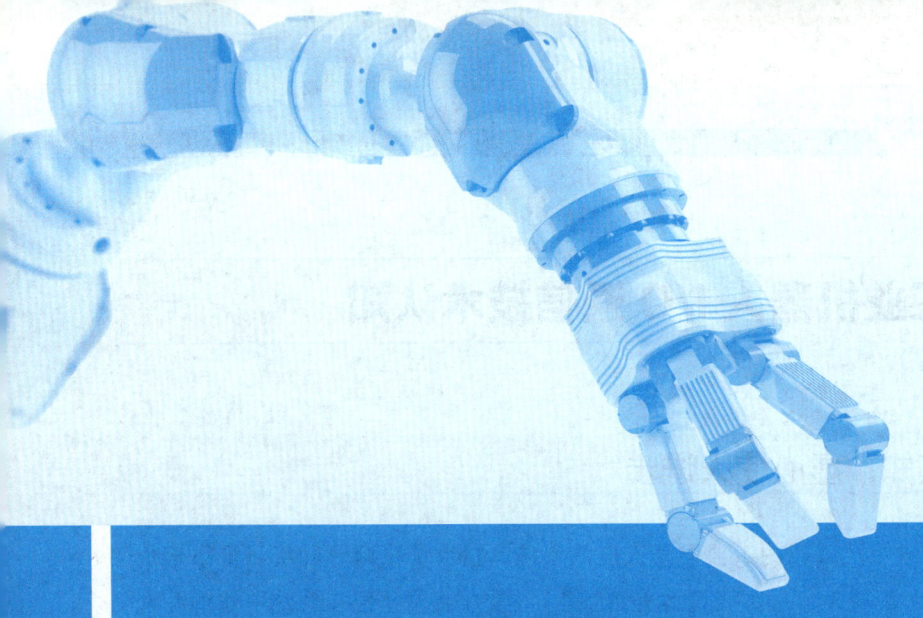

项目二
工业机器人应用系统集成的关键技术

项目导读

近年来,随着智能制造概念的提出,工业机器人应用系统集成也被提升到了一个新的高度。通过工业机器人应用系统集成构建自动化生产线,可实现生产流程一体化管理,极大地提高生产效率和生产质量。I/O 通信技术和外围通信技术作为工业机器人应用系统集成过程中的两项关键技术,是实现整个应用系统协同工作的基础。本项目先学习工业机器人 I/O 通信技术和外围通信技术,然后分析这两项关键技术在实际生产中的典型应用案例。

素质目标

- 树立爱党爱国的坚定信念,具备专业使命感和社会责任感。
- 培养虚心学习、勇于创新、爱岗敬业、无私奉献的职业精神。

学习目标

- 了解工业机器人控制系统的基本结构与控制方式。
- 掌握工业机器人控制器的 I/O 通信。
- 了解基于控制器的工业机器人外部控制。
- 了解 ABB 机器人 I/O 接口实验的实施步骤。
- 了解常用的现场总线技术。
- 熟悉基于 PLC 的工业机器人应用系统的连接与设计。
- 熟悉工业机器人应用系统的人机界面。
- 了解 ABB 机器人之间 DeviceNet 总线通信实验的实施步骤。
- 熟悉工业机器人应用系统集成的一般过程。

任务一　工业机器人 I/O 通信技术认知

任务引入——实践出真知，虚心使人进步

某钢铁生产厂安装了一套用于改进生产工艺的工业机器人应用系统，技术员张师傅和实习生小李负责安装和配置标准 I/O 板。完成安装和配置工作后，张师傅告诉小李，"虽然我们已经在系统中添加并设置好了 I/O 板的数字输入信号和数字输出信号，但这些信号并没有进行关联设置，现在还无法通过这些信号来控制工业机器人和外围设备。"随后，张师傅开始教小李如何将设置好的 I/O 信号与工业机器人自身的控制功能与状态关联起来，以便通过 I/O 通信技术控制工业机器人和外围设备。小李在张师傅的指导下恍然大悟，很快掌握了这项技能，不禁感叹道："还真是实践出真知，虚心使人进步呀！"

本任务首先介绍工业机器人控制系统的概况，然后介绍工业机器人控制器的 I/O 通信和基于控制器的工业机器人外部控制。本任务的知识与技能要求如表 2-1 所示。

表 2-1　知识与技能要求

任务内容	工业机器人 I/O 通信技术认知	学习程度		
		识记	理解	应用
学习任务	工业机器人控制系统的概况	●		
	工业机器人控制器的 I/O 通信	●		
	基于控制器的工业机器人外部控制		●	
实训任务	ABB 机器人 I/O 接口实验			●
自我勉励				

班级_____ 姓名_____ 学号_____

任务工单

1. 任务描述

根据老师提出的任务要求并结合实际情况,在了解工业机器人控制系统的基本结构和控制方式的基础上,掌握工业机器人控制器的 I/O 通信技术,完成 DSQC651 板的接线与测试以及 I/O 接口的配置与使用。将任务内容、任务目的、I/O 板型号及接口配置要求填入表 2-2 中。

表 2-2 任务描述

任务内容	
任务目的	
I/O 板型号	
接口配置要求	

2. 小组分工

以 3~5 人为一组,选出组长并进行任务分工,将小组成员及分工情况填入表 2-3 中。

表 2-3 小组成员及分工情况

班级		组号		指导教师	
小组成员	姓名	学号	任务分工		
组长					
组员					

3. 获取信息

在进行具体工作前,需要掌握工业机器人控制系统与控制器 I/O 通信的相关知识。请各组组长组织组员收集相关资料,回答下列问题。

引导问题 1:工业机器人的控制系统若不具备信号反馈功能,则为_____;若具备信号反馈功能,则为_____。

引导问题 2:工业机器人的控制系统有_____、_____和_____三种控制方式。

引导问题 3:ABB 标准 I/O 板可以处理哪些类型的信号?

班级_____ 姓名_____ 学号_____

引导问题4：简述工业机器人控制系统的基本结构。

4．制订计划

（1）制订工作计划，并将其填入表2-4中。

表2-4 工作计划

步骤	工作内容	负责人

（2）将实施过程中所需工具、耗材等的清单填入表2-5中。

表2-5 实施过程中所需工具、耗材等的清单

序号	名称	型号与规格	单位	数量	备注

班级_____   姓名_____   学号_____

5．进行决策

（1）每人阐述工作计划。

（2）组员之间进行提问与答疑，选出最佳计划。

（3）教师对各组的工作计划进行点评。

6．任务实施

按照本组确定的最佳计划进行工业机器人控制系统的 I/O 通信配置，然后根据实际操作过程，将实施步骤、实施内容及实施过程中遇到的问题和解决办法记录在表 2-6 中。

表 2-6 任务实施过程记录表

序号	实施步骤	实施内容	遇到的问题和解决办法

班级_____ 姓名_____ 学号_____

表2-6（续）

序号	实施步骤	实施内容	遇到的问题和解决办法

7. 考核评价

各组代表讲述与展示任务实施成果，并配合指导教师完成如表2-7所示的考核评价表。

表2-7 考核评价表

项目名称	评价内容	分值	评价分数		
			自评	互评	师评
职业素养考核项目 40%	无迟到、无早退、无旷课	6分			
	仪容仪表符合规范要求	6分			
	具备良好的安全意识与责任意识	10分			
	具备良好的团队合作与交流能力	6分			
	具备较强的纪律执行能力	6分			
	保持良好的作业现场卫生	6分			
专业能力考核项目 60%	积极参加教学活动，按时完成任务工单	12分			
	操作规范，符合作业规程	18分			
	操作熟练，工作效率高	12分			
	任务完成情况良好	18分			
合计		100分			
总评	自评（20%）+互评（20%）+师评（60%）=____	综合等级：_____	教师（签名）：_____		

知识准备

一、工业机器人控制系统的概况

工业机器人的控制系统若不具备信号反馈功能，则为开环控制系统；若具备信号反馈功能，则为闭环控制系统。对于开环控制系统，其任务主要是根据作业指令支配工业机器人的执行机构完成规定的动作和功能；对于闭环控制系统，则还需对传感器反馈回来的信号进行处理，并完成相应的动作。

（一）控制系统的基本结构

工业机器人控制系统主要由人机交互装置和工业机器人控制装置两部分组成，其基本结构如图 2-1 所示。

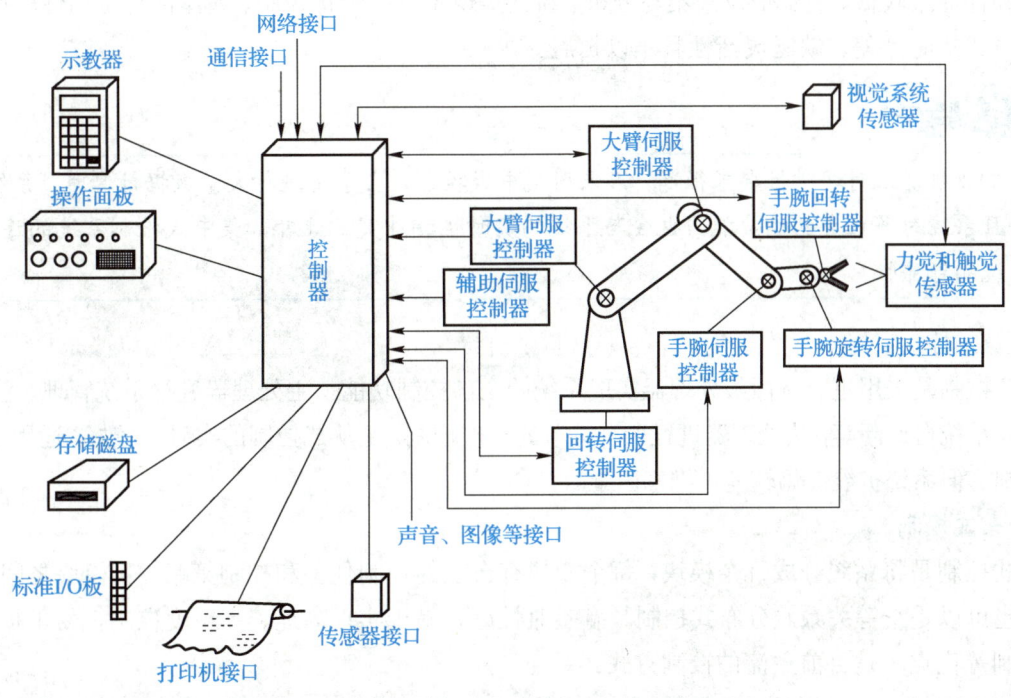

图 2-1 工业机器人控制系统的基本结构

（1）控制器：一般为控制计算机或微处理器，是控制系统的调度指挥机构。

（2）示教器：用来示教工业机器人的工作轨迹、设定参数和执行人机交互操作，拥有独立的 CPU 及存储单元，与控制器之间以串行通信的方式实现信息交互。

（3）操作面板：由各种操作按钮和状态指示灯构成，能够完成基本功能操作。

（4）存储磁盘：用于存储工作程序中的各种信息数据。

（5）标准 I/O 板：用于数字量和模拟量的输入/输出，如各种状态信息和控制命令的输入或输出。

（6）打印机接口：用于连接打印机，打印需要输出的各种信息。

（7）传感器接口：用于信息的自动检测，实现工业机器人的闭环控制，常用的传感器有力觉、触觉和视觉传感器。

（8）伺服控制器：用于完成工业机器人各关节位置、速度和加速度的控制。

（9）辅助伺服控制器：用于控制工业机器人的各种辅助设备，如手爪变位器等。

（10）通信接口：用于实现工业机器人和其他设备的信息交换，一般有串行接口、并行接口等。

（11）网络接口：通常包括EtherNet接口和Fieldbus接口。

① EtherNet接口：可通过以太网实现数台或单台工业机器人与PC之间的通信，数据传输速率高达10 Mb/s，可直接在PC上用Windows库函数进行应用程序编程，支持TCP/IP通信协议。通过EtherNet接口可将数据及程序载入各工业机器人控制器中。

② Fieldbus接口：支持多种现场总线通信，如DeviceNet、PROFIBUS-DP等。

（二）控制系统的控制方式

工业机器人的控制系统有集中式、主从式和分布式三种控制方式。

1. 集中式控制

集中式控制是用一台计算机实现系统的全部控制功能，早期工业机器人常采用该控制方式。集中式控制具有硬件成本较低、便于信息采集与分析、易于实现系统的最优控制、整体性与协调性较好等优点，但该控制方式实时性差、缺乏灵活性且难以扩展。

> 由于工业机器人对实时性要求很高，若采用集中式控制，当系统进行大量数据计算时，系统实时性会降低，且系统对多任务的响应能力也会与系统的实时性相冲突。此外，集中式控制系统的连线复杂，会降低系统的可靠性。

2. 主从式控制

主从式控制是采用主、从两级处理器实现系统的全部控制功能。主处理器进行系统管理、坐标变换、轨迹生成和系统自诊断等，从处理器进行所有关节的动作控制。主从式控制的实时性较好，适用于高精度、高速度控制，但系统扩展性仍较差，维修困难。

3. 分布式控制

分布式控制是将系统分成几个模块，每个模块有自己的控制任务和控制策略，各模块之间可以是主从关系，也可以是平等关系。分布式控制具有实时性好，易于实现高速、高精度控制，易于扩展，可实现智能控制等优点，是目前主流的控制方式。

分布式控制的主要思想是"分散控制，集中管理"，即系统对总体目标和任务可以进行综合协调和分配，并通过子系统的协调来完成控制任务。在这种控制方式中，子系统由控制器、不同被控对象或设备构成，各子系统之间通过网络相互通信。分布式控制方式提供了一个开放、实时、精确的机器人控制系统，常采用两级分布式控制方式。

两级分布式控制系统通常由上位机、下位机和网络组成。上位机进行不同的轨迹规划和算法控制，下位机进行插补细分、控制优化等。上位机和下位机通过通信总线相互协调，通信总线可以是RS232、RS485及USB等形式。目前，新型网络集成全分布式控制系统，即现场总线控制系统（fieldbus control system，FCS），已被广泛应用。在工业机器人应用系统中引入现场总线技术，有利于工业机器人在工业生产环境中集成。

> 无论工业机器人采用哪种控制方式，控制器都是必需的。控制器用于接收各种数据，进行数据处理及存储，并执行各种程序，是工业机器人应用系统的大脑。

二、工业机器人控制器的 I/O 通信

（一）I/O 通信接口概述

I/O 是输入/输出（input/output）的英文首字母缩写。工业机器人通过 I/O 通信接口与外围设备进行通信，接收各种开关或传感器的信号反馈，并发送各种控制信号和状态信号，用以控制各执行机构的动作或指示灯的亮灭。

工业机器人 I/O 通信

通常工业机器人都会设置丰富的 I/O 通信接口，方便同外围设备进行通信。下面以 ABB 工业机器人为例进行介绍，其常用的 I/O 通信接口如表 2-8 所示。

表 2-8 ABB 工业机器人常用的 I/O 通信接口

PC 接口	现场总线	ABB 标准 I/O 板
RS-232	DeviceNet	DSQC651
OPC Server	PROFIBUS	DSQC652
Socket Message	PROFIBUS-DP	DSQC653
	PROFINET	DSQC355A
	EtherNet/IP	DSQC377A

（1）PC 接口：一般用于 ABB 工业机器人与 PC 之间的通信，在开发和调试工业机器人本体时经常使用此类 I/O 接口。

（2）现场总线：一般用于 ABB 工业机器人与外围设备之间有庞大数据量的情况。各种现场总线中最常用的是 DeviceNet、PROFIBUS 和 EtherNet/IP 三种。例如，PC 可采用 EtherNet/IP 的通信方式，通过 RJ45 接口与机器人控制器连接，实现工业机器人在线控制。

（3）ABB 标准 I/O 板：ABB 工业机器人最常使用的一种接口方式，其本质为一种可编程控制器（PLC）。

例如，利用 ABB 标准 I/O 板可以完成数字输入（DI）、数字输出（DO）、模拟输入（AI）、模拟输出（AO）、组输入（GI）、组输出（GO）及输送链跟踪等多种信号的处理；DSQC651、DSQC652、DSQC653 等 ABB 标准 I/O 板可通过 DeviceNet 现场总线的通信方式挂接在工业机器人控制器上。

以 IRB120 机器人为例，其 IRC5 控制器的接口布置如图 2-2 所示，其各接口的功能说明如表 2-9 所示。

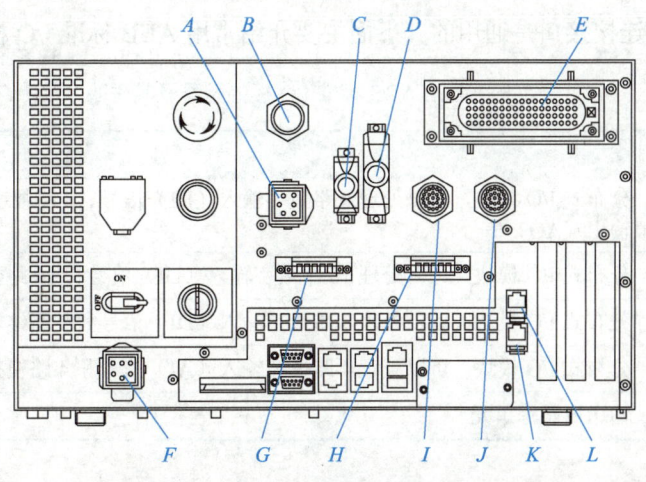

图 2-2 IRC5 控制器的接口布置

表 2-9 IRC5 控制器各接口的功能说明

标 号	说 明
A	附加轴，电源电缆连接器（不能用于此版本）
B	FlexPendant 连接器
C	I/O 连接器
D	安全连接器
E	电源电缆连接器
F	电源输入连接器
G	电源连接器
H	DeviceNet 连接器
I	信号电缆连接器
J	信号电缆连接器
K	轴选择器连接器
L	附加轴，信号电缆连接器（不能用于此版本）

经验传承

ABB 工业机器人若选用 ABB 标准 PLC，则可省去与外部 PLC 进行通信设置的步骤，在机器人示教器上就能实现与 PLC 相关的操作。

（二）ABB 标准 I/O 板

工业机器人通常需要接收其他设备或传感器的信号才能完成指定的任务。例如，利用工业机器人将工件从一个位置搬运到另一个位置时，首先应确定要进行搬运的工件是否到达指定位置，此时需要一个位置传感器（到位开关）；当工件到达指定位置后，传感器给工业机器人发送一个工件到位信号，工业机器人接收到这个信号后，便按照预定轨迹开始搬运工件。

对工业机器人而言，到位开关发送的信号属于数字输入信号。在 ABB 工业机器人中，这种信号的接收主要是通过标准 I/O 板来完成的。

常用 ABB 标准 I/O 板的型号及其说明如表 2-10 所示。这些 ABB 标准 I/O 板通常安装在控制器柜门的内侧，且与控制柜上的连接接口是通用的。下面主要介绍常用 ABB 标准 I/O 板的相关知识。

表 2-10 常用 ABB 标准 I/O 板的型号及其说明

型 号	说 明
DSQC651	分布式 I/O 模块，可以处理 8 路数字输入（DI）信号、8 路数字输出（DO）信号和 2 路模拟输出（AO）信号
DSQC652	分布式 I/O 模块，可以处理 16 路数字输入（DI）信号和 16 路数字输出（DO）信号
DSQC653	分布式 I/O 模块，可以处理 8 路数字输入（DI）信号和 8 路继电器数字输出（DO）信号
DSQC355A	分布式 I/O 模块，可以处理 4 路模拟输入（AI）信号和 4 路模拟输出（AO）信号
DSQC377A	输送链跟踪单元

1. DSQC651 板

DSQC651 板上的接口包括一个 X1 数字输出接口、一个 X3 数字输入接口、一个 X5 DeviceNet 接口和一个 X6 模拟输出接口，其接口分布如图 2-3 所示。

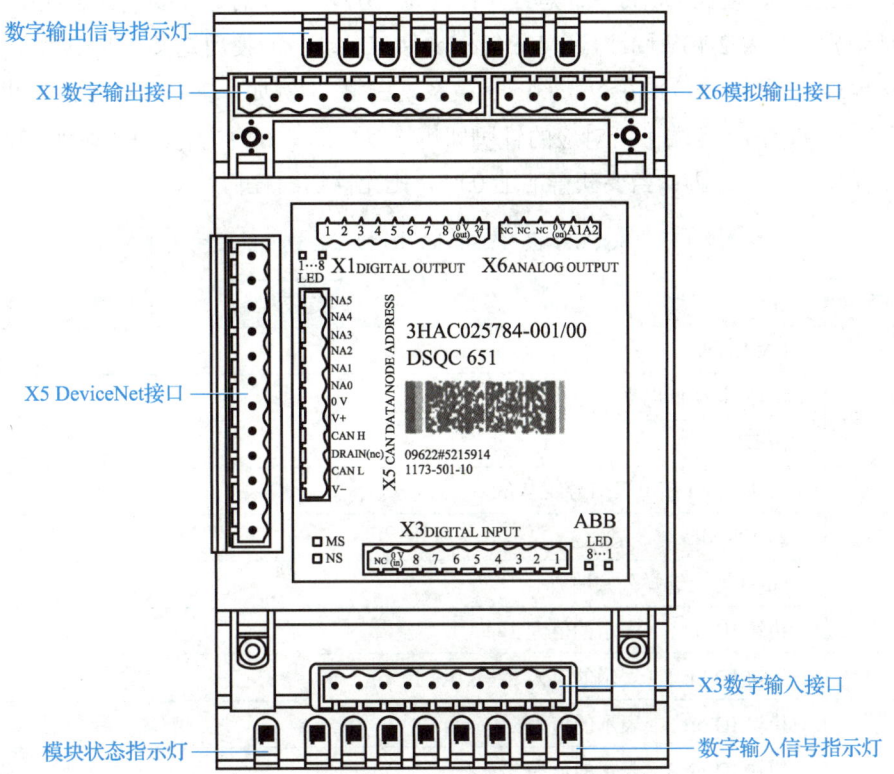

图 2-3　DSQC651 板的接口分布

（1）X1 数字输出接口：提供 8 路数字输出信号，其各端子的使用定义和地址分配如表 2-11 所示。

表 2-11　DSQC651 板 X1 数字输出接口各端子的使用定义和地址分配

X1 端子编号	使用定义	地址分配	X1 端子编号	使用定义	地址分配
1	Output ch1	32	6	Output ch6	37
2	Output ch2	33	7	Output ch7	38
3	Output ch3	34	8	Output ch8	39
4	Output ch4	35	9	0 V	
5	Output ch5	36	10	24 V	

（2）X3 数字输入接口：提供 8 路数字输入信号，其各端子的使用定义和地址分配如表 2-12 所示。

表 2-12　DSQC651 板 X3 数字输入接口各端子的使用定义和地址分配

X3 端子编号	使用定义	地址分配	X3 端子编号	使用定义	地址分配
1	Input ch1	0	6	Input ch6	5
2	Input ch2	1	7	Input ch7	6
3	Input ch3	2	8	Input ch8	7
4	Input ch4	3	9	0 V	
5	Input ch5	4	10	NC（未使用）	

(3)X5 DeviceNet接口:ABB标准I/O板都挂载在DeviceNet总线下,由X5 DeviceNet接口与DeviceNet总线进行通信,并设置I/O板在DeviceNet总线中的地址(ID)。每个标准I/O板在总线中的地址都是独一无二的,以方便识别。如表2-13所示为X5 DeviceNet接口各端子的使用定义,其中第6~12号端子用来设定DeviceNet地址,可用范围为10~63(0~9被系统占用)。例如,如图2-4所示,当要获得地址10时,只需切断第8号和第10号端子所对应的针脚即可($2^1+2^3=10$);当要获得地址63时,需要同时切断第7~12号端子所对应的针脚;当要获得地址0时,则无需切断任何针脚。

表2-13 DSQC651板X5 DeviceNet接口各端子的使用定义

X5端子编号	使用定义
1	0 V Black
2	CAN_low 低电平信号线 Blue
3	屏蔽线
4	CAN_high 高电平信号线 White
5	24 V Red
6	GND 地址选择公共端
7	模块ID bit 0(表示的值为$2^0=1$)
8	模块ID bit 1(表示的值为$2^1=2$)
9	模块ID bit 2(表示的值为$2^2=4$)
10	模块ID bit 3(表示的值为$2^3=8$)
11	模块ID bit 4(表示的值为$2^4=16$)
12	模块ID bit 5(表示的值为$2^5=32$)

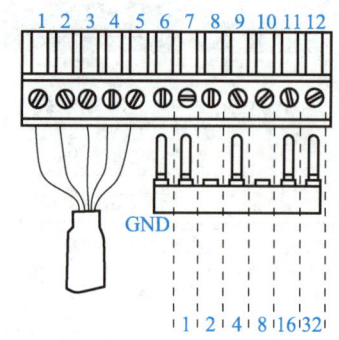

图2-4 DSQC651板X5 DeviceNet接口地址设置示意图

(4)X6模拟输出接口:提供两路模拟信号输出,其各端子的使用定义和地址分配如表2-14所示。

表2-14 DSQC651板X6模拟输出接口各端子的使用定义和地址分配

X6端子编号	使用定义	地址分配	X6端子编号	使用定义	地址分配
1	NC(未使用)		4	0 V	
2	NC(未使用)		5	模拟输出AO1	0~15
3	NC(未使用)		6	模拟输出AO2	16~31

2. DSQC652板

DSQC652板上的接口包括一个X1数字输出接口、一个X2数字输出接口、一个X3数字输入接口、一个 X4 数字输入接口和一个 X5 DeviceNet 接口，其接口分布如图 2-5 所示。

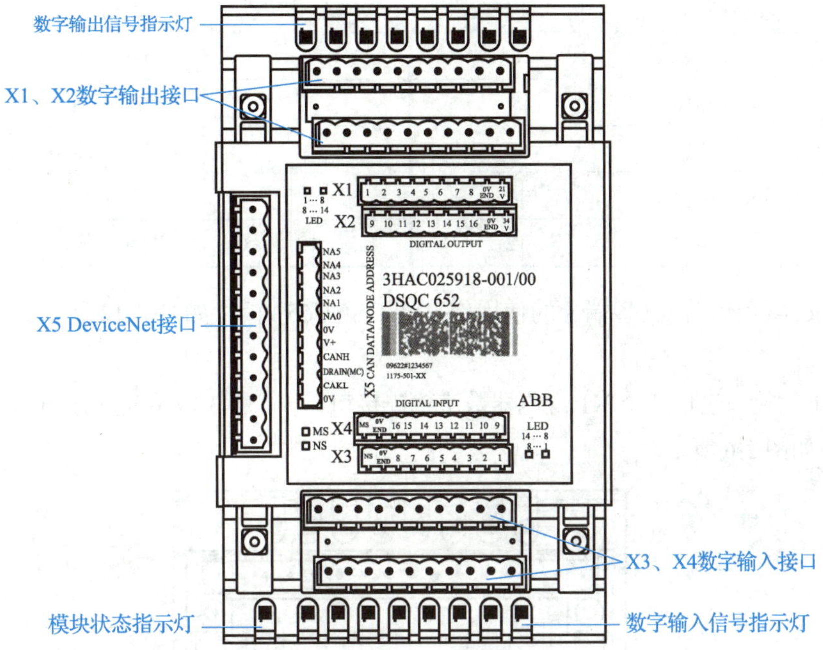

图 2-5 DSQC652 板的接口分布

（1）X1 数字输出接口：提供 8 路数字输出信号，其各端子的使用定义和地址分配如表 2-15 所示。

表 2-15 DSQC652 板 X1 数字输出接口各端子的使用定义和地址分配

X1 端子编号	使用定义	地址分配	X1 端子编号	使用定义	地址分配
1	Output ch1	0	6	Output ch6	5
2	Output ch2	1	7	Output ch7	6
3	Output ch3	2	8	Output ch8	7
4	Output ch4	3	9	0 V	
5	Output ch5	4	10	24 V	

（2）X2 数字输出接口：提供 8 路数字输出信号，其各端子的使用定义和地址分配如表 2-16 所示。

表 2-16 DSQC652 板 X2 数字输出接口各端子的使用定义和地址分配

X2 端子编号	使用定义	地址分配	X2 端子编号	使用定义	地址分配
1	Output ch9	8	6	Output ch14	13
2	Output ch10	9	7	Output ch15	14
3	Output ch11	10	8	Output ch16	15
4	Output ch12	11	9	0 V	
5	Output ch13	12	10	24 V	

（3）X3 数字输入接口：提供 8 路数字输入信号，其各端子的使用定义和地址分配同 DSQC651 板，如表 2-12 所示。

（4）X4 数字输入接口：提供 8 路数字输入信号，其各端子的使用定义和地址分配如表 2-17 所示。

表 2-17　DSQC652 板 X4 数字输入接口各端子的使用定义和地址分配

X4 端子编号	使用定义	地址分配	X4 端子编号	使用定义	地址分配
1	Input ch9	8	6	Input ch14	13
2	Input ch10	9	7	Input ch15	14
3	Input ch11	10	8	Input ch16	15
4	Input ch12	11	9	0 V	
5	Input ch13	12	10	NC（未使用）	

（5）X5 DeviceNet 接口：其各端子的使用定义同 DSQC651 板，如表 2-13 所示。

3．DSQC653 板

DSQC653 板上的接口包括一个 X1 继电器数字输出接口、一个 X3 数字输入接口和一个 X5 DeviceNet 接口，其接口分布如图 2-6 所示。

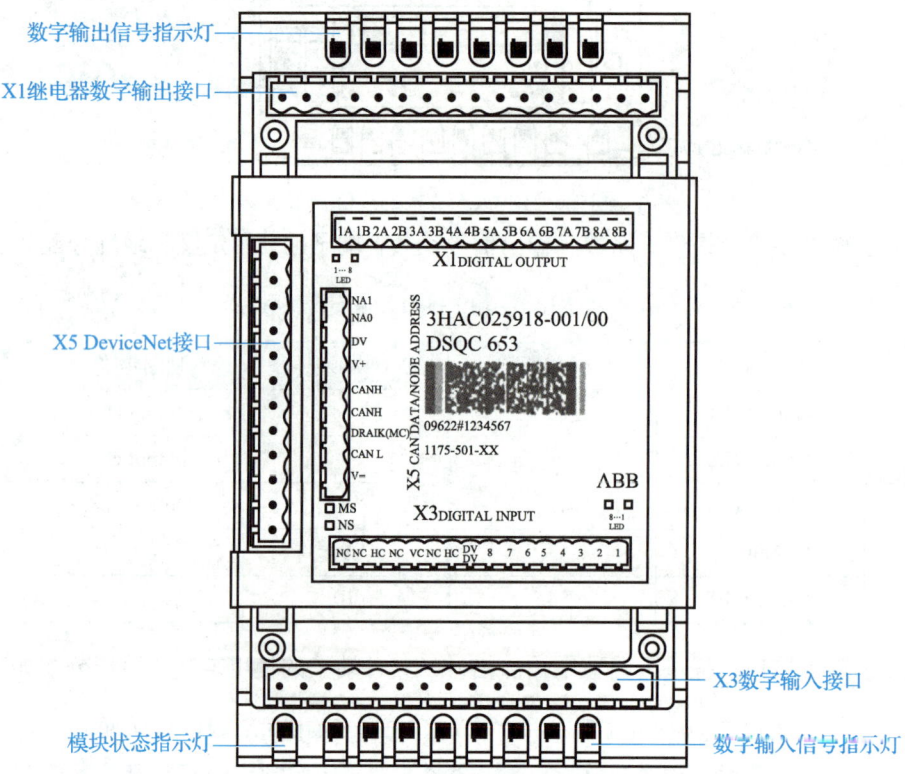

图 2-6　DSQC653 板的接口分布

（1）X1 继电器数字输出接口：提供 8 路数字输出信号，其各端子的使用定义和地址分配如表 2-18 所示。

表 2-18　DSQC653 板 X1 继电器数字输出接口各端子的使用定义和地址分配

X1 端子编号	使用定义	地址分配	X1 端子编号	使用定义	地址分配
1	Output ch1A	0	9	Output ch5A	4
2	Output ch1B		10	Output ch5B	

表2-18（续）

X1端子编号	使用定义	地址分配	X1端子编号	使用定义	地址分配
3	Output ch2A	1	11	Output ch6A	5
4	Output ch2B		12	Output ch6B	
5	Output ch3A	2	13	Output ch7A	6
6	Output ch3B		14	Output ch7B	
7	Output ch4A	3	15	Output ch8A	7
8	Output ch4B		16	Output ch8B	

（2）X3数字输入接口：提供8路数字输入信号，其各端子的使用定义和地址分配如表2-19所示。

表2-19　DSQC653板X3数字输入接口各端子的使用定义和地址分配

X3端子编号	使用定义	地址分配	X3端子编号	使用定义	地址分配
1	Input ch1	0	6	Input ch6	5
2	Input ch2	1	7	Input ch7	6
3	Input ch3	2	8	Input ch8	7
4	Input ch4	3	9	0 V	
5	Input ch5	4	10～16	NC（未使用）	

（3）X5 DeviceNet接口：其各端子的使用定义同DSQC651板，如表2-13所示。

4．DSQC355A板

DSQC355A板的接口包括一个X3供电电源接口、一个X5 DeviceNet接口、一个X7模拟输出接口和一个X8模拟输入接口，其接口分布如图2-7所示。

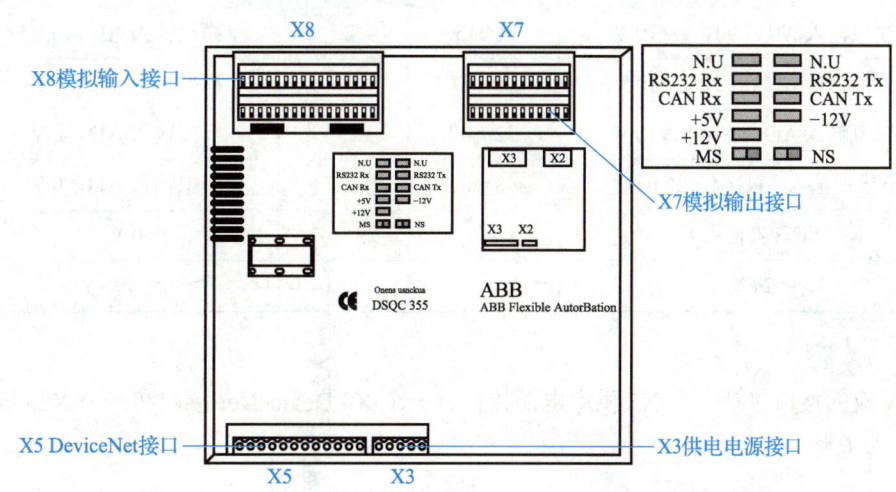

图2-7　DSQC355A板的接口分布

（1）X3 供电电源接口：其各端子的使用定义如表 2-20 所示。

表 2-20　DSQC355A 板 X3 供电电源接口各端子的使用定义

X3 端子编号	使用定义	X3 端子编号	使用定义
1	0 V	4	NC（未使用）
2	NC（未使用）	5	24 V
3	接地		

（2）X5 DeviceNet 接口：其各端子的使用定义同 DSQC651 板，如表 2-13 所示。

（3）X7 模拟输出接口：提供 4 路模拟信号输出，其各端子的使用定义和地址分配如表 2-21 所示。

表 2-21　DSQC355A 板 X7 模拟输出接口各端子的使用定义和地址分配

X7 端子编号	使用定义	地址分配	X7 端子编号	使用定义	地址分配
1	模拟输出 AO1，−10 V/+10 V	0～15	19	模拟输出 AO1，0 V	
2	模拟输出 AO2，−10 V/+10 V	16～31	20	模拟输出 AO2，0 V	
3	模拟输出 AO3，−10 V/+10 V	32～47	21	模拟输出 AO3，0 V	
4	模拟输出 AO4，4～20 mA	48～63	22	模拟输出 AO4，0 V	
5～18	NC（未使用）		23～24	NC（未使用）	

（4）X8 模拟输入接口：提供 4 路模拟信号输入，其各端子的使用定义和地址分配如表 2-22 所示。

表 2-22　DSQC355A 板 X8 模拟输入接口各端子的使用定义和地址分配

X8 端子编号	使用定义	地址分配	X8 端子编号	使用定义	地址分配
1	模拟输入 AI1，−10 V/+10 V	0～15	25	模拟输入 AI1，0 V	
2	模拟输入 AI2，−10 V/+10 V	16～31	26	模拟输入 AI2，0 V	
3	模拟输入 AI3，−10 V/+10 V	32～47	27	模拟输入 AI3，0 V	
4	模拟输入 AI4，4～20 mA	48～63	28	模拟输入 AI4，0 V	
5～16	NC（未使用）		29～32	0 V	
17～24	24 V				

5．DSQC377A 板

DSQC377A 板的接口包括一个 X3 供电电源接口、一个 X5 DeviceNet 接口和一个 X20 编码器与同步开关接口，其接口分布如图 2-8 所示。

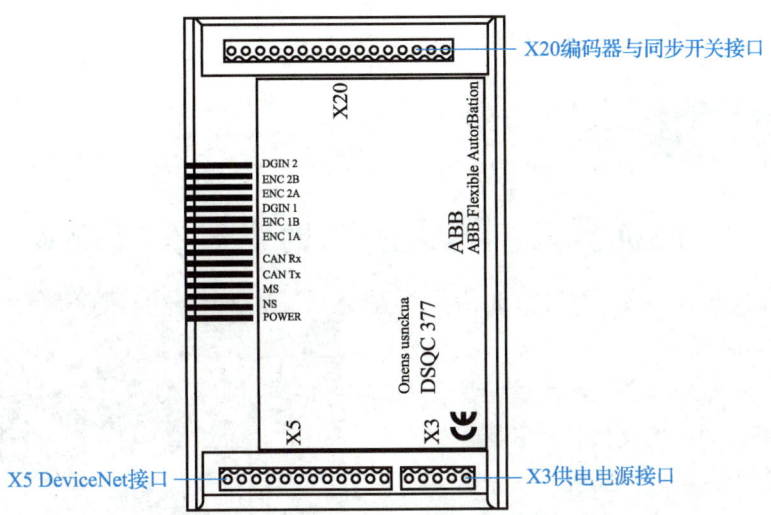

图 2-8 DSQC377A 板的接口分布

（1）X3 供电电源接口：其各端子的使用定义同 DSQC355A 板，如表 2-20 所示。

（2）X5 DeviceNet 接口：其各端子的使用定义同 DSQC651 板，如表 2-13 所示。

（3）X20 编码器与同步开关接口：其各端子的使用定义如表 2-23 所示。

表 2-23　DSQC377A 板 X20 编码器与同步开关接口各端子的使用定义

X20 端子编号	使用定义	X20 端子编号	使用定义
1	24 V	6	编码器 1，B 相
2	0 V	7	数字输入信号 1，24 V
3	编码器 1，24 V	8	数字输入信号 1，0 V
4	编码器 1，0 V	9	数字输入信号 1，信号
5	编码器 1，A 相	10～16	NC（未使用）

三、基于控制器的工业机器人外部控制

在工业机器人应用系统中，工业机器人的启动、停止、暂停和急停等功能一般可通过机器人控制器或示教器上的相应按钮来实现，但在某些情况下，为了与外围设备实现通信和动作上的同步，通常使用外部控制装置（PLC）来实现这些功能。当功能按钮接通时，外部控制装置发出相应信号，在继电器接通后，工业机器人标准 I/O 板接收信号并发出相应信号到机器人控制器，经过计算处理后，完成相应的动作，其控制逻辑如图 2-9 所示。

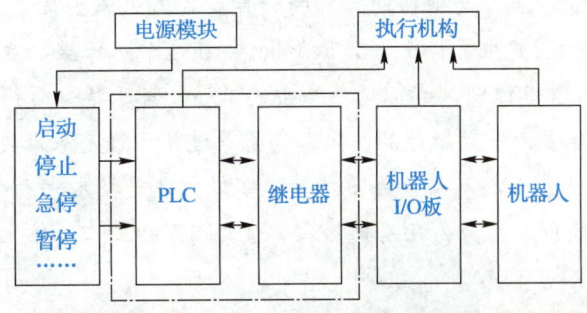

图 2-9　工业机器人的外部控制逻辑

在某些特殊情况下，工业机器人应用系统中并未使用外部 PLC，此时可以将对应的功能按钮直接接到

工业机器人标准 I/O 板上来实现相应的功能。

素质课堂

给机器人"造大脑"的中国梦践行者

毕业于广东机电职业技术学院的90后小伙钟乐华，如今是广东一家大型工业机器人制造公司研发团队的重要一员。从在校期间成绩稳居前三并获得2012年全国职业院校技能大赛高职组广东选拔赛自动化生产安装与调试项目一等奖，到获得2017年广州开发区第九届技术能手大赛可编程控制系统设计师项目一等奖，成为公司软件研发团队中唯一一位高职生，每天给工业机器人设计编程"造大脑"，钟乐华完成了一次次的人生逆袭。

由于在校表现优异，毕业后，钟乐华进入一家有名的校企合作企业。因为表现突出，钟乐华很快就"出师"，仅用一个星期就成为公司的工程师，而当时他的同学都花费了几个月的时间才完成了这一过渡。在这家企业里，钟乐华感觉到自己在飞速成长。参加工作的第一年，他就参与了澳门隧道自控系统的设计编程。之后两年，他还参与了许多大型项目，例如，为国家大型粮油生产企业的粮油自动生产线进行了设计编程。

钟乐华深知，只有对技术的不断追求才能使人立于不败之地。毕业之后的第三年，钟乐华第一次摸到了技术的"天花板"，遇到了职业生涯的瓶颈期。2015年，一直在寻找突破的钟乐华参观了广州国际机器人及工业自动化展览会，他感觉人生找到了新方向，更加坚信机器人制造是未来的发展趋势。

心意确定后，恰逢他所在的企业大力扩张、急需人手，钟乐华抓住时机，凭借三年的经验和成绩，他很快转型为工业机器人"大脑制造师"。"看起来都是编程，实际上有很多不同。"钟乐华谈到，"比如，要开发一个具备新功能的机器人，需要对机器人所应用的行业有全面的了解，而且在整个过程中，有些技术问题只能靠自己钻研琢磨，没有人会给你提供现成的答案。"有时，遇到新行业新技术的新要求，为了准确掌握所需产品信息，钟乐华还要参加一段时间的培训，在明确用户需求后，才会正式着手开始设计编程。

在这家机器人制造企业里，与他协同工作的一百多名工业机器人"大脑制造师"，大多都是一些重点大学的本科生、研究生和博士，钟乐华说："在这个队伍里，我确实有点另类，正是这促使我不断进步"。在日常工作中，看似烦琐复杂的工序，钟乐华却干得起劲。钟乐华"玩"的就是技术。在他看来，开发出一款新产品，技术和质量过关已经是基本要求，如何能采用一些新方法去节省成本或找到一些新思路使产品更加简易高效，才是技术"大牛"。钟乐华一边研发一边学习，勤恳工作，持续创新，努力在给机器人"造大脑"的工作岗位上成为一名更为优秀的中国梦践行者。

（资料来源：http://qclz.youth.cn/znl/201805/t20180515_11620948.htm，有改动）

技能实训——ABB 机器人 I/O 接口实验

一、实训概况

（1）进行 DSQC651 板数字输入接口、数字输出接口以及模拟输出接口的硬件连接。

（2）通过示教器进行输入/输出接口的设定：以 DSQC651 板为模块，模块单元为 Board10，总线连接 DeviceNet1，地址为 10，创建数字输入信号 DI_01、数字输出信号 DO_01 和模拟输出信号 AO_01，并实现 I/O 信号的监控及操作。

（3）用 24 V 稳压电源和对应的指示灯进行数字输入接口的测试，用万用表和 DSQC651 板载指示灯进行数字输出接口的测试，用万用表进行模拟输出接口的测试。

二、实训步骤

（一）硬件接线

为了避免在工业机器人硬件接线及测试时对设备造成损坏，首先应熟悉工业机器人的电路接线方法。DSQC651 板的硬件接线如图 2-10 所示，图中的实际接线有数字信号输出（DO_01、DO_02、DO_03）、外部电源输入（24 V）、模拟信号输出（AO_01、AO_02）、数字信号输入（DI_01、DI_02、DI_05）。DSQC651 通过 DeviceNet 总线连接到主板。

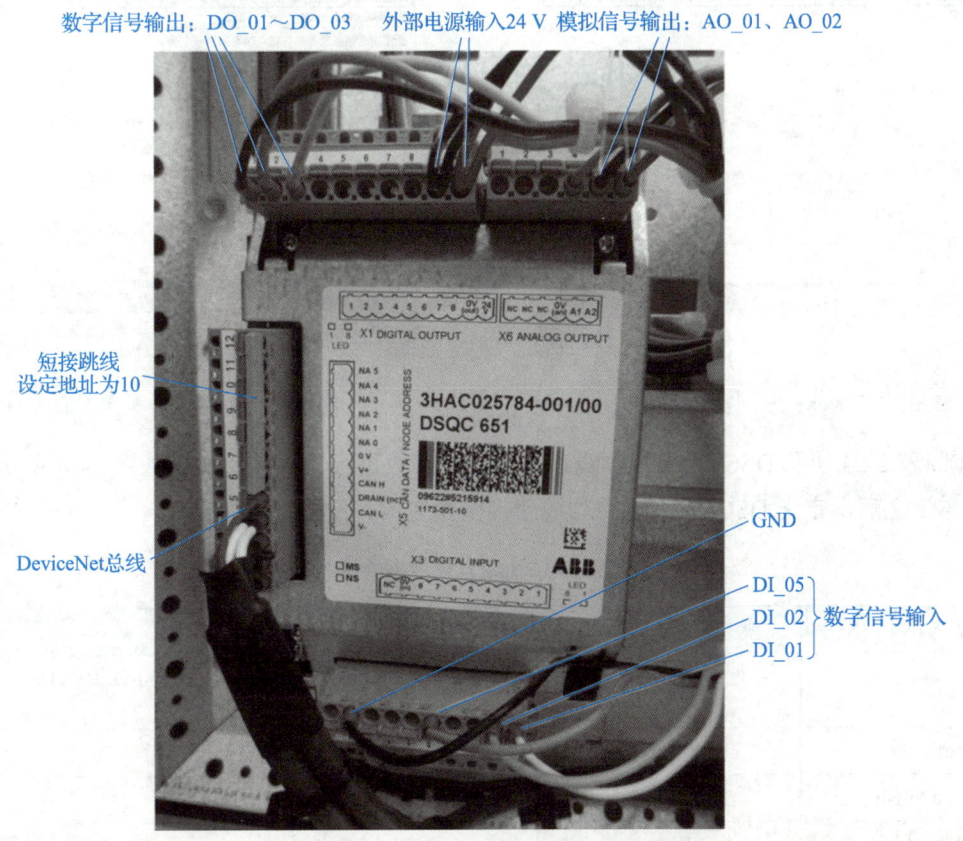

图 2-10　DSQC651 板的硬件接线

（二）配置 DSQC651 板

DSQC651 板是最为常用的 ABB 标准 I/O 板，下面将为其创建数字输入信号 DI_01、数字输出信号 DO_01 和模拟输出信号 AO_01。

1. 定义 DSQC651 板的总线连接

（1）在"控制面板—配置"界面中选择"Unit"选项可进行 DSQC651 板的设置，如图 2-11 所示。

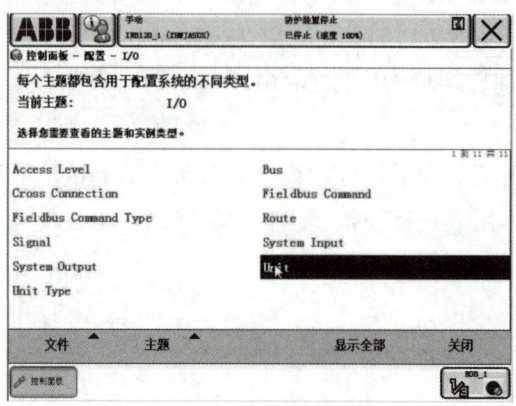

图 2-11　Board_10 配置界面（1）

（2）双击"Unit"选项，进入如图 2-12 所示界面，然后单击"添加"按钮，进入如图 2-13 所示界面。

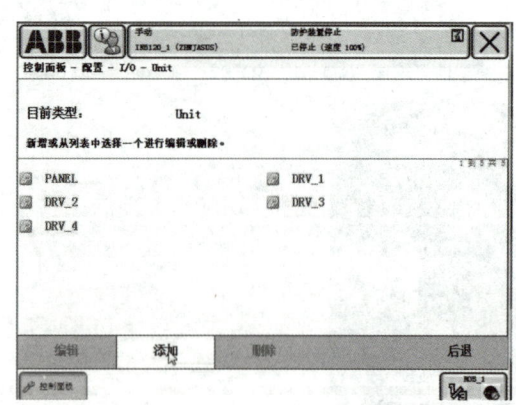

图 2-12　Board_10 配置界面（2）

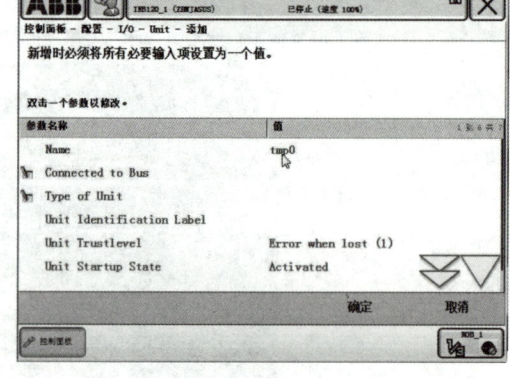

图 2-13　Board_10 配置界面（3）

（3）按照表 2-24 所示 DSQC651 板总线连接的相关参数进行输入，完成后如图 2-14 所示。单击"确定"按钮，重启之后，定义 DSQC651 板的总线连接操作完成。

表 2-24　DSQC651 板总线连接的相关参数

参数名称	设定值	说　明
Name	Board_10	设定 I/O 板在系统中的名字，10 代表 I/O 板在 DeviceNet 总线上的地址是 10
Type of Unit	d651	设定 I/O 板的类型
Connected to Bus	DeviceNet1	设定 I/O 板连接的总线
DeviceNet Address	10	设定 I/O 板在总线中的地址

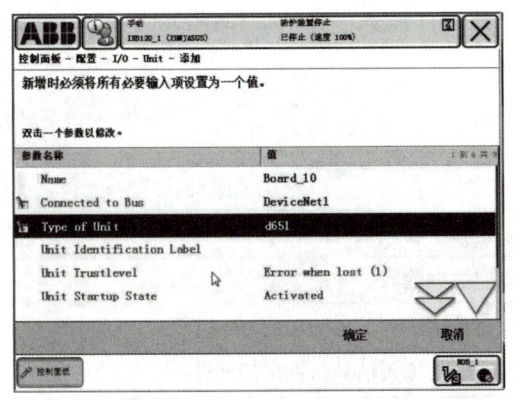
(a)

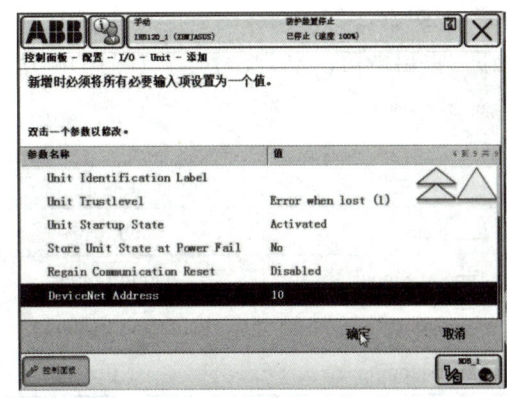
(b)

图 2-14　Board_10 配置界面（4）

2. 定义数字输入信号和数字输出信号

（1）在"控制面板—配置"界面中选择"Signal"选项可进行 DSQC651 板数字输入信号的设置，如图 2-15 所示。

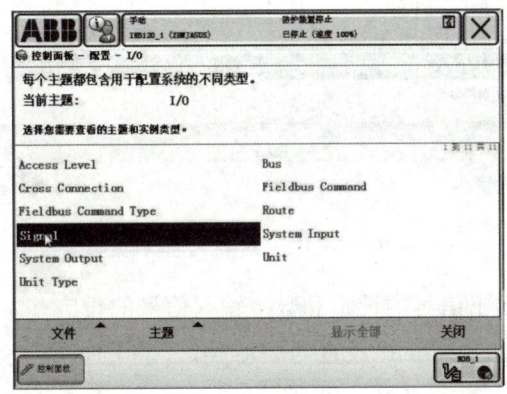

图 2-15　DI_01 配置界面（1）

（2）双击"Signal"选项，进入如图 2-16 所示界面。单击"添加"按钮，进入如图 2-17 所示界面。

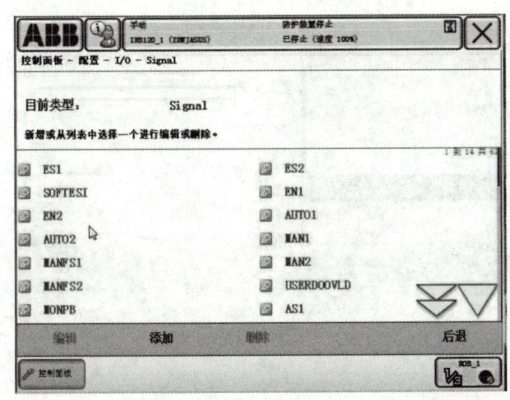

图 2-16　DI_01 配置界面（2）

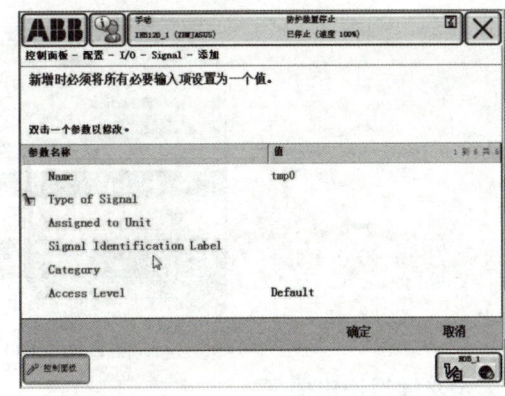

图 2-17　DI_01 配置界面（3）

（3）按照表 2-25 所示数字输入信号 DI_01 的相关参数进行输入，完成后如图 2-18 所示。单击"确定"按钮，重启之后，定义数字输入信号 DI_01 操作完成。

表 2-25　数字输入信号 DI_01 的相关参数

参数名称	设定值	说　明
Name	DI_01	设定数字输入信号的名字
Type of Signal	Digital Input	设定数字输入信号的类型
Assigned to Unit	Board_10	设定数字输入信号所在的 I/O 板
Unit Mapping	0	设定数字输入信号所占用的地址

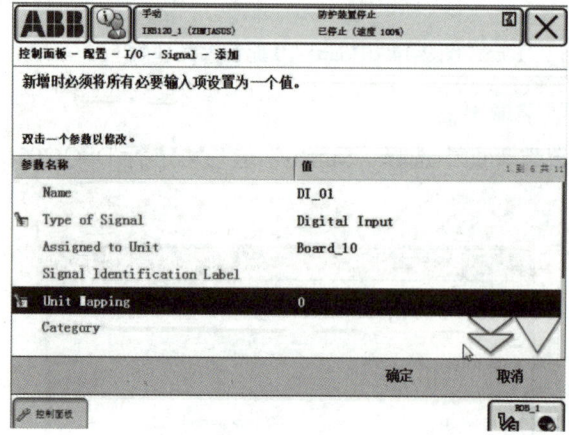

图 2-18　DI_01 配置界面（4）

（4）DSQC651 模块数字输出信号的设定和数字输入信号的设定基本一致，只需要对数字输出信号 DO_01 的相关参数进行修改，即将"Name"设置为"DO_01"，将"Type of Signal"设置为"Digital Output"，将"Unit Mapping"设置为"32"等，如图 2-19 所示。

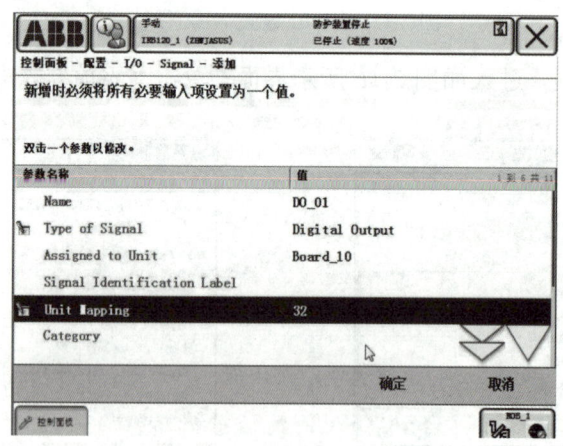

图 2-19　DO_01 配置完成后的界面

3．定义模拟输出信号

DSQC651 模块模拟输出信号的设定和数字输入信号的设定基本一致，只需要按表 2-26 所示模拟输出信号 AO_01 的相关参数进行修改即可，完成后的界面如图 2-20 所示。

表 2-26 模拟输出信号 AO_01 的相关参数

参数名称	设定值	说明
Name	AO_01	设定模拟输出信号的名称
Type of Signal	Analog Output	设定模拟输出信号的类型
Assigned to Unit	Board_10	设定模拟输出信号所在的 I/O 板
Unit Mapping	0~15	设定模拟输出信号所占用的地址
Analog Encoding Type	Unsigned	设定模拟输出信号属性
Maximum Logical Value	10	设定最大逻辑值
Maximum Physical Value	10	设定最大物理值
Maximum Bit Value	65 535	设定最大位值

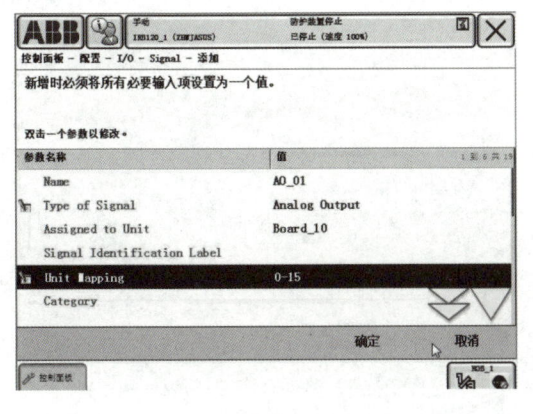

（a）

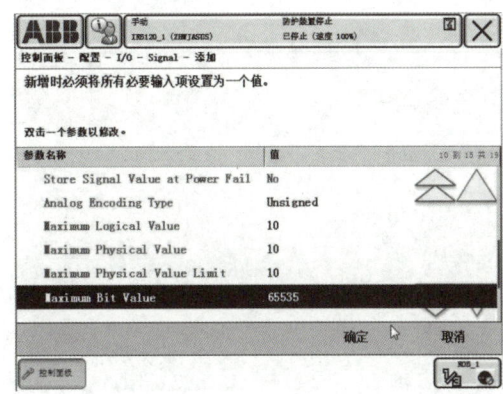

（b）

图 2-20　AO_01 配置完成后的界面

（三）测试 DSQC651 板的 I/O 信号

用 24 V 稳压电源和对应的指示灯进行数字输入接口的测试，用万用表和 DSQC651 板载指示灯进行数字输出接口的测试，用万用表进行模拟输出接口的测试。在示教器上设定 I/O 信号界面如图 2-21 所示，测试结果如表 2-27 所示。

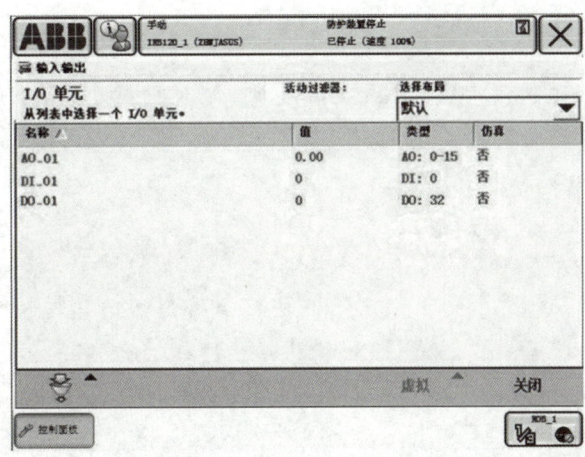

图 2-21　在示教器上设定 I/O 信号界面

表 2-27　DSQC651 板的 I/O 信号测试结果

待测信号	测试条件	测试结果
DI_01	输入电压从 0 V 到 24 V	示教器上应显示从 "0" 到 "1"
DO_01	示教器上设置为从 "0" 到 "1"	用万用表测量输出电压应为从 0 V 到 24 V
AO_01	示教器上设置为 "0"	用万用表测量输出电压应为 0 V
AO_01	示教器上设置为 "2"	用万用表测量输出电压应为 2 V
AO_01	示教器上设置为 "5"	用万用表测量输出电压应为 5 V
AO_01	示教器上设置为 "8"	用万用表测量输出电压应为 8 V
AO_01	示教器上设置为 "10"	用万用表测量输出电压应为 10 V

项目二 工业机器人应用系统集成的关键技术

任务二 工业机器人现场总线技术认知

任务引入——技术传帮带，和谐好氛围

张师傅和小李完成工业机器人的配置后，开始对工业机器人应用系统中的外围通信进行安装和调试。由于该系统的外部控制是由PLC完成的，因此PLC控制系统与工业机器人和外围设备之间的通信十分关键。小李只知道一些外围通信技术的理论知识，对于这项工作的实际操作十分陌生。为此，张师傅开始一边操作，一边向小李讲解每个操作步骤的内容与作用。这种传帮带的方法和氛围不仅对于企业人才培养十分有效，还有利于形成和谐融洽的人际关系和团结互助的工作环境。小李在认真学习操作方法的同时，打趣着对张师傅说道："这还真是应验了'纸上得来终觉浅，觉知此事要躬行'这句诗！"

本任务主要介绍常用的现场总线技术、工业机器人应用系统PLC的结构与组成以及工业机器人应用系统的人机界面。本任务的知识与技能要求如表2-28所示。

表2-28 知识与技能要求

任务内容	工业机器人现场总线技术认知	学习程度		
		识记	理解	应用
学习任务	常用的现场总线技术	●		
	工业机器人应用系统PLC的结构与组成		●	
	工业机器人应用系统的人机界面		●	
实训任务	ABB工业机器人之间DeviceNet总线通信实验			●
自我勉励				

班级_____ 姓名_____ 学号_____

任务工单

1. 任务描述

根据老师提出的任务要求并结合实际情况，在了解常用现场总线技术的基础上，认识工业机器人应用系统 PLC 的结构与组成及应用系统的人机界面，完成 DeviceNet 总线通信实验的总体设计、DeviceNet 总线网络的接线，并实现两台 ABB 机器人之间的 DeviceNet 总线通信。将任务内容、任务目的、I/O 板型号及现场总线名称填入表 2-29 中。

表 2-29 任务描述

任务内容	
任务目的	
I/O 板型号	
现场总线名称	

2. 小组分工

以 3~5 人为一组，选出组长并进行任务分工，将小组成员及分工情况填入表 2-30 中。

表 2-30 小组成员及分工情况

班级		组号		指导教师	
小组成员	姓名	学号	任务分工		
组长					
组员					

3. 获取信息

在进行具体工作前，需要掌握常用现场总线技术、工业机器人应用系统 PLC 与人机界面的相关知识。请各组组长组织组员收集相关资料，回答下列问题。

引导问题 1：现场总线是指安装在制造过程区域的_____与控制室内的_____之间的数字式、串行、多点通信的数据总线。

引导问题 2：PLC 是一种_____，它利用其内部存储的程序，执行_____、_____、定时、计算与算术操作等面向用户的指令，并通过_____或_____式输入/输出信号控制各种机械生产过程。

引导问题 3：触摸屏是由_____和_____组成的触摸式可编程终端。

引导问题 4：组态软件又称组态监控软件或系统软件，是指一些具有_____与_____功能的专用软件。

班级_____ 姓名_____ 学号_____

引导问题 5：简述几种常用现场总线的特点。

引导问题 6：简述 PLC 控制工业机器人应用系统的设计步骤。

引导问题 7：简述利用组态软件组建新工程的一般流程。

4．制订计划

（1）制订工作计划，并将其填入表 2-31 中。

表 2-31　工作计划

步骤	工作内容	负责人

班级_____ 姓名_____ 学号_____

（2）将实施过程中所需工具、耗材等的清单填入表 2-32 中。

表 2-32　实施过程中所需工具、耗材等的清单

序号	名称	型号与规格	单位	数量	备注

5．进行决策

（1）每人阐述工作计划。

（2）组员之间进行提问与答疑，选出最佳计划。

（3）教师对各组的工作计划进行点评。

6．任务实施

按照本组确定的最佳计划进行工业机器人之间的总线通信，然后根据实际操作过程，将实施步骤、实施内容及实施过程中遇到的问题和解决办法记录在表 2-33 中。

表 2-33　任务实施过程记录表

序号	实施步骤	实施内容	遇到的问题和解决办法

班级_____ 姓名_____ 学号_____

表 2-33（续）

序号	实施步骤	实施内容	遇到的问题和解决办法

7. 考核评价

各组代表讲述与展示任务实施成果，并配合指导教师完成如表 2-34 所示的考核评价表。

表 2-34 考核评价表

项目名称	评价内容	分值	评价分数		
			自评	互评	师评
职业素养考核项目 40%	无迟到、无早退、无旷课	6 分			
	仪容仪表符合规范要求	6 分			
	具备良好的安全意识与责任意识	10 分			
	具备良好的团队合作与交流能力	6 分			
	具备较强的纪律执行能力	6 分			
	保持良好的作业现场卫生	6 分			
专业能力考核项目 60%	积极参加教学活动，按时完成任务工单	12 分			
	操作规范，符合作业规程	18 分			
	操作熟练，工作效率高	12 分			
	任务完成情况良好	18 分			
合计		100 分			
总评	自评（20%）+互评（20%）+师评（60%）=____	综合等级：	教师（签名）：_____		

知识准备

现场总线是近年来迅速发展起来的一种工业数据总线，主要用于解决工业现场的智能化仪器仪表、控制器、执行机构等现场设备之间的数字通信，以及这些现场设备和高级控制系统之间的信息传递问题。

一、常用的现场总线技术

现场总线是指安装在制造过程区域的现场装置与控制室内的自动装置之间的数字式、串行、多点通信的数据总线。随着工业机器人技术的不断发展，工业机器人应用系统对信号传输距离、速度和稳定性提出了更高的要求，相对于传统的 I/O 通信，总线通信能够更好地适应稳定的长距离信号传输，并且可维护性和可操作性大大提高。因此，现场总线广泛应用于工业机器人应用系统的通信过程中。

现场总线

目前世界上大约有四十余种现场总线，还没有统一的标准，下面介绍几种常用的现场总线。

（一）基金会现场总线

基金会现场总线（foundation fieldbus，简称 FF）包括以美国 Fisher-Rosemount 公司为首，联合了 ABB、西门子等 80 余家公司制定的 ISP 协议，和以 Honeywell 公司为首，联合了欧洲地区 150 余家公司制定的 WorldFIP 协议，两者于 1994 年进行了合并。该总线在过程自动化领域应用广泛，发展前景良好。

FF 总线采用 ISO（国际标准化组织）的开放化系统互联 OSI 的简化模型（第 1、2、7 层），即物理层、数据链路层、应用层，另外增加了用户层。FF 总线分为低速 H1 和高速 H2 两种通信速率，前者传输速率为 31.25 kbps，通信距离可达 1 900 m，可支持总线供电和本质安全防爆环境；后者传输速率为 1 Mbps 和 2.5 Mbps，通信距离为 750 m 和 500 m，支持双绞线、光缆和无线传输，协议符合 IEC1158-2 标准。FF 总线物理媒介的传输信号采用曼彻斯特编码。

资料卡

> 曼彻斯特编码又称裂相码、同步码、相位编码，是一种用电平跳变来表示 1 或 0 的编码方法。每个码元均用两个不同相位的电平信号表示，即一个周期的方波，且 0 码和 1 码的相位正好相反。

（二）控制器局域网

控制器局域网（controller area network，简称 CAN）最早由德国博世公司推出，广泛应用于分布式控制领域，其总线规范已被 ISO 制定为国际标准，得到了英特尔、摩托罗拉等公司的支持，CAN 协议分为物理层和数据链路层两层。CAN 的信号传输采用短帧结构，传输时间短，具有自动关闭功能和较强的抗干扰能力。CAN 支持多种工作方式，并采用了非破坏性总线仲裁技术，通过设置优先级来避免冲突，最远通信距离可达 10 km（传输速率低于 5 kbps），最高传输速率可达 1 Mbps（通信距离不超过 40 m），网络节点数实际可达 110 个。

（三）DeviceNet

DeviceNet 是一种低成本的通信连接，也是一种简单的网络解决方案，具有开放的网络标准。DeviceNet 具有直接互联性，不仅改善了设备间的通信，而且提供了相当重要的设备级阵地功能。位于 DeviceNet 网络上的设备可以自由地连接或断开，不影响网络上的其他设备，而且其设备的安装布线成本也较低。

DeviceNet 基于 CAN 技术，提供 125 kbps、250 kbps 及 500 kbps 三种不同的数据传输速度。根据使用的通信线种类不同，DeviceNet 允许的通信线长度也有所不同。圆形粗电缆的通信距离最远可达 500 m；一般圆电缆则为 100 m；扁平形电缆在传输速率为 125 kbps 时可达 380 m，在传输速率为 500 kbps 时则只有 75 m。该通信连接方式的网络节点数可达 64 个，采用生产者/用户（producer/consumer）通信模式和多信道广播信息发送方式。

（四）PROFIBUS

PROFIBUS 由 PROFIBUS-DP、PROFIBUS-FMS 和 PROFIBUS-PA 组成。其中，DP 用于分布式外围设备之间的数据传输，适用于加工自动化领域；FMS 适用于纺织、楼宇自动化、可编程控制器及低压开关等；PA 用于过程自动化控制系统中。PROFIBUS 支持主从系统、纯主站系统、多主多从混合系统等多种传输方式。PROFIBUS 的传输速率为 9.6～12 000 kbps，在传输速率为 9.6 kbps 下最大传输距离为 1 200 m，可采用中继器延长至 10 km，传输介质为双绞线或光缆，最多可挂接 127 个站点。

（五）CC-Link

CC-Link（control&communication link，控制与通信链路）是 1996 年 11 月由以三菱电机为主导的多家公司推出的一种开放式现场总线，在亚洲市场占有较大份额。2005 年 7 月，CC-Link 被中国国家标准委员会批准为中国国家标准指导性技术文件。

CC-Link 数据容量大，通信速度多级可选。它是一个以设备层为主的网络，同时也可覆盖较高层次的控制层和较低层次的传感层。一般情况下，CC-Link 的一层网络可由 1 个主站和 64 个从站组成。网络中的主站由 PLC 控制，从站可以是远程 I/O 模块、特殊功能模块、带有 CPU 和 PLC 的本地站、人机界面、变频器及各种测量仪表、阀门等。

CC-Link 具有较高的数据传输速度，最高可达 10 Mbps。CC-Link 的底层通信协议遵循 RS-485 协议标准。一般情况下，CC-Link 主要采用广播轮询的方式进行通信，也支持主站与本地站、智能设备站之间的瞬间通信。

（六）INTERBUS

INTERBUS 作为国际标准 IEC61158 之一，广泛应用于制造业，主要用于连接传感器/执行器的信号到计算机控制站，是一种开放的串行总线系统。它采用 OSI 的简化模型（第 1、2、7 层），即物理层、数据链路层、应用层，具有强大的可靠性、可诊断性和易维护性。INTERBUS 采用集总帧型的数据环通信，广泛应用于汽车、仓储、造纸、包装等行业，成为国际现场总线的领先者。

INTERBUS 能够提供从控制级设备至底层限定开关一致的网络互联，可通过一根单一电缆来连接所有的设备，而无需考虑操作的复杂程度，并允许用户充分利用这种优势来减少整体系统的安装和维护成本。

INTERBUS 总线上的主要设备有安装在 PC 或 PLC 等上位主设备中的总线控制板，总线终端上的 BK 模块和 I/O 模块。总线控制板用于实现协议的控制、错误诊断、组态存储等功能。BK 模块用于将远程网络数据转换为本地网络数据。I/O 模块用于实现总线控制板和传感器/执行器之间的数据接收和传输，可处理的数据类型包括机械制造和流程工业的所有标准信号。

INTERBUS 总线包括远程总线网络和本地总线网络，两种网络传送相同的信号，但所使用的电平不同。远程总线网络用于远距离传送数据，采用 RS-485 协议标准与全双工方式进行通信，通信速率为 500 kbps；本地总线网络则是连接到远程总线网络上。

二、基于 PLC 的工业机器人应用系统的连接与设计

PLC 是一种可编程控制器，它利用其内部存储的程序，执行逻辑运算、顺序控制、定时、计算与算术操作等面向用户的指令，并通过数字或模拟式输入/输出信号控制各种机械生产过程。作为工业控制装置的核心部分，PLC 不仅可以代替传统的继电器系统，使硬件软化，提高工具的可靠性与系统的灵活性，还具有运算、计数、调节、通信、联网等功能。随着工厂自动化技术的发展，基于 PLC 的工业机器人应用系统得到了广泛应用。

（一）基于 PLC 的工业机器人应用系统的连接电路

PLC 采用"顺序扫描，不断循环"的方式进行工作，即在 PLC 运行时，CPU 根据用户编制并保存于存储器中的程序，按指令序号做周期性循环扫描，若没有跳转指令，则从第一条指令开始逐条执行用户程序，直至程序结束，然后返回至第一条指令，开始下一轮新的扫描。当 PLC 投入运行后，其工作过程一般分为输入采样、程序执行和输出刷新三个阶段。输出刷新阶段，CPU 按照 I/O 映像区内对应的状态和数据刷新所有的输出锁存电路，再经输出电路驱动相应的外围设备。

在工业机器人应用系统中，除了工业机器人本体外，还会配备各种外围设备，因此需要大量的信号通信，这也使得 PLC 的使用成为必然。PLC 通过执行用户预先编制好的程序指令，根据接收到的输入信号，经过逻辑运算和判断后，输出相应的信号来控制继电器，将 PLC 的输出信号转化为工业机器人 I/O 板的输入信号。I/O 板接收到信号后，并不会进行处理，而是通过总线将信号传递给工业机器人控制器，经过工业机器人控制器处理后再进行相应的信号反馈或控制机器人的机械臂进行相关动作。通常基于 PLC 的工业机器人应用系统的连接电路如图 2-22 所示。

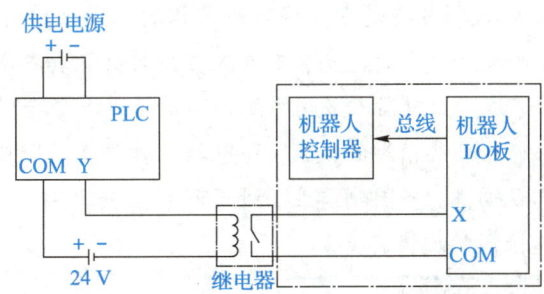

图 2-22 基于 PLC 的工业机器人应用系统的连接电路

（二）基于 PLC 的工业机器人应用系统的设计

基于 PLC 的工业机器人应用系统的设计流程如图 2-23 所示，主要步骤如下。

（1）了解和分析被控制对象的控制要求，确定输入和输出设备的类型和数量。

（2）根据输入和输出设备的类型和数量，确定 PLC 的 I/O 点数，并选择相应点数的 PLC 机型。

（3）合理分配 I/O 点数，绘制 PLC 接线图。

（4）根据控制要求绘制工作循环图或状态流程图。

（5）根据工作循环图或状态流程图编写梯形图、指令语句、汇编语言或计算机高级语言等形式的用户程序。

（6）用编程器将用户程序输入到 PLC 内部存储器中。

（7）程序调试。先进行模拟调试，再进行现场联机调试；先进行局部、分段调试，再进行整体、系统调试。

（8）调试结束后，整理技术资料，投入运行。

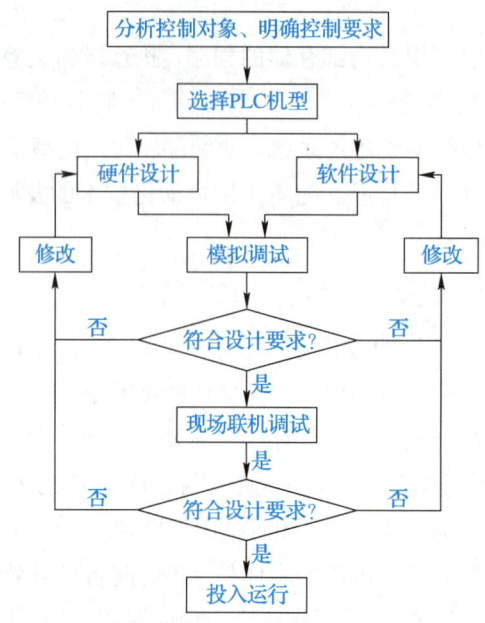

图 2-23　基于 PLC 的工业机器人应用系统的设计流程

  工业机器人应用系统的设计过程主要是在掌握理论知识的基础上进行软件和硬件的设计与调试等实践操作。通常设计与调试工作要反复进行，要求工作人员应具有认真踏实的钻研精神，在一次次失败中总结规律、积累经验，不断掌握工业机器人应用系统调试的专业知识与技能。这正是新时代工匠精神的要求。新时代工匠精神不仅包括熟练精湛的技艺，还包括认真踏实的职业态度、追求完美的职业精神以及对所从事职业的责任感与认同感。我国制造业正处于稳步上升时期，弘扬工匠精神、培养大国工匠是我国从制造大国转变成制造强国的现实需要。

三、工业机器人应用系统的人机界面

  触摸屏（touch panel，简称 TP）是由显示器和触摸面板组成的触摸式可编程终端。随着科学技术的发展，触摸屏作为一种全新的计算机输入设备，目前已成为最简单、方便、自然的人机交互方式。在实际操作中，通常用触摸屏代替鼠标、键盘及显示器上的开关与按钮，使用时用户首先用手指或其他物体触摸安装在显示器前端的触摸屏，然后系统根据手指触摸的图标或菜单选项来确定信息输入内容。

> **小贴士**
>
>   在使用触摸屏时，所触摸的位置会被触摸屏检测出来，并将位置信息转变为坐标值。触摸屏的位置坐标是绝对坐标，一般以屏幕的左上角为原点。

  根据工作原理和传输介质的不同，触摸屏可分为电阻式触摸屏、电容式触摸屏、红外线式触摸屏和表面声波式触摸屏。每一种触摸屏都有各自的优缺点与使用场合，对于用于工业自动化控制的触摸屏，其主要功能包括显示和状态监视功能、数字输入功能、控制功能、实时报警功能和网络通信功能等。

（一）触摸屏与 PLC 的连接

触摸屏 TP 与 PLC（或上位机）的通信方式主要是串口通信，但不同型号的产品使用的通信协议不尽相同，可以是 RS-232，也可以是 RS-485 或 RS-422。下面介绍应用较为广泛的欧姆龙触摸屏 NT631/NT631C 与 PLC 的通信连接。

1. NT631/NT631C 与 PLC 的通信方式

NT631/NT631C 与 PLC 之间有三种通信方式，分别为上位链接方式、NT 链接（1∶1）方式和 NT 链接（1∶N）方式。

（1）上位链接方式：TP 发出命令信息给 PLC，PLC 返回响应信息，并以会话式的顺序将各种设定状态信息读出或写入 PLC 继电器和数据存储器中。上位机以 1∶1 的链接方式连接到 TP，上位机的字和位通过上位链接方式读出并显示。这种方式可用于连接大多数类型的 PLC。

（2）NT 链接（1∶1）方式：是一种用直接连接功能与 PLC 高速通信的方式，它将 PLC 与 TP 一对一连接，通过 NT 链接（1∶1）方式读出并显示。这种通信方式的通信速度比上位链接方式快。

（3）NT 链接（1∶N）方式：一台 PLC 连接多台 TP。PLC 的字和位通过 NT 链接（1∶N）方式读出并显示，每台 TP 可以分别向 PLC 传送数据或从 PLC 接收数据，并且它们可以有独立的画面显示。这种方式提供了 PLC 与多台 TP 的快速通信，每一种通信方式都需要根据所连接 PLC 的运行条件进行设置。

2. NT631/NT631C 与 PLC 的连接方法

欧姆龙公司生产的 PLC 类型很多，各种机型所带的通信接口类型不尽相同，主要有 RS-232C、RS-485、RS-422A 等。

NT631/NT631C 有串口 A 和串口 B 两组通信接口。串口 A 仅用于 RS-232C 的通信连接，此接口可支持工具和条形码阅读器。串口 B 有连接器接口和终端块接口两个接口，连接器接口仅用于 RS-232C 的通信连接，但不支持工具和条形码阅读器；终端块接口仅用于 RS-485 或 RS-422A 的通信连接，且连接器接口和终端块接口不能同时使用。

由于 TP 与 PLC 的接口形式不同，所以它们连接时就会出现不同的情况。

（1）TP 和 PLC 之间可通过 RS-232C 接口连接，连接方法如图 2-24 所示。通过 RS-232C 电缆直接连接 TP 和 PLC 的 RS-232C 接口，是最简单的连接方法。

图 2-24　RS-232C 接口的连接方法

（2）TP 的 RS-485 或 RS-422A 接口和 PLC 的 RS-485 或 RS-422A 接口的连接方法有以下四种。

① 通过 RS-485 电缆直接连接 TP 和 PLC 的 RS-485 接口，如图 2-25 所示。此时，电缆长度最大为 500 m。

图 2-25　RS-485 接口的连接方法

② 通过 RS-422A 电缆直接连接 TP 和 PLC 的 RS-422A 接口，如图 2-26 所示。此时，电缆长度最大为 500 m。

图 2-26　RS-422A 接口的连接方法

③ 多台 TP 的 RS-485 接口与 PLC 的 RS-485 接口通过 RS-485 电缆以 1∶N 链接方式连接，如图 2-27 所示。这种方法适用于 RS-485 型 NT 链接（1∶N）方式。

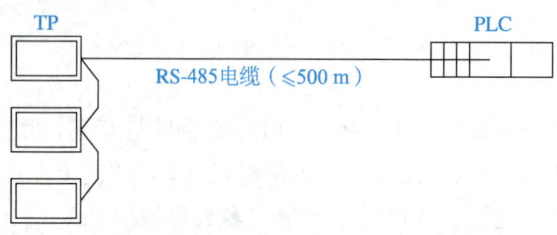

图 2-27　RS-485 接口的 1∶N 连接方法

④ 多台 TP 的 RS-422A 接口与 PLC 的 RS-422A 接口通过 RS-422A 电缆以 1∶N 链接方式连接，如图 2-28 所示。这种方法适用于 RS-422A 型 NT 链接（1∶N）方式。

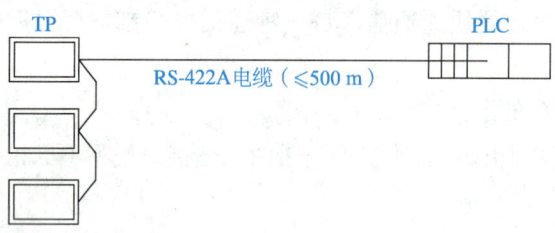

图 2-28　RS-422A 接口的 1∶N 连接方法

（3）TP 的 RS-485 或 RS-422A 接口和 PLC 的 RS-232C 接口的连接方法有以下四种。

① TP 的 RS-485 接口和 PLC 的 RS-232C 接口通过转换单元 NT-AL001 以 1∶1 链接方式连接，如图 2-29 所示。

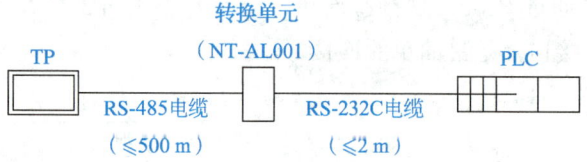

图 2-29　TP 的 RS-485 接口和 PLC 的 RS-232C 接口通过转换单元连接

② TP 的 RS-422A 接口和 PLC 的 RS-232C 接口通过转换单元 NT-AL001 以 1∶1 链接方式连接，如图 2-30 所示。

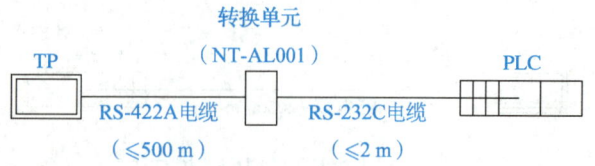

图 2-30　TP 的 RS-422A 接口和 PLC 的 RS-232C 接口通过转换单元连接

③ 多台 TP 的 RS-485 接口和 PLC 的 RS-232C 接口通过转换单元 NT-AL001 以 1∶N 链接方式连接，

如图 2-31 所示。这种方法适用于 RS-485 型 NT 链接（1：N）方式。

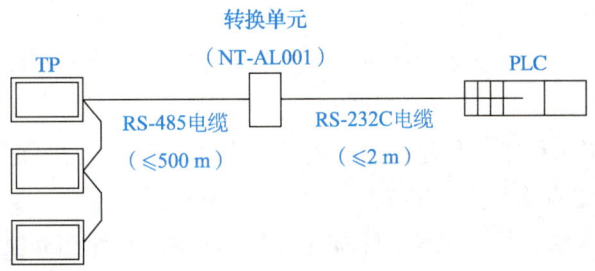

图 2-31　多台 TP 的 RS-485 接口和 PLC 的 RS-232C 接口通过转换单元连接

④ 多台 TP 的 RS-422A 接口和 PLC 的 RS-232C 接口通过转换单元 NT-AL001 以 1：N 链接方式连接，如图 2-32 所示。这种方法适用于 RS-422A 型 NT 链接（1：N）方式。

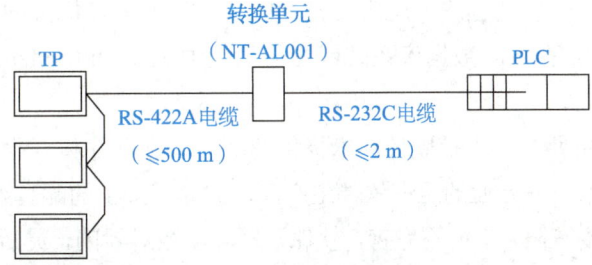

图 2-32　多台 TP 的 RS-422A 接口和 PLC 的 RS-232C 接口通过转换单元连接

（二）触摸屏控制工业机器人运行的组态方法

组态是指用户通过类似于"搭积木"的简单方式来满足自己需要的软件功能，而不需要编写计算机程序，有时也称为二次开发。组态软件又称组态监控软件或系统软件，是指一些具有数据采集与过程控制功能的专用软件。

组态软件本身不是监控系统，它只是将监控系统中通用的内容封装起来，以直观的方式提供给用户，使用户通过组态软件可以轻松地实现系统监控功能。因此，组态软件本身是一个半成品。

1. 组态软件的使用环境

组态软件的使用环境包括系统开发环境和系统运行环境。

（1）系统开发环境：是自动化设计工程师为实施其控制方案，在组态软件的支持下自动生成应用程序所必须依赖的工作环境，由若干个组态程序组成，如图形界面开发程序、实时数据库系统组态程序等。系统开发环境通过建立一系列用户数据文件，生成最终的图形目标应用系统，以供系统运行环境下使用。

（2）系统运行环境：由若干个运行程序组成，如图形界面运行程序、实时数据库系统运行程序等。在系统运行环境下，目标应用程序被装入计算机内存并投入实时运行。组态软件支持在线组态，即在不退出系统运行环境的情况下，可以直接进入组态环境并修改组态，使修改后的组态直接生效。

2. 组态软件的组件

组态软件必备的典型组件包括应用程序管理器、图形界面开发程序、图形界面运行程序、实时数据库系统组态程序、实时数据库系统运行程序、I/O 驱动程序等。

（1）应用程序管理器：是提供应用程序的搜索、备份、解压缩、建立新应用功能的专用管理工具。

（2）图形界面开发程序：是自动化设计工程师为实施其控制方案，在图形编辑器工具的支持下进行图形系统生成工作所依赖的开发程序。图形界面开发程序通过建立一系列用户数据文件，生成最终的图形目标应用系统，以供系统运行环境下使用。

（3）图形界面运行程序：在系统运行环境下，图形目标应用系统被图形界面运行程序装入计算机内存并投入实时运行。

（4）实时数据库系统组态程序：是建立实时数据库的组态工具，它可定义实时数据库的结构、数据来源、数据链接、数据处理任务及各种相关参数。有些组态软件只在系统开发环境中增加了简单的数据管理功能，因而不具备完整的实时数据库系统。目前较为先进的组态软件都有独立的实时数据库系统组态程序，以提高系统的实时性，并增强系统的处理能力。

（5）实时数据库系统运行程序：在系统运行环境下，目标实时数据库及其应用系统被实时数据库系统和运行程序装入计算机内存并执行预定的各种数据计算与数据处理任务。

（6）I/O 驱动程序：用于同 I/O 设备通信并互相交换数据，是组态软件中必不可少的组成部分。DDE 和 OPC client 是两个标准的 I/O 驱动程序，用来支持 DDE 标准和 OPC 标准的 I/O 设备通信。在多数组态软件中，DDE 驱动程序被整合在实时数据库系统或图形系统中，而 OPC client 则单独存在。

3. 组态软件的基本功能

目前市场上的组态软件主要分为工控硬件厂家提供的配套组态软件和专业工控软件厂家推出的组态软件两大类。由于工控硬件厂家不是专业的组态软件生产商，因此其提供的配套组态软件存在一定的局限性，如对设备硬件接口的支持程度有限、功能不完善，软件开发环境相对封闭，灵活性较差等。专业工控软件厂家推出的组态软件能够支持大多数知名品牌的设备，而且开发工具完善、功能丰富。国内中文组态软件主要有 MCGS 组态王和力控等。

组态软件种类很多，大部分组态软件都具有以下功能。

（1）具有类似资源浏览器的窗口结构。

（2）能对工业控制系统中的各种资源（设备、标签量、画面、控制流程等）进行配置和编辑。

（3）提供多种数据设备驱动程序。

（4）使用脚本语言提供二次开发功能。

4. 利用组态软件组建新工程

利用组态软件组建新工程的一般流程如下。

（1）工程项目系统分析：分析工程项目的系统构成、技术要求和工艺流程，弄清系统的控制流程和监控对象的特征，明确监控要求和动画显示方式，分析工程中设备的数据采集和传输通道与软件中实时数据库变量的对应关系，分清哪些变量应与设备连接，哪些变量用于软件内部的数据传输与动画显示。

（2）工程立项及搭建框架：包括定义工程名称、封面窗口名称、启动窗口（封面窗口退出后接着显示的窗口）名称，指定存盘数据库及其名称，设定动画刷新的周期等。通过这些操作，建立主要由这五部分组成的工程结构框架。

> **小贴士**
>
> 封面窗口和启动窗口也可以等到建立了用户窗口后再建立。

（3）设计菜单基本体系：为了对系统运行的状态和工作流程进行有效的调度和控制，通常要在主控窗口内编制菜单。编制菜单一般分两步进行，第一步是搭建菜单的框架，第二步是对各级菜单命令进行功能组态。在组态过程中，可根据实际需要，随时对菜单的内容进行增加和删除，以不断完善工程的菜单。

（4）制作动画显示画面：分为静态图形设计和动态属性设置两个过程。静态图形设计是指用户通过组态软件中提供的基本图形元素及动画构件库，在用户窗口内组合成各种复杂的画面；动态属性设置是指设置图形的动画属性，与实时数据库中定义的变量建立相关性的链接关系，从而作为动画图形的驱动源。

（5）编制控制流程：在运行策略窗口内，从策略构件箱中选择所需功能策略构件，构成各种功能模块（又称策略块），通过这些模块实现各种人机交互操作。组态软件还为用户提供了编程用的功能构件（即脚本程序功能构件），使用简单的编程语言即可编写控制程序。

（6）完善菜单功能：包括对菜单命令、监控器件、操作按钮的功能进行组态，实现历史数据、实时数据、各种曲线、数据报表的输出功能，实现报警功能，建立工程安全机制等。

（7）程序调试：利用调试程序产生的模拟数据，检查动画显示和控制流程是否正确。

（8）连接设备：选定与设备相匹配的设备构件，连接设备通道，确定数据变量的处理方式，完成设备属性的设置。

小贴士

连接设备操作在设备窗口内进行。

（9）工程完工综合测试：测试新工程各部分的工作情况，完成整个工程的组态工作，并实施工程交接。

素质课堂

蒋新松：中国机器人之父

蒋新松，中共党员，1931年8月出生，江苏江阴人，中国科学院沈阳自动化研究所原所长、研究员、博士生导师；"863计划"自动化领域首席科学家、中国工程院院士，被誉为"中国机器人之父"，1997年3月去世。他曾荣获全国五一劳动奖章，1996年获中国工程院首届工程科技奖。

蒋新松牵头创建了国家机器人技术研究开发工程中心和中科院机器人学开放实验室，为我国机器人学研究及机器人技术工程化建立了基地。他主持完成的鞍钢冷轧厂1200轧机准停控制、系统负荷张力系统、自适应厚度控制系统，获得全国科学大会成果奖，中国科学院重大成果奖。他参加了"863计划"的制定，连续四届担任自动化领域首席科学家。

1977年，蒋新松在中科院自然科学规划大会上提出了发展机器人和人工智能的设想。在他和一批科学家的不懈努力下，机器人和人工智能被列入1978年至1985年中国科学院自然科学发展规划。1979年，蒋新松提出把"智能机器人在海洋中应用"作为国家重点课题，并把"海人一号"水下机器人作为最初的攻坚目标。1985年12月，由蒋新松任总设计师的中国第一台水下机器人样机首航成功，1986年深潜成功。随后，我国首台"CR-01" 6 000 m水下自治机器人研制成功，并于1995年夏在太平洋海试成功，初步完成了我国实验区内太平洋洋底探测任务，为我国进一步开发海洋奠定了技术基础。

作为"863 计划"自动化领域的首席科学家，蒋新松卓有成效地指挥了 CIMS（计算机集成制造系统）的技术攻关。在他的领导下，我国 CIMS 技术进入国际先进行列，获得美国 SME "大学领先奖"和"工业领先奖"。他对"863 计划"的贡献不仅体现在许多技术路线的建议和决策以及对具体科研项目的管理和指导上，更重要的是他提出了一系列战略性建议。他重视国外先进经验又不照搬，与众多从事"863 计划"研究发展的专家一道创造出了一条适合中国国情的自动化发展道路。

近年来，中国科学院沈阳自动化研究所在蒋新松开创的事业的基础上，又取得了"蛟龙"号载人潜水器、"潜龙一号" 6 000 m 水下无人无缆潜水器、旋翼无人机等一系列研究成果；以现场总线技术为代表的工业自动化技术研究取得了具有国际前沿水平的研究成果，研究所牵头研发的工业无线网络技术成为国际标准；"新松公司"——这个以蒋新松院士名字命名的公司，经过十几年的发展，已经成为国内外知名的高科技企业。

蒋新松说过："生命总是有限的，但让有限的生命发出更大的光和热，让生命更有意义，这是我的夙愿。我只讲生命的质量，不求生命长短的数量，活着干，死了算！"在他看来，他生命的最大意义莫过于为祖国和科学献身。这就是他的追求。他说："祖国和科学，我心中的依恋和追求。"

（资料来源：https://www.cas.cn/cm/201504/t20150417_4338675.shtml，有改动）

技能实训——ABB 工业机器人之间 DeviceNet 总线通信实验

多台机器人协调工作时，机器人之间需要大量的数据通信，而 ABB 标准 I/O 板的 I/O 接口数量都非常有限，此时现场总线便体现出其显著优势。DeviceNet 总线具有接口简单、通信稳定、检测方便等优点，成为 ABB 机器人之间最常用的通信方法。

一、实训概况

DeviceNet 总线通信实验的总体设计如图 2-33 所示。其中，A 为 IRC5 DeviceNet 主机，B 为 IRC5 DeviceNet 从机，C 为 PCI 转 DeviceNet 的主机节点，D 为 PCI 转 DeviceNet 的从机节点，E 为 24 V 直流电源模块。通过 A 与 B 之间的连接与配置，实现两台 ABB 机器人之间的 DeviceNet 总线通信。

二、实训步骤

（一）DeviceNet 总线网络的接线

为避免 I/O 板在 DeviceNet 总线上的地址冲突，若有多个 I/O 板的地址相同，需要拔下相应模块的

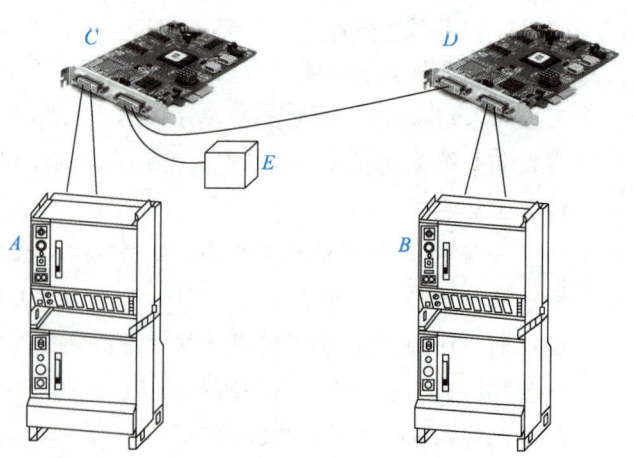

图 2-33 DeviceNet 总线通信实验的总体设计

DeviceNet 总线接头，不留或只留下其中一个。若两台工业机器人都连接了 DSQC651 板，且 I/O 板的地址都是"10"，则需要拔下其中一台工业机器人上 DSQC651 板的 X5 接头。

如图 2-34 所示为 DeviceNet 总线连接线，用它将两台工业机器人按照如图 2-35 所示的方法连接起来。

图 2-34 DeviceNet 总线连接线

图 2-35 DeviceNet 总线连接方法

（二）DeviceNet 总线网络的主机与从机配置

（1）如图 2-36 所示为 DeviceNet 总线网络配置方案，从机端选择预定义的"Type of Unit"为 DN_INTERNAL_SLAVE，主机端则选择 DN_SLAVE。

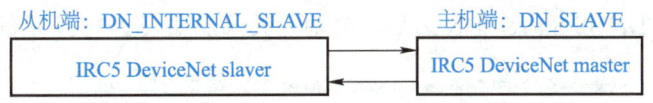

图 2-36 DeviceNet 总线网络配置方案

（2）如图 2-37 所示为主机端添加名为"Master_DN"的 unit，并按照如图 2-38 所示，将主机端 DeviceNet 总线的地址修改为"3"。

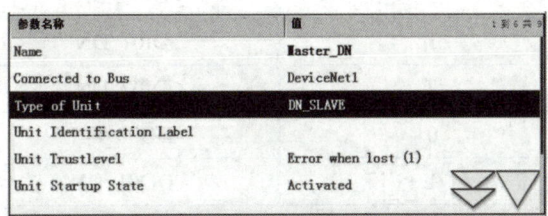

图 2-37 主机端添加名为"Master_DN"的 unit

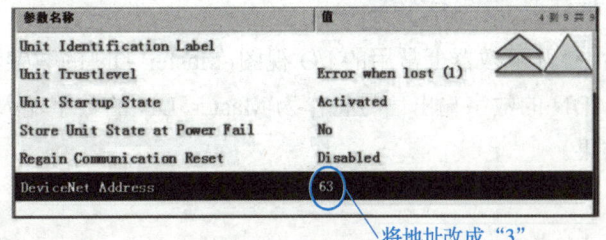

图 2-38 修改主机端 DeviceNet 总线的地址

（3）如图 2-39 所示为从机端添加一个名为"Slaver_DN"的 unit，并按照如图 2-40 所示，将从机端 DeviceNet 总线的地址从默认的"2"修改为"3"（与主机端 DN_SLAVE 虚拟模块在 DeviceNet 总线上的地址一致即可，不限定为 3）。

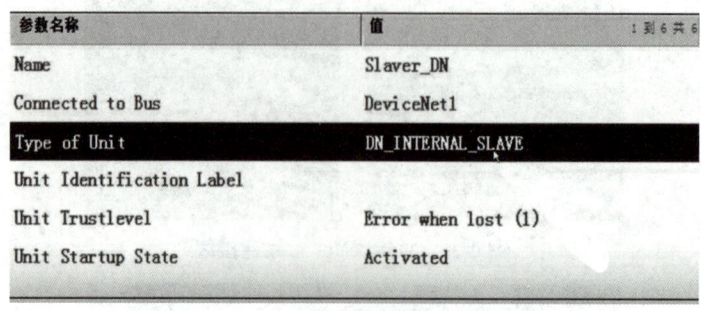

图 2-39　从机端添加名为"Slaver_DN"的 unit

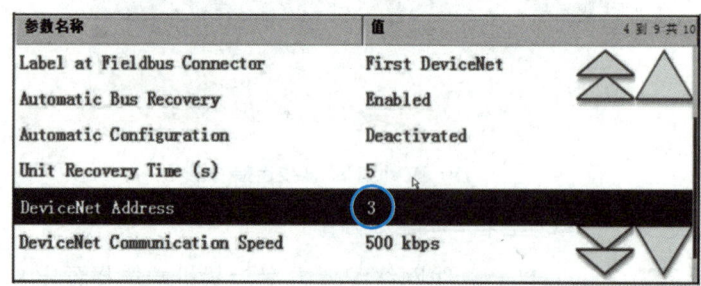

图 2-40　修改从机端 DeviceNet 总线的地址

（4）建立好 Master_DN 和 Slaver_DN 之后，分别为其添加如表 2-35 所示的信号。

表 2-35　为 Master_DN 和 Slaver_DN 建立数字 I/O 信号

Master_DN		Slaver_DN	
信　号	地　址	信　号	地　址
DI00_D	0	DI00_DN	0
DI01_D	1	DI01_DN	1
DI07_D	7	DI07_DN	7
DO00_D	0	DO00_DN	0
DO01_D	1	DO01_DN	1
DO07_D	7	DO07_DN	7

（三）DeviceNet 总线通信的测试和验证

连接两台机工业器人后，打开示教器上常用的 I/O 视图，Master_DN 的数字输出信号将作为 Slaver_DN 的数字输入信号，而 Slaver_DN 的数字输出信号将作为 Master_DN 的数字输入信号。如图 2-41 所示为两台工业机器人通信的测试结果。

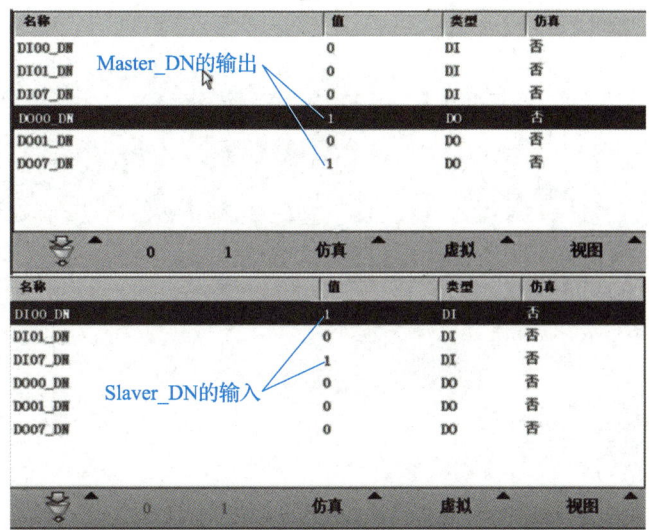

图 2-41　两台机器人通信的测试结果

实践篇
SHI JIAN PIAN

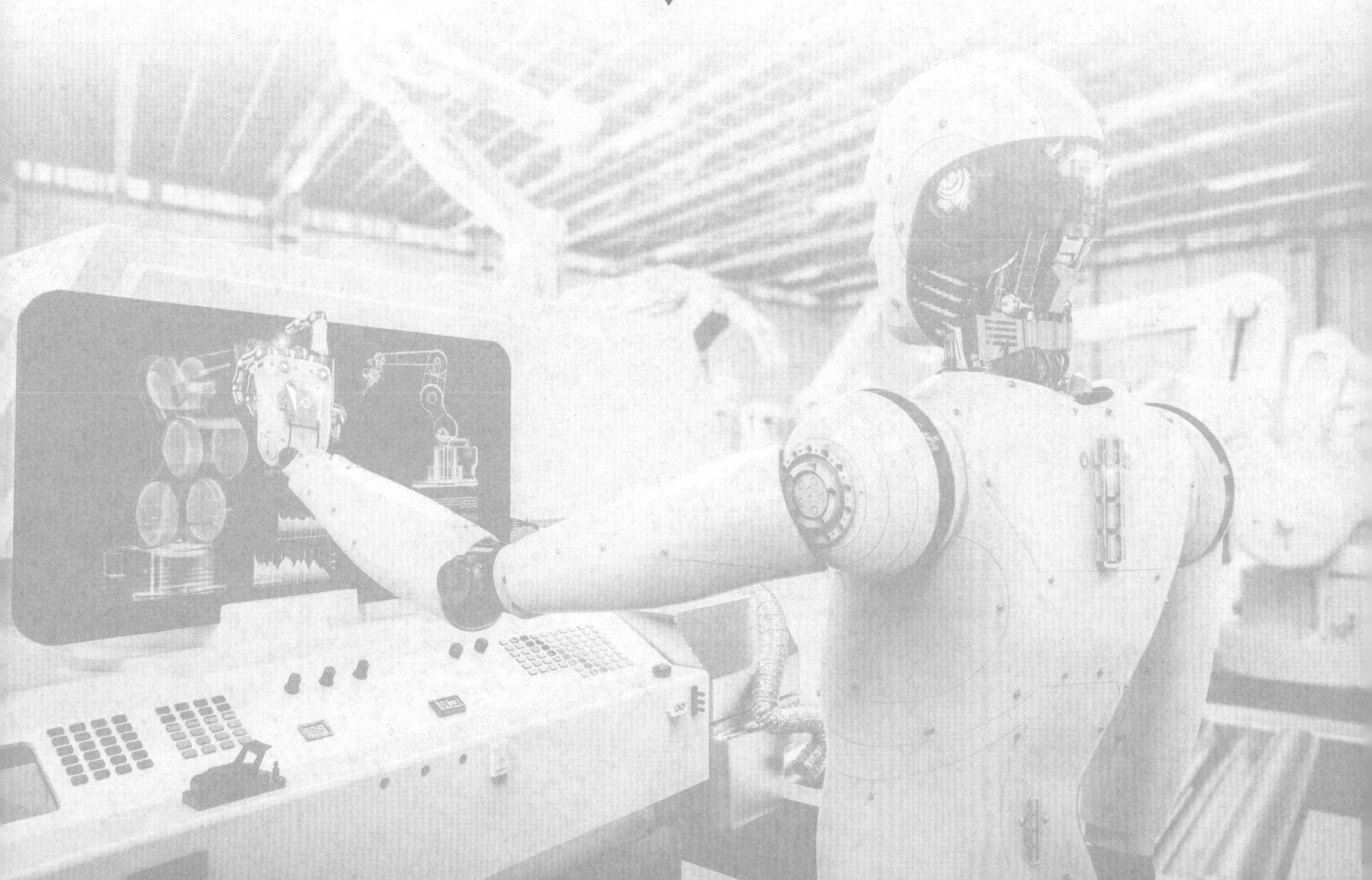

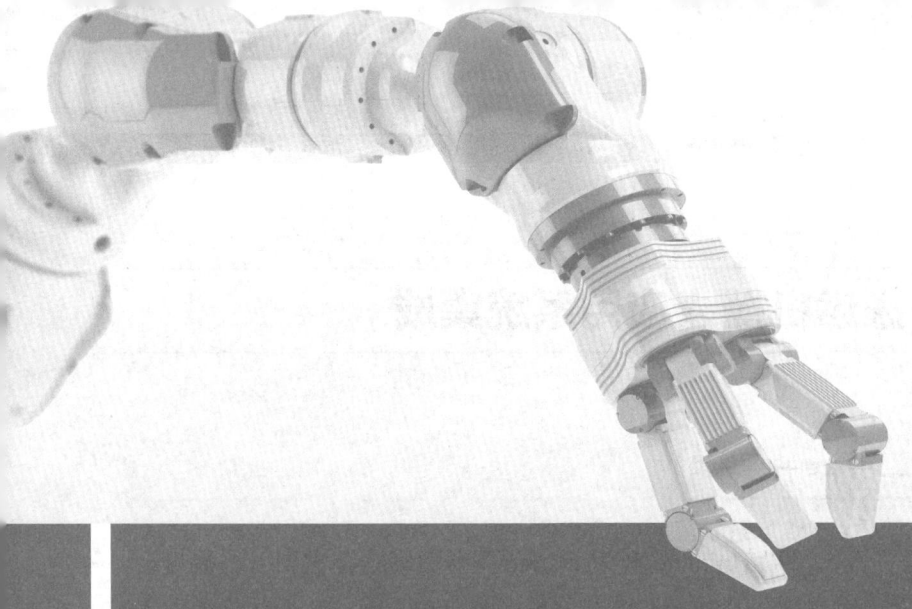

项目三
搬运码垛机器人应用系统集成

项目导读

随着我国社会老龄化的发展和工厂用工成本的不断增加，物流自动化日益受到工业企业的关注。搬运码垛机器人应用系统作为工业机器人在物料自动化领域的一种典型应用，近年来取得了长足的发展，在提高物流效率、降低物流成本方面表现优异。搬运码垛机器人应用系统因与当下制造业小批量、多种类的发展模式相吻合，而备受市场青睐。本项目先从任务分析、硬件选型和软件配置三个方面分别认识搬运与码垛机器人应用系统的集成，然后通过任务实施深入学习系统集成的一般流程与注意事项。

素质目标

◆ 树立爱党、爱国的坚定信念，激发投身国家建设的使命担当。
◆ 弘扬执着专注、科学严谨、精益求精、追求卓越的工匠精神。

学习目标

◆ 理解搬运机器人应用系统的任务分析。
◆ 掌握搬运机器人应用系统的硬件选型与软件配置。
◆ 认识实际案例中搬运机器人应用系统的安装、调试与运行。
◆ 理解码垛机器人应用系统的任务分析。
◆ 掌握码垛机器人应用系统的硬件选型与软件配置。
◆ 认识实际案例中码垛机器人应用系统的安装、调试与运行。
◆ 熟悉工业机器人应用系统集成的一般过程。

任务一　搬运机器人应用系统集成

任务引入——科学是第一生产力

1960 年，美国出现了最早的搬运机器人，即 Unimate 和 Versatran 两种机器人。它们首次被用于搬运作业，并实现了将工件从一个位置移动到另一个位置的操作。随着科技的发展，在搬运机器人上安装不同的末端执行器，可以完成各种不同形状和不同状态工件的搬运作业。2012 年以后，全球搬运机器人发展迅速并持续增长，预计 2022 年全球搬运机器人产量将达到 283 740 台，所创造的收入高达 85.94 亿美元。由此可以看出，科学技术的突飞猛进，给人类经济社会的发展带来了极大的推动，也证实了我党提出的"科学是第一生产力"的科学论断。作为当代青年，我们要始终拥护党的领导，用科学知识武装自己，为实现中华民族伟大复兴的中国梦贡献力量。

本任务首先认识搬运机器人应用系统的任务分析，然后在此基础上学习搬运机器人应用系统的硬件选型与软件配置。本任务的知识与技能要求如表 3-1 所示。

表 3-1　知识与技能要求

任务内容	搬运机器人应用系统集成	学习程度		
		识记	理解	应用
学习任务	搬运机器人应用系统的任务分析		●	
	搬运机器人应用系统的硬件选型			●
	搬运机器人应用系统的软件配置			●
实训任务	搬运机器人应用系统的集成			●
自我勉励				

班级_____ 姓名_____ 学号_____

任务工单

1. 任务描述

根据搬运机器人应用系统的设计背景与要求，并结合实际情况，为搬运机器人应用系统选择合适的硬件设备，然后对设备进行连接布局，通过程序完成软件配置后，进行搬运机器人应用系统的调试与运行。将任务内容、任务目的、搬运机器人类型及末端执行器类型填入表 3-2 中。

表 3-2 任务描述

任务内容	
任务目的	
搬运机器人类型	
末端执行器类型	

2. 小组分工

以 3~5 人为一组，选出组长并进行任务分工，将小组成员及分工情况填入表 3-3 中。

表 3-3 小组成员及分工情况

班级		组号		指导教师	
小组成员	姓名	学号	任务分工		
组长					
组员					

3. 获取信息

在进行具体工作前，需要掌握搬运机器人应用系统硬件选型和软件配置的相关知识。请各组组长组织组员收集相关资料，回答下列问题。

引导问题 1：搬运机器人应用系统的搬运作业可分解为_____、_____、_____等一系列子任务。

引导问题 2：搬运机器人应用系统常用的外围设备主要有_____、搬运辅助装置、_____和 PLC 控制柜等。

引导问题 3：在设计和选择搬运机器人的末端执行器时，应从哪些方面进行考虑？

班级_____   姓名_____   学号_____

引导问题4：简述搬运机器人应用系统的工作过程。

4．制订计划

（1）制订工作计划，并将其填入表3-4中。

表3-4　工作计划

步骤	工作内容	负责人

（2）将实施过程中所需工具、耗材等的清单填入表3-5中。

表3-5　实施过程中所需工具、耗材等的清单

序号	名称	型号与规格	单位	数量	备注

班级_____ 姓名_____ 学号_____

5．进行决策

（1）每人阐述工作计划。

（2）组员之间进行提问与答疑，选出最佳计划。

（3）教师对各组的工作计划进行点评。

6．任务实施

按照本组确定的最佳计划进行搬运机器人应用系统集成的各项任务，然后根据实际操作过程，将实施步骤、实施内容及实施过程中遇到的问题和解决办法记录在表 3-6 中。

表 3-6　任务实施过程记录表

序号	实施步骤	实施内容	遇到的问题和解决办法

班级_____ 姓名_____ 学号_____

表 3-6（续）

序号	实施步骤	实施内容	遇到的问题和解决办法

7. 考核评价

各组代表讲述与展示任务实施成果，并配合指导教师完成如表 3-7 所示的考核评价表。

表 3-7 考核评价表

项目名称	评价内容	分值	评价分数		
			自评	互评	师评
职业素养考核项目 40%	无迟到、无早退、无旷课	6 分			
	仪容仪表符合规范要求	6 分			
	具备良好的安全意识与责任意识	10 分			
	具备良好的团队合作与交流能力	6 分			
	具备较强的纪律执行能力	6 分			
	保持良好的作业现场卫生	6 分			
专业能力考核项目 60%	积极参加教学活动，按时完成任务工单	12 分			
	操作规范，符合作业规程	18 分			
	操作熟练，工作效率高	12 分			
	任务完成情况良好	18 分			
合计		100 分			
总评	自评（20%）+互评（20%）+师评（60%）=_____	综合等级：_____	教师（签名）：_____		

> 知识准备

一、搬运机器人应用系统的任务分析

搬运机器人应用系统在食品、医药、化工、金属加工等领域应用广泛，涉及物流、周转、仓储等作业。采用机器人代替人工进行搬运作业，可明显减轻工人的劳动强度，极大地提高生产效率，而且搬运机器人运行平稳、定位准确，可降低搬运作业的产品损坏率。

搬运机器人应用系统的搬运作业可分解为抓取工件、移动工件、放置工件等一系列子任务。

（1）抓取工件：在给定目标位置上以期望姿态抓取工件，系统必须对工件进行可靠的定位，以保持工件与手爪之间准确的相对位姿，并保证机器人后续作业的准确性。

（2）移动工件：确保工件在搬运过程中位姿的准确性。

（3）放置工件：在指定位置解除手爪和工件之间的约束关系以放置工件。

搬运机器人的末端执行器不同，其搬运作业的具体任务分配也有所不同。以安装吸附式末端执行器的搬运机器人为例，其搬运作业的任务分配如图 3-1 所示。

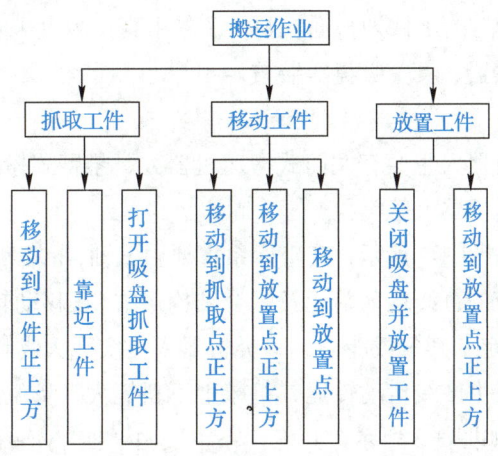

图 3-1 搬运作业的任务分配

要使搬运机器人应用系统完成搬运作业，需要依次完成 I/O 配置、创建程序数据、示教目标点、编写和调试程序等操作。在编写程序时，应合理选取示教目标点，并选择合适的运动模式，避免机器人发生碰撞及姿态调整，防止工件脱落。搬运作业需要示教的目标点包括抓取靠近点、工件抓取点、放置靠近点、工件放置点、工具坐标等待点等。

具体来说，搬运机器人应用系统应满足以下要求。

（1）应选用适合于搬运作业的工业机器人。

（2）要根据搬运工件设计专用的末端执行器。

（3）应有工件的传送装置，其形式要根据工件的特点进行选择或设计。

（4）应能准确定位工件，以便工业机器人能够顺利抓取。

（5）应设有工件托板，能够机动或自动地交换托板。

（6）应能在工件传送过程中调整位姿，以保证搬运质量。

二、搬运机器人应用系统的硬件选型

（一）搬运机器人

搬运机器人是可以进行自动化搬运作业的工业机器人。用于搬运作业的工业机器人通常具有紧凑轻量、应用广泛、易于集成、功率强劲等特点，并且在任何应用中都能确保优异的精准度和敏捷性。

1. 搬运机器人的概况

选择搬运机器人时，要根据实际搬运作业要求，综合考虑其承载能力、工作空间、定位精度及自由度等因素，使其能够满足各项功能要求。在搬运机器人应用系统中，通常选择通用型搬运机器人。

搬运机器人控制柜通过供电电缆和编码器电缆与搬运机器人本体连接，它集成了搬运机器人的控制系统，由计算机硬件、软件和一些专用电路构成，其软件包括控制器系统软件、搬运机器人专用语言、搬运机器人运动学及动力学软件、搬运机器人控制软件、搬运机器人自诊断及保护软件等。控制柜负责处理搬运机器人工作过程中的全部信息和控制其全部动作。

搬运机器人示教编程器是操作者与搬运机器人之间的主要交流界面。操作者通过示教编程器对机器人进行各种操作、示教、编制程序，并可直接移动机器人。机器人的各种信息、状态通过示教编程器显示给操作者。此外，还可通过示教编程器对机器人进行各种设置。

在实际生产作业中，如果搬运的工件为平面板材，多采用真空吸盘来吸附工件，这时搬运机器人本体上需要安装电磁阀组、真空发生器、真空吸盘等装置。

2. 搬运机器人的分类

根据结构形式不同，搬运机器人主要有龙门式搬运机器人、悬臂式搬运机器人、侧壁式搬运机器人、关节式搬运机器人、摆臂式搬运机器人等类型。

（1）龙门式搬运机器人：如图 3-2 所示，其坐标系主要由 x 轴、y 轴和 z 轴组成，多采用模块化结构，可依据负载位置与大小选择对应的直线运动单元及组合结构形式（在移动轴上增加旋转轴便可延伸成四轴或五轴形式），且其结构形式决定了其负载能力。该类机器人可实现大物料、重吨位搬运，采用直角坐标系，编程方便快捷，广泛运用于生产线自动转运、机床上下料等大批量生产过程。

（2）悬臂式搬运机器人：如图 3-3 所示，其坐标系主要由 x 轴、y 轴和 z 轴组成，也可根据不同的应用情况采取相应的结构形式（在 z 轴下端添加旋转轴或摆动轴可延伸成四轴或五轴形式）。该类机器人多采用 z 轴在 y 轴下方并随 y 轴移动，但在特定的场合，z 轴也可在 y 轴上方，以便使搬运机器人的悬臂进入设备内部进行搬运作业。该类工业机器人广泛运用于卧式机床、立式机床、特定机床、冲压机、热处理机床的自动上下料。

图 3-2　龙门式搬运机器人

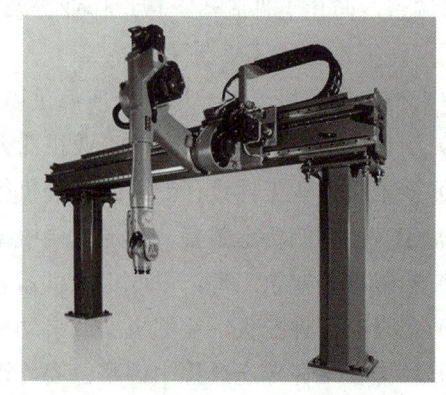

图 3-3　悬臂式搬运机器人

（3）侧壁式搬运机器人：如图3-4所示，其坐标系主要由x轴、y轴和z轴组成，也可根据不同的应用情况采取相应的结构形式（在z轴下端添加旋转轴或摆动轴可延伸成四轴或五轴形式）。该类机器人专用性强，主要用于立体库类，如档案自动存取系统、全自动银行保管箱存取系统等。

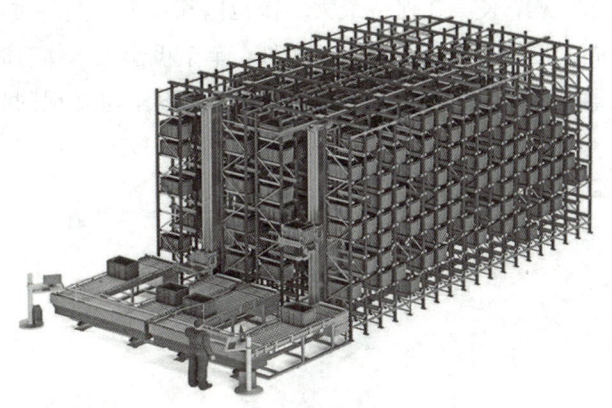

图3-4　侧壁式搬运机器人

（4）关节式搬运机器人：当今工业应用中最常见的机型之一，如图3-5所示，它拥有5~6个轴，其动作类似于人的手臂，具有结构紧凑、占地空间小、相对工作空间大、自由度高等特点，几乎适合于任何轨迹或角度的作业。采用关节式搬运机器人配合上下料装置，便可组成一个自动化加工单元。关节式搬运机器人应用系统的设计制造周期短、柔性大，产品转型方便。有些关节式搬运机器人可以内置视觉系统，并对一些特殊的产品增加视觉识别装置，从而对工件的放置位置、相位、正反面等进行自动识别和判断，并根据结果进行相应的动作，实现智能化的自动生产。

（5）摆臂式搬运机器人：如图3-6所示，其坐标系主要由x轴、y轴和z轴组成。其中，在z轴上主要实现升降运动，因此z轴也称为主轴；在y轴上的移动主要通过外加滑轨实现；在x轴末端连接控制器，使其绕x轴转动，从而实现四轴联动。该类机器人具有较高的强度和稳定性，是关节式搬运机器人的理想替代品，但其负载能力相对于关节式搬运机器人要小。

图3-5　关节式搬运机器人

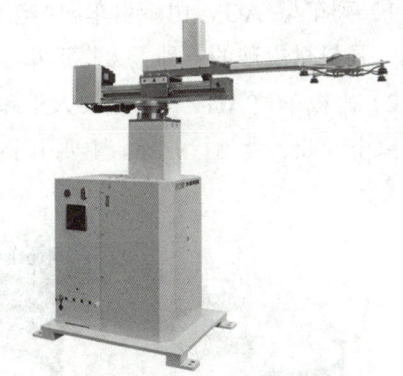

图3-6　摆臂式搬运机器人

3．搬运机器人的选择

搬运机器人技术是机器人技术、搬运技术和传感技术的融合，目前搬运机器人已广泛应用于实际生产，展现出了其强大的功能和优越的特性。近年来，搬运机器人技术取得了长足进步，已能实现柔性化、无人化、一体化搬运作业，并集高效生产、稳定运行、节约空间等优势为一体。

搬运机器人的出现为全球经济发展带来了巨大动力,目前工业机器人技术逐渐实现规模化和产业化,未来将向轻巧化、智能化方向发展。在此背景下,如何针对不同类型客户进行定制产品的研发和创新,成为搬运机器人行业新的研究课题。例如,如图3-7所示的FANUC R-2000iB型工业机器人,在搬运方面具有优越的性能,它采用多关节结构,使其在保持最大动作范围和最大可搬运质量的同时,大幅减轻了自身质量,具有紧凑机身设计、高密度机构布置等优点。另外,单个机器人本体有时难以完成大型构件或散堆件的搬运,为此一些工业机器人公司推出配有控制器的搬运机器人,可实现同时对多台机器人和外围设备进行协同控制。

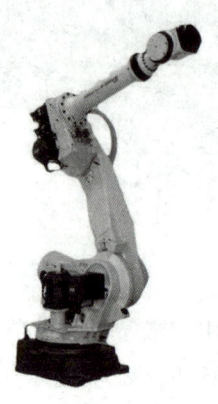

图3-7 FANUC R-2000iB型工业机器人

玩转无人搬运车

此外,无人搬运车技术在工业中的应用也日益广泛。最典型的无人搬运车是AGV(automated guided vehicle,自动引导车),它配有电磁学或光学自动导引装置,能够沿规定的导引路径行驶,是具有安全保护与移载功能的运输车。AGV广泛应用于生产物料的运输,具有行动快捷、工作效率高、结构简单等优点,能够摆脱场地、道路、空间限制等,充分体现出其自动性和柔性,可实现高效、经济、灵活的无人化生产。AGV通常可分为列车型、平板车型、带移载装置型、货叉型、带升降工作台型等。

(1)列车型AGV 由牵引车和拖车组成,一辆牵引车可带若干节拖车,适合成批量小件物品的长距离运输,是最早出现的一种无人搬运车型,如图3-8所示。

(2)平板车型AGV 一般需要人工卸载。其中载重量在500 kg以下的轻型车较为常见,它适用于电子行业、家电行业、食品行业等,主要用于小件物品的搬运,如图3-9所示。

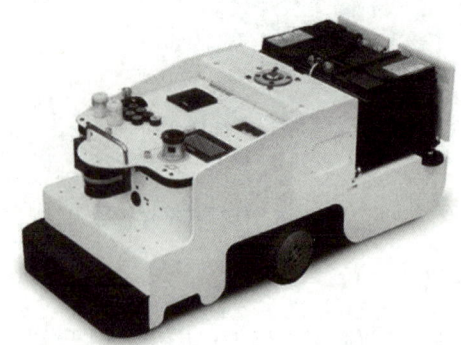

图3-8 列车型AGV

图3-9 平板车型AGV

（3）带移载装置型 AGV 装有输送带或辊子输送机等移载装置，通常与地面板式输送机或辊子机配合使用，以实现无人化自动搬运作业，如图 3-10 所示。

（4）货叉型 AGV 类似于人工驾驶的叉车起重机，其本身具有自动装卸能力，主要用于物料自动搬运作业，或在组装线上作为组装移动工作台使用，如图 3-11 所示。

图 3-10　带移载装置型 AGV　　　　　　　　　图 3-11　货叉型 AGV

（5）带升降工作台型 AGV 主要应用于机械制造业和汽车制造业的组装作业，因带有升降工作台，可使操作者在最佳高度下作业，从而提高工作质量和效率，如图 3-12 所示。

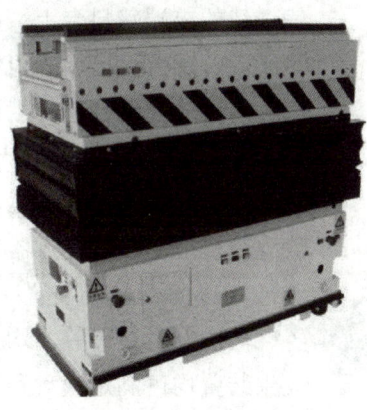

图 3-12　带升降工作台型 AGV

（二）末端执行器

末端执行器应符合搬运机器人应用系统的各项功能要求，在具体设计和选择时，应从以下几个方面进行考虑。

（1）被抓握对象。在设计和选择末端执行器时，必须充分了解被抓握对象的几何形状和机械特性。

（2）物料馈送器或存储装置。与机器人配合工作的物料馈送器或存储装置对末端执行器爪钳的最小和最大距离及夹紧力都有要求。同时，还应了解其他不确定因素对末端执行器工作的影响。

（3）末端执行器和搬运机器人的匹配。末端执行器多采用法兰式机械接口与搬运机器人的腕部相连接，末端执行器的自重会增加机械臂的载荷，所以在设计和选择末端执行器时，要仔细考虑其机械接口形式和自重这两个问题。末端执行器是可以更换的，且末端执行器形式可以不同，但其与腕部的机械接口必须相同，即应满足接口匹配的要求。由于搬运机器人能抓取的工件质量为其承载能力减去末端执行器自重，所以末端执行器自重应与搬运机器人的承载能力匹配。

(4)环境条件。作业区域内的环境条件,如高温、水、油等,会影响末端执行器的正常工作。例如,一个锻压机械手爪要从高温炉内取出红热的锻件坯,就要保证手爪的开合、驱动在高温条件下能正常工作。

此外,在设计末端执行器时,还应注意以下原则。

(1)末端执行器要根据搬运机器人作业的要求来设计,应尽量选择已定型的标准基础件,配以恰当的机构相连接,组合成适合生产作业要求的末端执行器。

(2)末端执行器的质量要尽可能轻,并力求结构紧凑。

(3)正确对待末端执行器的万能性与专用性。万能末端执行器在结构上相当复杂,目前在实际应用中,结构简单、专用性强的末端执行器最为实用。因此要着重开发各种专用、高效的末端执行器,使其与末端执行器快速转换装置配合,实现多种作业功能。

(三)外围设备与布局

搬运机器人应用系统的任务是将输送线输送过来的工件由一个位置搬运到另一个位置。在搬运作业过程中,除需要搬运机器人外,还需要一些外围设备进行辅助。同时为了节省生产空间,合理的系统工位布局也尤为重要。

1. 常用的外围设备

搬运机器人应用系统常用的外围设备主要有输送线系统、搬运辅助装置、传感器和PLC控制柜等。

(1)输送线系统:其主要功能是把上料位置的工件传送到输送线的末端落料台上,以便于搬运。在输送线的上料位置装设光敏传感器,可用于检测上料位置是否有工件,若有工件,则可启动输送线,进行工件输送;在输送线的末端落料台上也装设光敏传感器,可用于检测落料台上是否有工件,若有工件,则可驱动机器人进行搬运。一般情况下,输送线系统由三相交流电动机拖动,由变频器调速。

(2)搬运辅助装置:主要包括真空发生装置、气体发生装置、液压发生装置等,均为标准件。通常真空发生装置和气体发生装置均可满足吸盘和气动夹钳所需的动力,企业常用空气空压站对整个车间进行抽真空或提供压缩空气;液压发生装置的动力元件(电动机、液压泵等)布置在搬运机器人周围,执行元件(液压缸)与液压夹钳一体,需安装在搬运机器人末端法兰上。

(3)传感器:搬运机器人除了能在指定的位置上抓取确定的工件外,还需要采用传感器进行准确定位和定向被抓取工件。搬运机器人所需要的传感器有视觉传感器、触觉传感器和力觉传感器等。视觉传感器主要用于被抓取工件的粗定位,使机器人能够根据需要寻找应该抓取的零件,并获取零件的大致位置;触觉传感器的作用包括感知被抓取工件的存在、确定这个工件的准确位置和确定这个工件的方向三个方面,有助于搬运机器人更加可靠地抓取工件;力觉传感器主要用于控制搬运机器人的夹持力,防止机器人的手爪损坏被抓取的工件。

(4)PLC控制柜:对于输入与输出设备较多的复杂搬运机器人应用系统,因搬运机器人本体控制器的接口数量有限或接口类型不匹配,一般需要在应用系统中增加外部PLC控制柜,以配合搬运机器人完成更加复杂的外围设备控制功能。PLC控制柜用来安装断路器、PLC、变频器、中间继电器和变压器等元器件,其中PLC是搬运机器人应用系统的控制核心。搬运机器人的启动与停止、输送线系统的运行等均可由PLC实现。

2. 搬运机器人应用系统的布局

搬运机器人应用系统或柔性生产线可完全代替人工实现工件或物料的自动搬运，因此搬运机器人应用系统的布局是否合理将直接影响搬运的作业速率和生产节拍。根据车间场地面积，在有利于提高生产节拍的前提下，搬运机器人应用系统可采用 L 形、环形、一字形等布局。

（1）L 形布局：各设备排列成 L 形，将搬运机器人安装在龙门架上，使其行走在设备上方，可大幅节约地面资源，如图 3-13 所示。

（2）环形布局：又称岛式加工单元，如图 3-14 所示。它是以关节式搬运机器人为中心，设备围绕其周围形成环状，进行工件搬运加工，可提高生产效率、节约空间，适合小空间厂房作业。

图 3-13　L 形布局

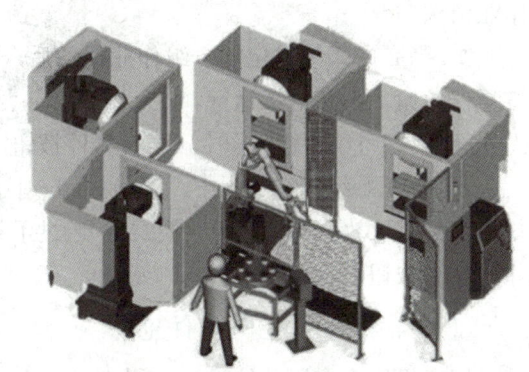

图 3-14　环形布局

（3）一字形布局：如图 3-15 所示，直角桁架机器人通常要求设备成一字形排列，对厂房高度、长度有一定要求，因其工作时进行直线运动，故很难满足对放置位置有特殊要求的工件的上下料作业需要。

图 3-15　一字形布局

三、搬运机器人应用系统的软件配置

搬运机器人应用系统是一个完整的系统，在选定搬运机器人、PLC 控制柜及其他相关设备后，需要进行软件配置，一般先进行工作过程分析，然后进行接口配置及设计系统硬件电路，最后设计系统程序并进行参数配置。

（一）工作过程分析

不同的搬运机器人应用系统，其工作过程是有差异的。以某关节式搬运机器人为例，其工作过程主要包括以下步骤。

（1）设备通电前，系统处于初始状态，即输送线上料位置及落料台上无工件、平面仓库里无工件；搬运机器人处于远程模式并位于作业原点，系统无机器人报警错误、无机器人电池报警。

（2）按启动按钮，系统运行，机器人启动。

① 当输送线上料检测传感器检测到工件时，输送线启动，将工件传送到落料台上，工件到达落料台时，输送线停止运行，并通知搬运机器人。

② 搬运机器人收到命令后将工件搬运到平面仓库，搬运完成后机器人回到作业原点，等待下次搬运作业请求。

③ 当完成系统设定的一组作业任务后，搬运机器人停止搬运，输送线停止输送。清空平面仓库后，按复位按钮，系统继续运行。

（3）在系统运行过程中，若按暂停按钮，机器人暂停运行；按复位按钮，机器人继续运行。

（4）在系统运行过程中，急停按钮一旦动作，系统立即停止；急停按钮恢复后，须按复位按钮进行复位，并用示教器选择"示教模式"，通过示教操作使机器人回到作业原点。只有使系统恢复到初始状态，并按启动按钮后，系统才会重新启动。

（二）接口配置与硬件电路

搬运机器人应用系统以 PLC 为核心，控制输送线和搬运机器人的运行。

1. 接口配置

若搬运机器人应用系统的 PLC 选用 OMRON CP1L-M40DR-D 型，搬运机器人本体选用安川 MH6 型，机器人控制器选用 DX100，则根据控制要求，搬运机器人与 PLC 的 I/O 接口功能定义如表 3-8 所示。

表 3-8　机器人与 PLC 的 I/O 接口功能定义

接　　口		信号地址	定义的内容	与 PLC 的连接地址
CN308	IN	B1	机器人启动	100.00
		A2	清除机器人报警和错误	101.01
	OUT	B8	机器人运行中	1.00
		A8	机器人伺服已接通	1.01
		A9	机器人报警和错误	1.02
		B10	机器人电池报警	1.03
		A10	机器人选择远程模式	1.04
		B13	机器人在作业原点	1.05
CN306	IN	B1 IN#（9）	机器人搬运开始	100.02
	OUT	B8 OUT#（9）	机器人搬运完成	1.06

CN308 和 CN306 是搬运机器人与 PLC 之间的 I/O 接口，CN307 是搬运机器人与末端执行器之间的 I/O 接口，MXT 是搬运机器人的专用输入接口，它们的接口定义如下。

（1）CN308 是搬运机器人的专用 I/O 接口，其上每个端子的功能是固定的，如 CN308 的 B1 端子的功能为"机器人启动"，当该端子为高电平时，搬运机器人启动运行。

（2）CN306 是搬运机器人的通用 I/O 接口，其上每个端子的功能由用户定义。例如，将 CN306 的

B1 IN#（9）端子定义为"机器人搬运开始"，当该端子为高电平时，搬运机器人开始搬运工件。

（3）CN307 也是搬运机器人的通用 I/O 接口，其上每个端子的功能由用户定义，其接口功能定义如表 3-9 所示。例如，将 CN307 的 A8 (OUT17+) / B8 (OUT17−) 端子定义为"吸盘 1、2 吸紧"，当机器人程序使 OUT17 输出为 1 时，YV1 得电，吸盘 1、2 吸紧。

表 3-9 搬运机器人 CN307 接口功能定义

插 头	信号地址	定义的内容	负 载
CN307	A8 (OUT17+) / B8 (OUT17−)	吸盘 1、2 吸紧	YV1
	A9 (OUT18+) / B9 (OUT18−)	吸盘 1、2 释放	YV2
	A10 (OUT19+) / B10 (OUT19−)	吸盘 1、2 吸紧	YV3
	A11 (OUT20+) / B11 (OUT20−)	吸盘 1、2 释放	YV4

（4）MXT 是搬运机器人的专用输入接口，其上每个端子的功能是固定的，如表 3-10 所示。例如，EXSVON 为搬运机器人外部伺服 ON 功能，当 29、30 端子间接通时，搬运机器人伺服电源接通。

表 3-10 搬运机器人 MXT 接口功能定义

插 头	信号地址	定义的内容	继电器
MXT	EXESP1+ (19) / EXESP1− (20)	机器人双回路急停	KA2
	EXESP2+ (21) / EXESP2− (22)		
	EXSVON+ (29) / EXSVON− (30)	机器人外部伺服 ON	KA1
	EXHOLD+ (31) / EXHOLD− (32)	机器人外部暂停	KA3

PLC 的 I/O 接口功能定义如表 3-11 所示。

表 3-11 PLC 的 I/O 接口功能定义

输入信号			输出信号		
序 号	PLC 输入地址	信号名称	序 号	PLC 输入地址	信号名称
1	0.00	启动按钮	1	100.00	机器人启动
2	0.01	暂停按钮	2	100.01	清除机器人报警和错误
3	0.02	复位按钮	3	100.02	机器人搬运开始
4	0.03	急停按钮	4	100.03	变频器启停控制
5	0.06	输送线上料检测	5	100.04	变频器故障复位
6	0.07	落料台工件检测	6	101.00	机器人伺服使能
7	0.08	仓库工件满检测	7	101.01	机器人急停
8	1.00	机器人运行中	8	101.02	机器人暂停
9	1.01	机器人伺服已接通			
10	1.02	机器人报警和错误			
11	1.03	机器人电池报警			
12	1.04	机器人选择远程模式			
13	1.05	机器人在作业原点			
14	1.06	机器人搬运完成			

2. 硬件电路

(1) PLC 开关量输入电路如图 3-16 所示。由于传感器为 NPN 集电极开路型，且机器人的输出接口为漏型输出，因此 PLC 的输入电路也采用漏型接法，即 COM 端接 +24 V。PLC 开关量输入信号包括各种控制按钮信号和检测用传感器信号。

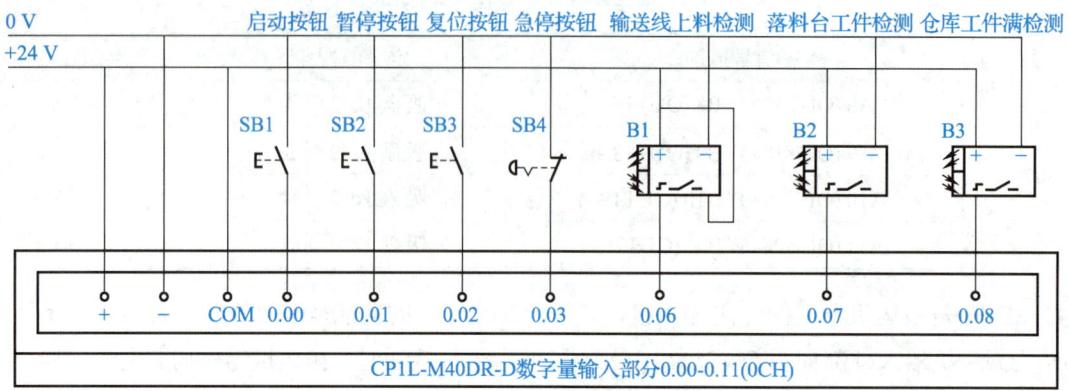

图 3-16　PLC 开关量输入电路

(2) 机器人输出与 PLC 输入接口电路如图 3-17 所示。CN303 的 1、2 端子接外部 DC24 V 电源，PLC 输入信号包括"机器人运行中""机器人搬运完成"等搬运机器人各种状态反馈信号。

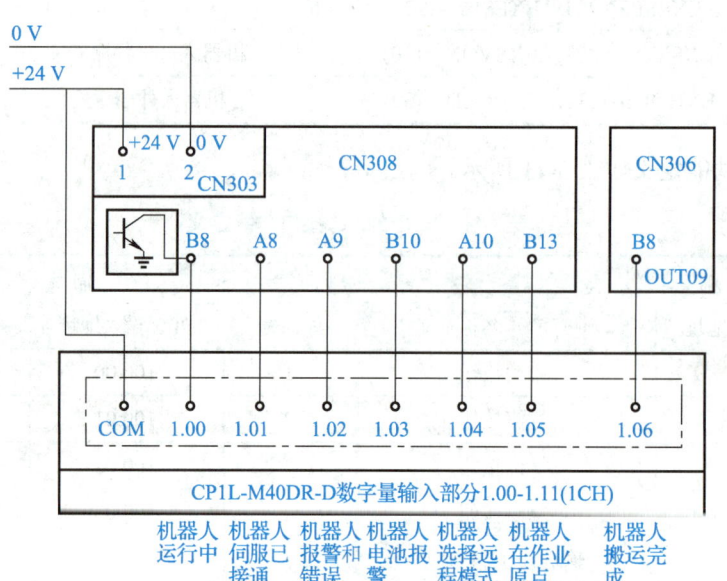

图 3-17　机器人输出与 PLC 输入接口电路

(3) 机器人输入与 PLC 输出接口电路如图 3-18 所示。由于机器人的输入接口为漏型输入接口，因此 PLC 的输出电路也采用漏型接法。PLC 输出信号包括"机器人启动""机器人搬运开始"等搬运机器人各种运行控制信号。

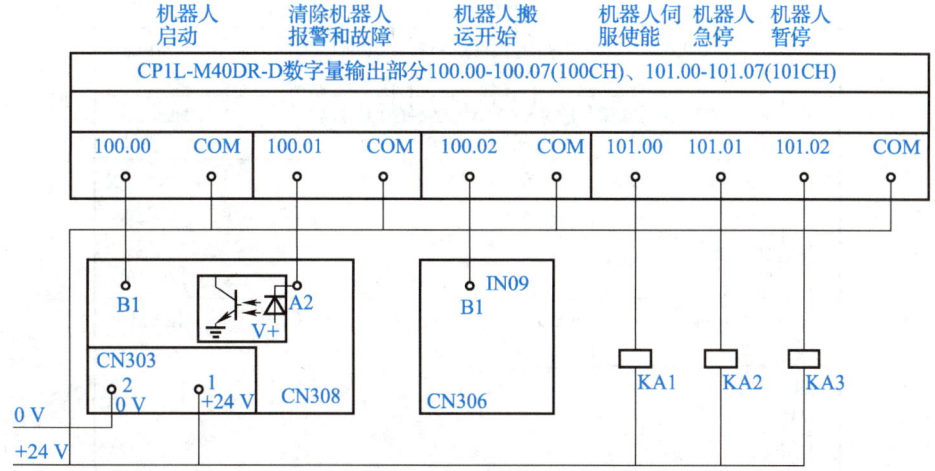

图 3-18 机器人输入与 PLC 输出接口电路

（4）机器人专用输入 MXT 接口电路如图 3-19 所示。其中，继电器 KA2 双回路用于控制机器人急停，KA1 用于控制机器人伺服使能，KA3 用于控制机器人暂停。

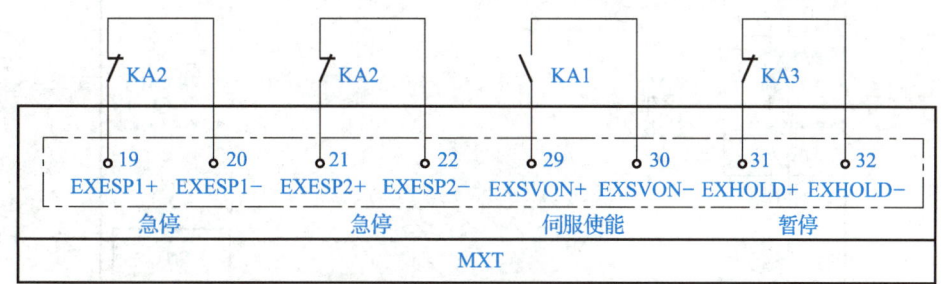

图 3-19 机器人专用输入 MXT 接口电路

（5）机器人输出控制电磁阀电路如图 3-20 所示。通过 CN307 接口连接电磁阀 YV1～YV4，控制吸盘工具抓取或释放工件。

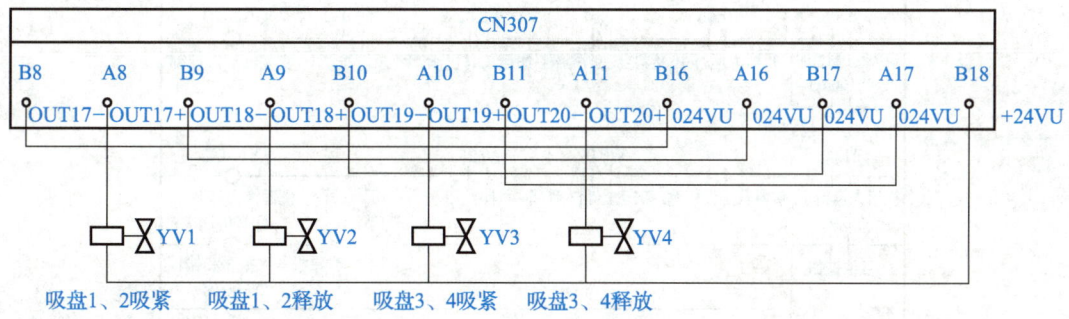

图 3-20 机器人输出控制电磁阀电路

（三）系统程序与参数配置

1. PLC 程序

搬运机器人应用系统 PLC 参考程序如图 3-21 所示。

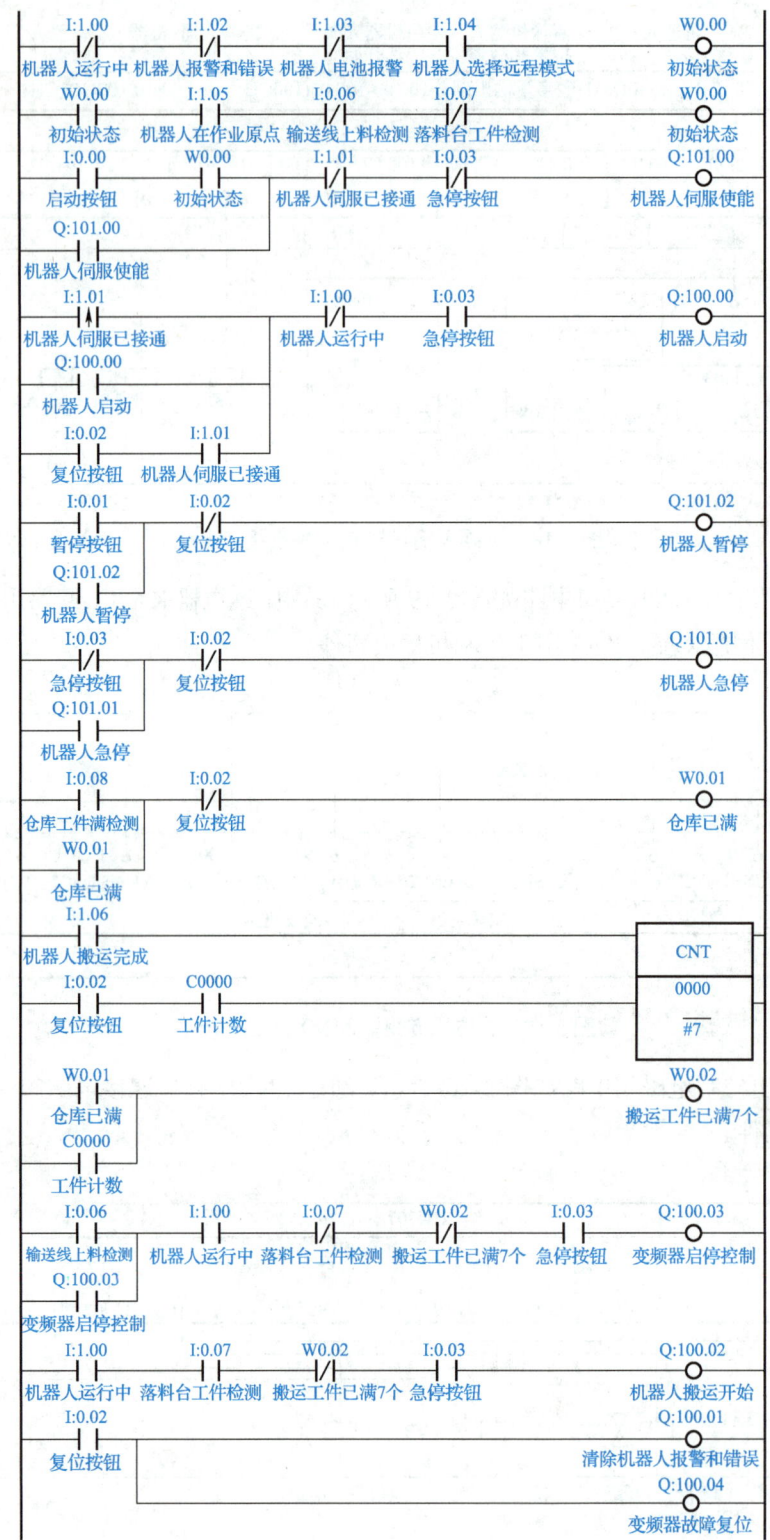

图 3-21　搬运机器人应用系统 PLC 参考程序

只有在所有的初始条件都满足时，W0.00 得电；按下启动按钮 W0.00，101.00 得电，机器人伺服电源接通；如果使能成功，"机器人使能已接通"的状态反馈信号端子 1.01 得电，101.00 断电，使能信号解除；100.00 得电，机器人启动，开始运行程序，同时其反馈信号 1.00 得电，100.00 断电，程序启动信号解除。

如果在运行过程中，按暂停按钮 0.01，则 101.02 得电，机器人暂停，其反馈信号 1.00 断电。此时机器人的伺服电源仍然接通，机器人只是停止执行程序。按复位按钮 0.02，则 101.02 断电，机器人暂停信号解除，同时 100.00 得电，机器人程序再次启动，继续执行程序。

机器人程序启动后，如果落料台上有工件且仓库未满，则 100.02 得电，机器人将把落料台上的工件搬运到仓库里。如果在运行过程中按急停按钮 0.03，则 101.01 得电，机器人急停，其状态反馈信号端子 1.00、1.01 断电。此时机器人的伺服电源断开，搬运机器人停止执行程序。急停后，只有使系统恢复到初始状态，按启动按钮，系统才可以重新启动。

2. 机器人本体程序

当 PLC 的 100.00 输出"1"时，机器人 CN308 的 B1 端子接收该信号，机器人启动，开始执行程序。

执行到 WAIT IN#(9)=ON 时，机器人等待落料台传感器检测工件。当落料台上有工件时，PLC 的 100.02 输出"1"，向机器人发出"机器人搬运开始"命令，机器人 CN306 的 B1 端子接收该信号，继续执行后面的程序。

机器人如果急停，急停按钮复位后，选择示教器为"示教模式"，通过操作示教器使机器人回到作业原点，并将程序指针指向第一条指令。

3. 参数配置

不同系统的工业机器人，其参数配置是有差异的，现以 ABB 搬运机器人的参数配置为例进行介绍。

（1）配置标准 I/O 板。ABB 标准 I/O 板挂在 DeviceNet 总线上面，其常用型号有 DSQC651（8 个数字输入，8 个数字输出，2 个模拟输出）和 DSQC652（16 个数字输入，16 个数字输出）。在系统中配置标准 I/O 板，至少需要设置四个基本参数，如表 3-12 所示。

表 3-12　标准 I/O 板配置的基本参数

参数名称	参数注释	参数名称	参数注释
Name	I/O 单元名称	Connected to Bus	I/O 单元所在总线
Type of Unit	I/O 单元类型	DeviceNet Address	I/O 单元所占用总线地址

（2）配置 I/O 信号参数。在标准 I/O 板上配置一个数字 I/O 信号，至少需要设置四项基本参数，如表 3-13 所示。某搬运机器人应用系统的具体信号参数配置如表 3-14 所示。

表 3-13　数字 I/O 板配置的基本参数

参数名称	参数注释	参数名称	参数注释
Name	I/O 信号名称	Assigned to Unit	I/O 信号所在 I/O 单元
Type of Signal	I/O 信号类型	Unit Mapping	I/O 信号所占用单元地址

表 3-14　某搬运机器人应用系统的具体信号参数配置

Name	Type of Signal	Assigned to Unit	Unit Mapping	I/O 信号注释
di00_Buffer Ready	Digital Input	Board10	0	暂存装置到位信号
di01_Panel In Pick Pos	Digital Input	Board10	1	产品到位信号
di02_VacuumOK	Digital Input	Board10	2	真空反馈信号
di03_Start	Digital Input	Board10	3	外接"开始"

表 3-14（续）

Name	Type of Signal	Assigned to Unit	Unit Mapping	I/O 信号注释
di04_Stop	Digital Input	Board10	4	外接"停止"
di05_Start At Main	Digital Input	Board10	5	外接"从主程序开始"
di06_Estop Reset	Digital Input	Board10	6	外接"急停复位"
di07_Motor On	Digital Input	Board10	7	外接"电动机上电"
do32_Vacuum Open	Digital Output	Board10	32	打开真空
do33_Auto On	Digital Output	Board10	33	自动状态输出信号
do34_Buffer Full	Digital Output	Board10	34	暂停装置满载

（3）将输入信号与系统的控制信号关联起来，就可以通过输入信号对系统进行控制，如电动机上电、程序启动等。系统的状态信号也可以与数字输出信号关联起来，将系统的状态反馈给外围设备，如系统运行模式、程序执行错误等。系统 I/O 板配置如表 3-15 所示，系统输入和系统输出信号的说明如表 3-16 和表 3-17 所示。

表 3-15 系统 I/O 板配置

Type	Signal Name	Action/Status	Argument	作用
System Input	di03_Start	Start	Continuous	程序启动
System Input	di04_Stop	Stop	无	程序停止
System Input	di05_Start At Main	Start At Main	Continuous	从主程序启动
System Input	di06_Estop Reset	Estop Reset	无	急停状态恢复
System Input	di07_Motor On	Motor On	无	电动机上电
System Output	do33_Auto On	Auto On	无	自动状态输出

表 3-16 系统输入信号的说明

系统输入	说明	系统输入	说明
Motor On	电动机上电	Soft Stop	软停止
Motor On and Start	电动机上电并启动运行	Stop at End of Cycle	在循环结束后停止
Motor Off	电动机卜电	Stop at End of Instruction	在指令运行结束后停止
Load and Start	加载程序并启动运行	Reset Execution Error Signal	报警复位
Interrupt	中断触发	Reset Emergency Stop	急停复位
Start	启动运行	System Restart	重启系统
Start at Main	从主程序启动运行	Load	加载程序适用后，之前加载的程序文件将被清除
Stop	暂停		
Quick Stop	快速停止	Backup	系统备份

项目三 搬运码垛机器人应用系统集成

表3-17 系统输出信号的说明

系统输出	说明	系统输出	说明
Auto On	自动运行状态	Emergency Stop	紧急停止
Backup Error	备份错误报警	Execution Error	运行错误报警
Backup in Progress	系统备份进行中，当备份结束或错误时信号复位	Mechanical Unit Active	激活机械单元
		Mechanical Unit Not Moving	机械单元没有运行
Cycle On	程序运行状态	Motor Off	电动机下电

素质课堂

国内首创"犀牛"叉车式AGV

随着国家智能制造政策的发展与"AI+工业物联网+物流"先进技术的加持，合肥井松智能科技股份有限公司（简称井松智能）凭借近20年对物流装备的产品深耕与技术沉淀，以及近10年对激光导航叉车式AGV产品的聚焦研究，通过"软件建模仿真+硬件结构分析"，再结合先进的"数字孪生"技术，最终打磨出一款适合超重载（20 t级+）、大尺寸、多形状满足定制化要求的智能堆高叉车式AGV，实现国内首创超重载激光导航"犀牛"叉车式AGV产品，并将其成功赋予行业应用。

该"犀牛"叉车式AGV产品是由定制化AGV本体、智能识别系统、智能调度系统、智能监控系统等组成的一款智能系统产品，它基于"AI调度平台"技术，同时结合"智能感知+孪生建模+智能算力"三角闭环技术，实时确保AGV稳定安全可靠的运行，完成系统任务指令。该产品能够完成自动接驳、自动搬运、自动暂存等全流程无人化作业，帮助企业实现人力成本大幅缩减、全天候作业模式与配送效率多倍增长，快速促进企业智能物流环节的转型升级，有效助力企业实现全面智能制造的蓝图目标，为我国深入实施制造强国战略添砖加瓦。

（资料来源：https://www.sohu.com/a/490660410_649545，有改动）

技能实训——IRB 120搬运机器人应用系统集成

一、搬运机器人应用系统的设计背景

（1）搬运工件情况：要求搬运机器人应用系统能够搬运圆柱、正六棱柱、椭圆柱和正四棱柱四种形状的工件，如图3-22所示。其中，圆柱形工件的直径为28 mm，正六棱柱形工件的底面边长为16 mm，椭圆柱形工件的底面长轴为35 mm、短轴为25 mm，正四棱柱形工件的边长为27 mm，并且这些工件的厚度均为 10 mm，质量为 1.5～2 kg。

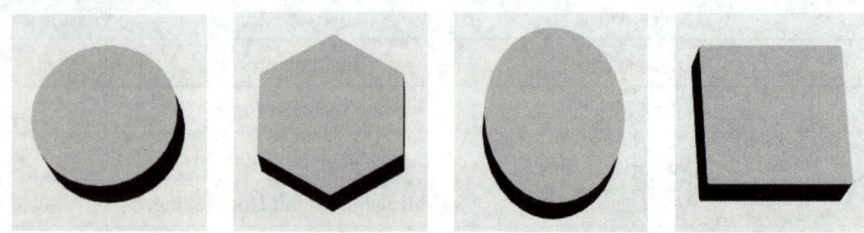

图 3-22　搬运工件的形状

（2）生产节拍要求：搬运机器人应用系统能够在 40 s 内完成 16 个工件的搬运作业，即要求机器人的拾料节拍要大于 2.5 s。

（3）作业环境条件：环境温度为 5～45℃，电源电压为 220 V。

（4）末端执行器的选择：由于所搬运的工件均为非金属材质，都具有平整的表面，而且没有定位孔和抓取位置，因此可选用真空吸盘作为末端执行器，通过吸附的方式来搬运工件。根据工件的尺寸和质量，应选用直径为 20 mm 的真空吸盘。

二、搬运机器人应用系统的设备详情

搬运机器人应用系统的设备清单如表 3-18 所示。

表 3-18　搬运机器人应用系统的设备清单

设备名称	设备描述	数量	备注
工业机器人	ABB IRB 120-3/0.6	1 套	瑞士 ABB 产品
机器人控制器	IRC5	1 套	瑞士 ABB 产品
末端执行器	1 个小吸盘	1 套	自选
PLC	西门子 S-400	1 套	德国产品
空压机	SLB06	1 台	中国产品
皮带输送线	由伺服电机驱动	1 套	自选
机器人底座	用于机器人的安装	1 套	自选
上位机	用于后台程序的编辑及显示	1 台	自选
安全围栏	保证工作人员安全	1 套	自选
工件维修台	用于损坏工件的维修	1 台	自选
设备总控台	控制设备的启停等	1 套	自选

下面主要介绍工业机器人和空压机的型号与参数。

（一）工业机器人的型号与参数

搬运机器人应用系统所用工业机器人的型号为 ABB IRB 120-3/0.6，具体参数如表 3-19 所示。

表 3-19　ABB IRB 120-3/0.6 机器人的具体参数

品牌型号	ABB IRB 120-3/0.6	
工作范围	580 mm	
有效负载	3 kg	
手臂负载	0.3 kg	
重复定位精度	0.01 mm	
安装方式	任意角度	
底座尺寸	180 mm×180 mm	
机器人高度	700 mm	
机器人重量	25 kg	
轴运动范围	轴 1 旋转运动	−165°～165°
	轴 2 手臂运动	−110°～110°
	轴 3 手臂运动	−110°～70°
	轴 4 手腕运动	−160°～160°
	轴 5 弯曲运动	−120°～120°
	轴 6 翻转运动	−400°～400°
轴最大速度	轴 1 旋转运动	250°/s
	轴 2 手臂运动	250°/s
	轴 3 手臂运动	250°/s
	轴 4 手腕运动	320°/s
	轴 5 弯曲运动	320°/s
	轴 6 翻转运动	420°/s
1 kg 拾料节拍	25 mm×300 mm×25 mm	0.58 s
	25 mm×300 mm×25 mm 180° 轴 6 重新定向	0.92 s
	加速时间 0～1 m/s	0.07 s

（二）空压机的型号与参数

搬运机器人应用系统所用的空压机为劲豹牌静音无油系列空压机，型号为 SLB06，外观如图 3-23 所示，其具体参数如表 3-20 所示。

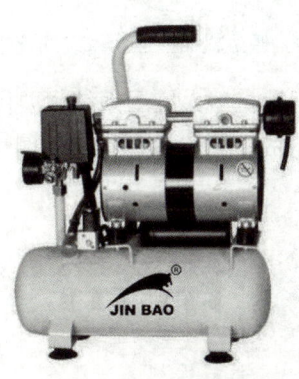

图 3-23　空压机的外观

表 3-20 SLB06 空压机的具体参数

名　　称	具体参数	名　　称	具体参数
机器型号	SLB06	额定功率	0.48 kW
容　　量	89 L/min	电源电压/频率	220 V/50 Hz
额定排气压力	0.8 MPa	噪　　声	28 dB
主轴转速	1 400 r/min	外形尺寸	460 mm × 230 mm × 490 mm
储气罐容积	6 L	质　　量	17 kg

三、搬运机器人应用系统的连接布局

搬运机器人应用系统的连接布局如图 3-24 所示。

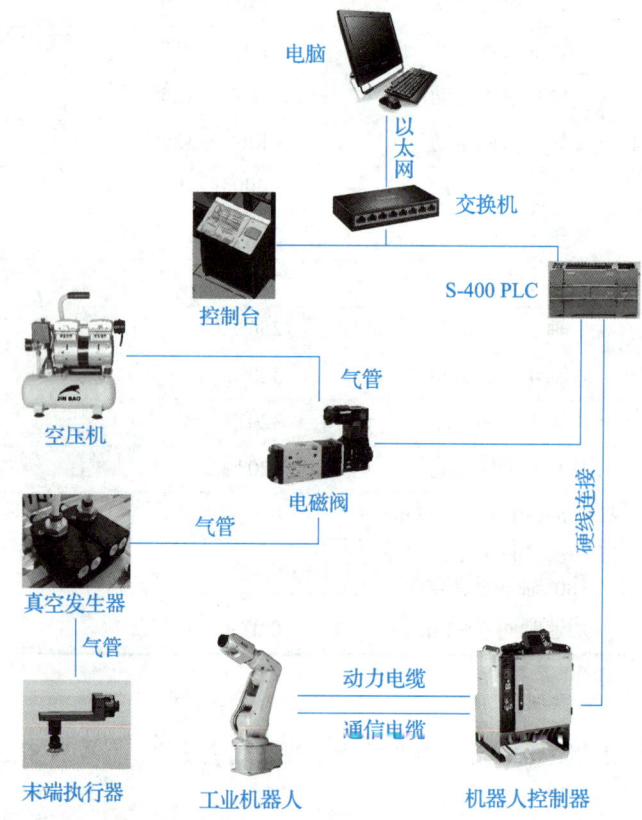

图 3-24　搬运机器人应用系统的连接布局

在机器人仿真模拟软件的模型中，搬运机器人应用系统主要由搬运机器人、设备总控台、上位机、安全防护栏、警示三色灯及工件维修台等组成，其组成与布局如图 3-25 所示。

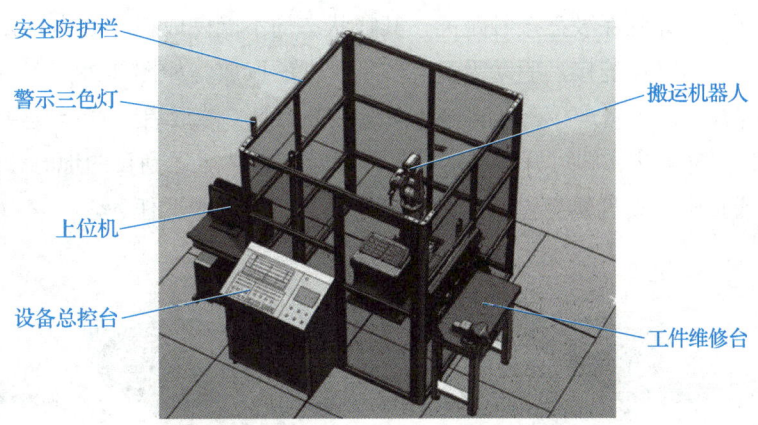

图 3-25 搬运机器人应用系统的组成与布局

（一）搬运机器人的连接

搬运机器人主要由示教器、控制器、操作机组成，如图 3-26 所示。机器人操作机与示教器和控制器之间通过动力电缆和通信电缆建立连接，如图 3-27 所示。

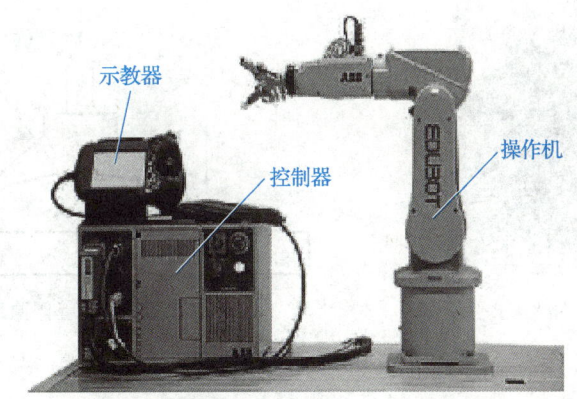

图 3-26 搬运机器人的组成

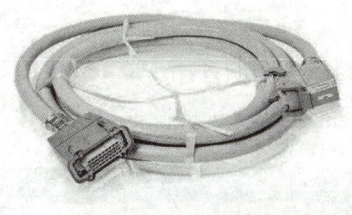

（a）动力电缆

（b）通信电缆

图 3-27 不同类型的连接线

（二）吸盘的安装与抓取过程

吸盘通过由电磁阀控制的真空发生器来抽真空，由此吸取表面平整的工件。真空发生器是利用正压气源产生负压的一种新型、高效、清洁、经济的设备，当一个气动系统中同时需要正负压时，真空发生器可以十分容易和方便地获得负压。

如图 3-28（a）所示为吸盘的安装状态。如图 3-28（b）所示为吸盘的正确抓取状态，应使吸盘在待搬运工件的中心进行抓取,并确保吸盘接触距离,其他状态均不能完成抓取动作。如图 3-28(c)所示为真空发生器,它通过气管与吸盘连接,驱动吸盘,实现工件的取放。如图 3-28(d)所示为吸盘的工作原理图,吸盘经过气管与真空发生器连接,同时与待搬运工件接触,然后启动真空发生器抽气,使吸盘内变为负压,从而将待搬运工件吸牢,即可开始搬运。当待搬运工件被运送到目的地时,向吸盘内充气,使吸盘内由负压变成零压或正压,吸盘便会脱离待搬运工件,从而完成搬运任务。

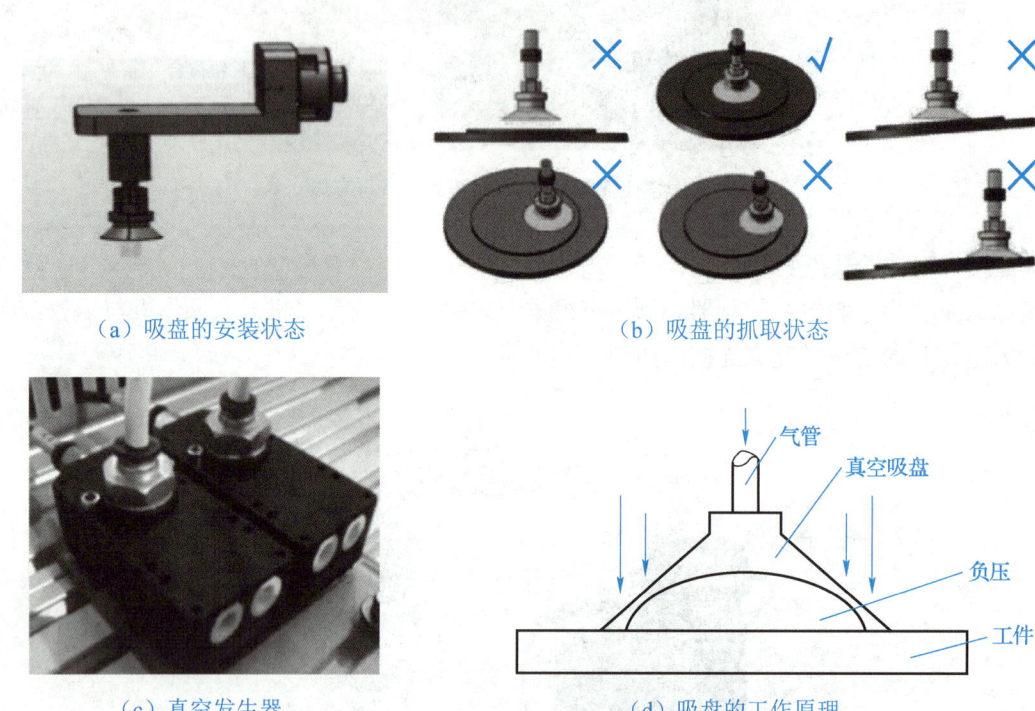

(a)吸盘的安装状态　　(b)吸盘的抓取状态

(c)真空发生器　　(d)吸盘的工作原理

图 3-28　搬运机器人抓取吸盘

四、搬运机器人应用系统的程序调试与运行

(一)搬运机器人应用系统的程序调试

在操作台四周合理布置物料盘1和物料盘2,将工件从物料盘1中的 A、B、C、D 位置对应搬运到物料盘2中的 A_1、B_1、C_1、D_1 位置,如图 3-29 所示。搬运机器人的运动轨迹如图 3-30 所示。

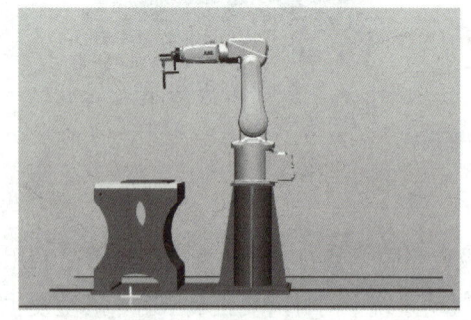
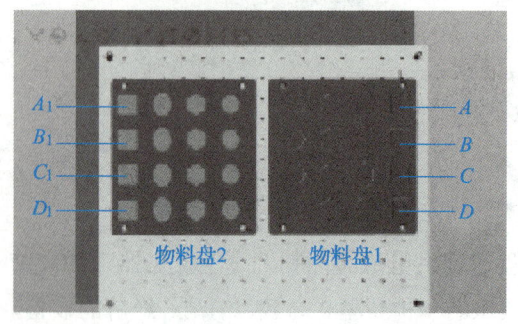

(a)搬运机器人结构示意图　　(b)物料盘工位示意图

图 3-29　搬运机器人与物料盘工位

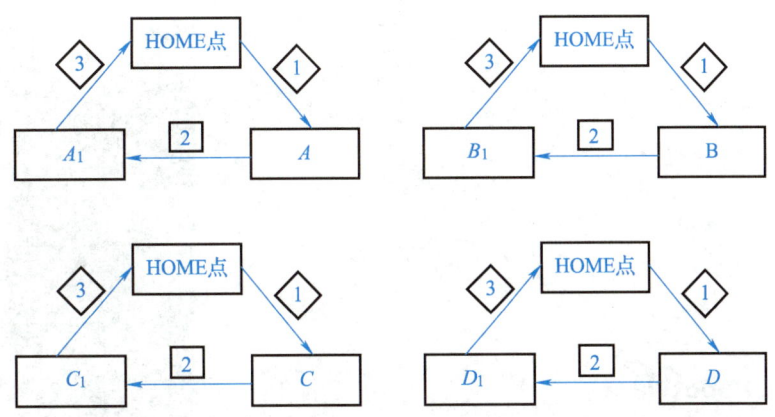

图 3-30 搬运机器人的运动轨迹

在 RobotStudio 软件中启动搬运机器人应用系统的程序进行调试,其步骤如下。

(1)在 RobotStudio 软件中打开搬运机器人应用系统的程序文件。

(2)首先单击功能区框 1 中的"控制器"选项卡,然后在"控制器"选项卡中单击框 2 中的"控制面板"选项,从右侧出现的侧边栏中选择框 3 中的"手动"操作模式,最后单击框 4 中的"示教器"选项,在其下拉菜单中选择框 5 中的"虚拟示教器",如图 3-31 所示。

搬运机器人应用系统的程序文件

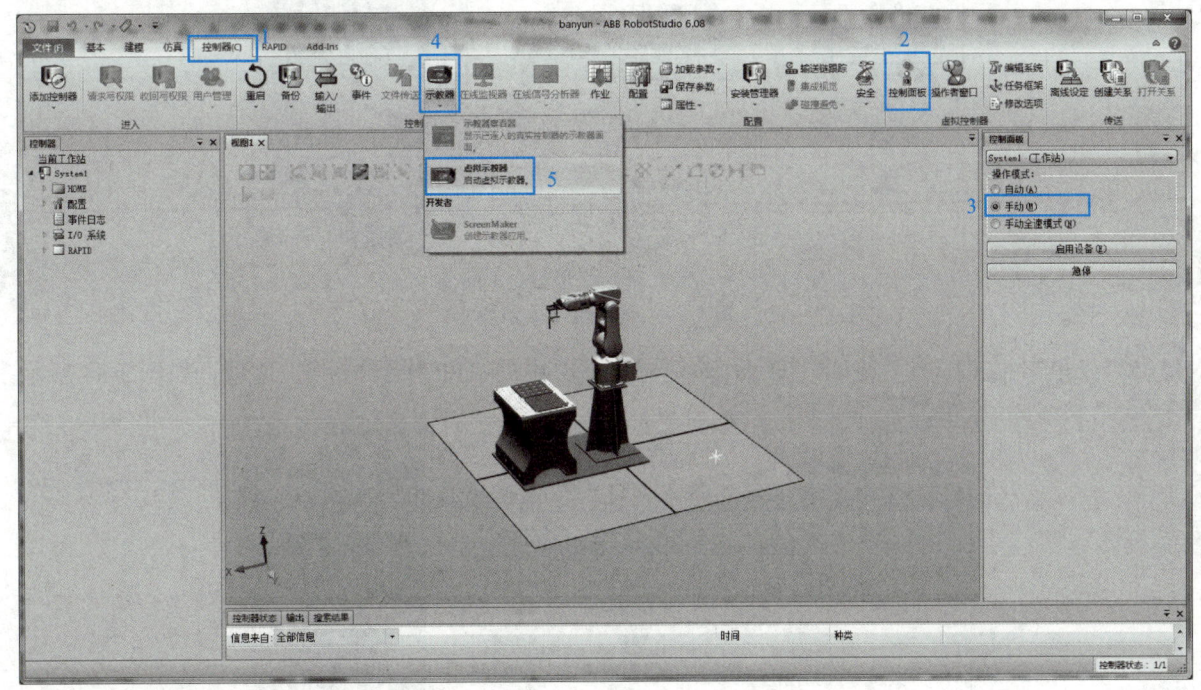

图 3-31 RobotStudio 界面

(3)在"虚拟示教器"界面,单击摇杆旁边框 1 中的按钮,出现框 2,单击框 2 内中间手指图形对应的圆圈,然后单击框 3 中的使能按钮,如图 3-32 所示。

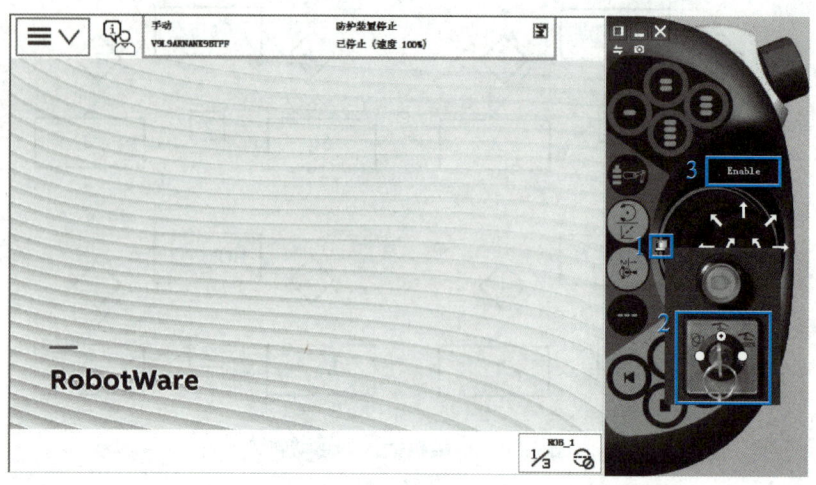

图 3-32 虚拟示教器界面

（4）先单击框 1 中的下拉菜单，然后选择框 2 中的"程序编辑器"选项，打开程序编辑器，如图 3-33 所示。

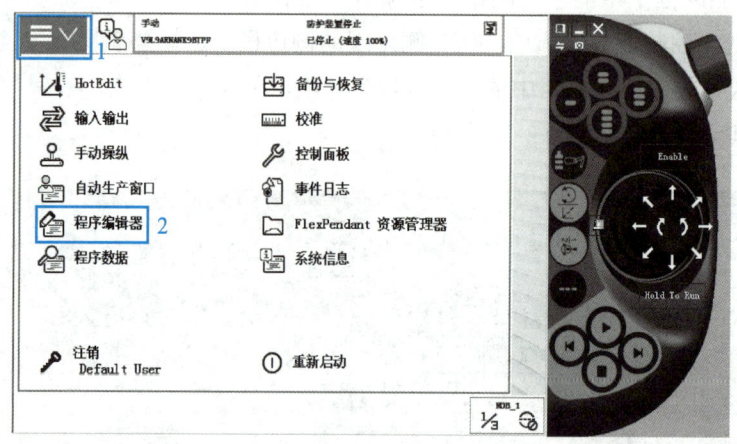

图 3-33 打开程序编辑器

（5）先单击框 1 中的"调试"按钮，然后单击框 2 中的"PP 移至 Main"选项，如图 3-34 所示。

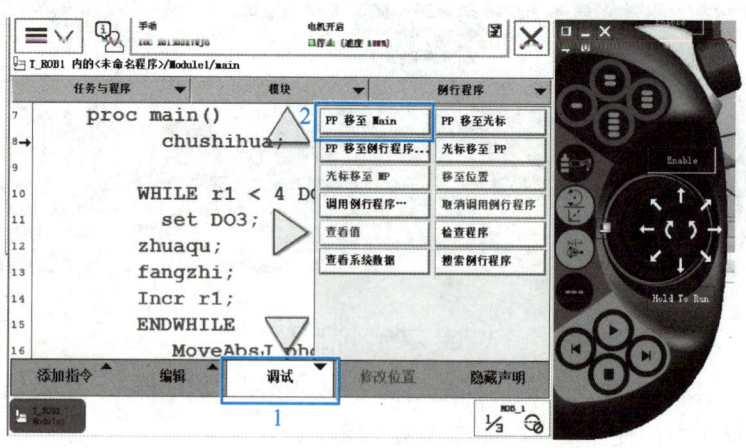

图 3-34 程序编写界面

（6）单击框1中的"启动"按钮，进行程序调试，如图3-35所示。

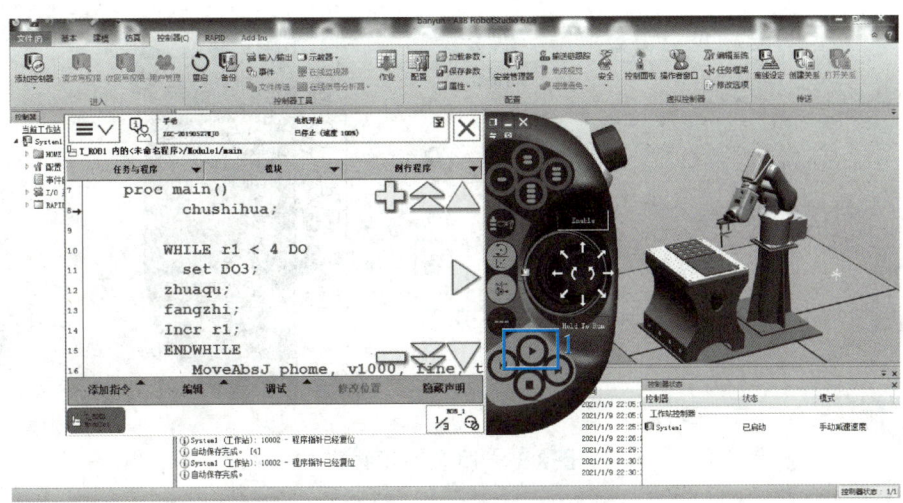

图 3-35　进行程序调试

（二）搬运机器人实验平台整体运行

（1）确认搬运机器人是否在原点位置，若不在，应手动将搬运机器人移动到原点位置。实验平台如图3-36所示。

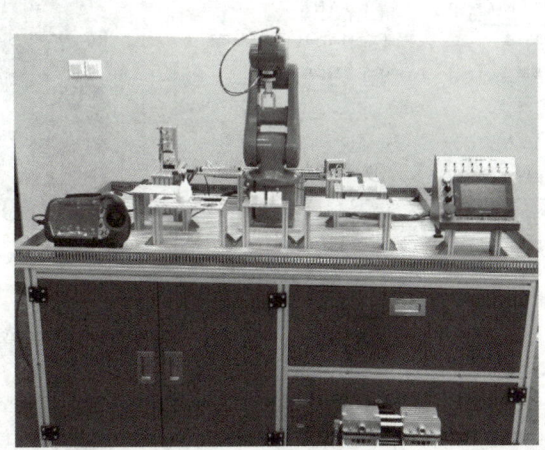

图 3-36　实验平台

（2）如图3-37所示，在控制器面板上进行模式选择，将控制器上"模式选择"旋钮切换至"自动模式"，在状态栏中，确认搬运机器人的状态已切换至"自动"。

图 3-37　控制器面板

（3）调整运行模式，将搬运机器人运行模式切换到"连续"，如图 3-38 所示。

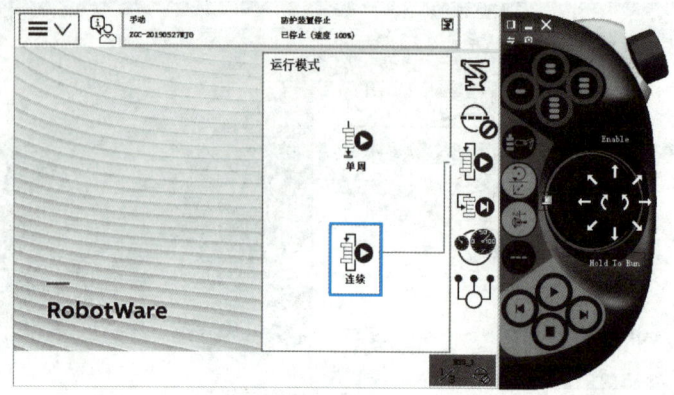

图 3-38　调整运行模式

（4）调整自动生产参数，单击"自动生产窗口"选项，如图 3-39 所示。

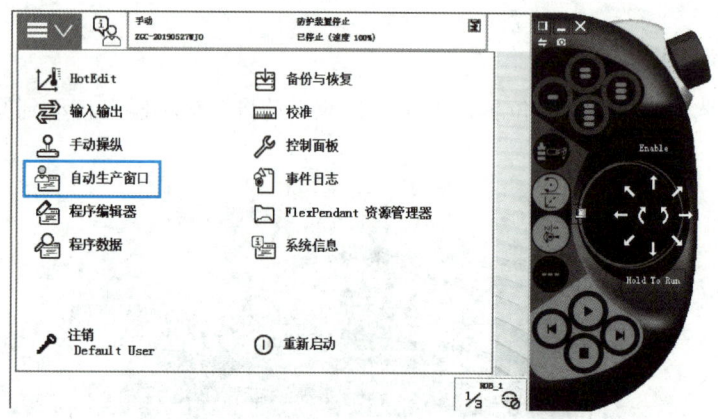

图 3-39　调整自动生产参数

（5）在"自动生产窗口"中单击"PP 移至 main"按钮，在弹出的"重置程序指针"窗口中单击"是"按钮，如图 3-40 所示。

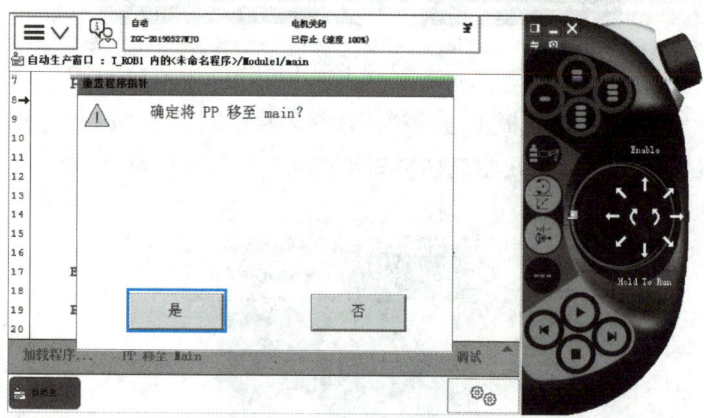

图 3-40　重置程序指针

（6）如图 3-41 所示，调整自动运行速度，首次自动运行建议选择 50%，待系统运行正常后再将速度恢复为 100%。

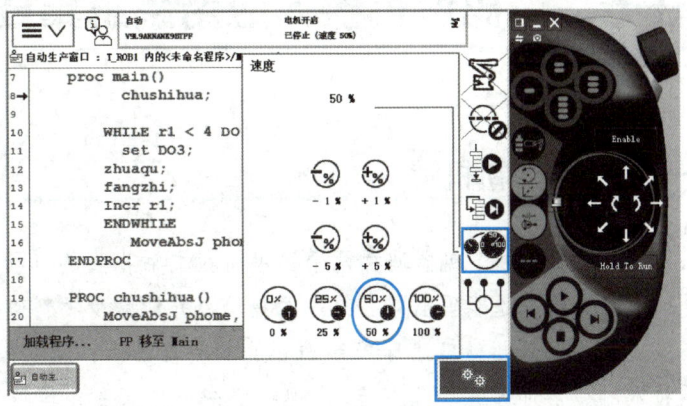

图 3-41　调整自动运行速度

（7）如图 3-42 所示，在电机上电状态下，单击"运行"按钮，启动系统程序。观察程序启动后系统的运行情况。

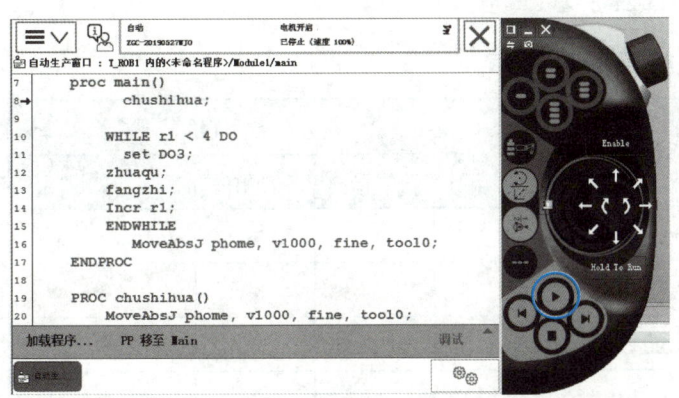

图 3-42　启动系统程序

搬运机器人应用系统模拟运行

任务二　码垛机器人应用系统集成

任务引入——新起点，新机遇

码垛机器人应用系统是在人工码垛、机器码垛两个发展阶段之后出现的自动化码垛作业系统，它不仅能加快码垛效率、提高物流速度，还能码出整齐统一的物垛，并能减少物料破损与浪费。因此，码垛机器人应用系统将逐步取代传统码垛机，实现生产制造业的"新自动化、新无人化"，码垛行业也因码垛机器人应用系统集成技术的发展而步入"新起点"。现在恰逢世界新一轮科技革命和产业变革同我国转变发展方式的历史性交汇期，我们既面临着千载难逢的历史机遇，又面临着各种严峻挑战。作为当代青年，我们要脚踏实地，认真学习和实践，努力在"新起点"上把握科技发展带来的新机遇。

本任务首先认识码垛机器人应用系统的任务分析，然后在此基础上学习码垛机器人应用系统的硬件选型与软件配置。本任务的知识与技能要求如表 3-21 所示。

表 3-21　知识与技能要求

任务内容	码垛机器人应用系统集成	学习程度		
		识记	理解	应用
学习任务	码垛机器人应用系统的任务分析		●	
	码垛机器人应用系统的硬件选型			●
	码垛机器人应用系统的软件配置			●
实训任务	码垛机器人应用系统的集成			●
自我勉励				

班级_____ 姓名_____ 学号_____

任务工单

1. 任务描述

根据码垛机器人应用系统的设计背景与要求,并结合实际情况,为码垛机器人应用系统选择合适的硬件设备,然后对设备进行连接布局,通过程序完成软件配置后,进行码垛机器人应用系统的调试与运行。将任务内容、任务目的、码垛机器人类型及末端执行器类型填入表 3-22 中。

表 3-22 任务描述

任务内容	
任务目的	
码垛机器人类型	
末端执行器类型	

2. 小组分工

以 3~5 人为一组,选出组长并进行任务分工,将小组成员及分工情况填入表 3-23 中。

表 3-23 小组成员及分工情况

班级		组号		指导教师	
小组成员	姓名	学号	任务分工		
组长					
组员					

3. 获取信息

在进行具体工作前,需要掌握码垛机器人应用系统硬件选型和软件配置的相关知识。请各组组长组织组员收集相关资料,回答下列问题。

引导问题 1:码垛机器人是将不同外形尺寸的包装或货物自动整齐地在托盘上进行_____或_____的机器人。

引导问题 2:码垛机器人的末端执行器又称手爪,常见形式有_____、_____、_____。

引导问题 3:码垛机器人应用系统常见的布局形式主要有_____码垛和_____码垛两种。

班级_____ 姓名_____ 学号_____

引导问题4：简述码垛机器人应用系统的优点。

引导问题5：简述码垛机器人应用系统软件配置的相关注意事项。

4．制订计划

（1）制订工作计划，并将其填入表3-24中。

表3-24　工作计划

步骤	工作内容	负责人

班级_____　　姓名_____　　学号_____

（2）将实施过程中所需工具、耗材等的清单填入表 3-25 中。

表 3-25　实施过程中所需工具、耗材等的清单

序号	名称	型号与规格	单位	数量	备注

5．进行决策

（1）每人阐述工作计划。

（2）组员之间进行提问与答疑，选出最佳计划。

（3）教师对各组的工作计划进行点评。

6．任务实施

按照本组确定的最佳计划进行码垛机器人应用系统集成的各项任务，然后根据实际操作过程，将实施步骤、实施内容及实施过程中遇到的问题和解决办法记录在表 3-26 中。

表 3-26　任务实施过程记录表

序号	实施步骤	实施内容	遇到的问题和解决办法

班级_____ 姓名_____ 学号_____

表 3-26（续）

序号	实施步骤	实施内容	遇到的问题和解决办法

7. 考核评价

各组代表讲述与展示任务实施成果，并配合指导教师完成如表 3-27 所示的考核评价表。

表 3-27 考核评价表

项目名称	评价内容	分值	评价分数		
			自评	互评	师评
职业素养考核项目 40%	无迟到、无早退、无旷课	6 分			
	仪容仪表符合规范要求	6 分			
	具备良好的安全意识与责任意识	10 分			
	具备良好的团队合作与交流能力	6 分			
	具备较强的纪律执行能力	6 分			
	保持良好的作业现场卫生	6 分			
专业能力考核项目 60%	积极参加教学活动，按时完成任务工单	12 分			
	操作规范，符合作业规程	18 分			
	操作熟练，工作效率高	12 分			
	任务完成情况良好	18 分			
合计		100 分			
总评	自评（20%）+互评（20%）+师评（60%）=____	综合等级：	教师（签名）：_____		

项目三 搬运码垛机器人应用系统集成

知识准备

一、码垛机器人应用系统的任务分析

码垛机器人是将不同外形尺寸的包装或货物自动整齐地在托盘上进行码垛或拆垛的机器人,所以也称托盘码垛机器人。为了充分利用托盘的面积,保证码垛物料的稳定性,码垛机器人配有物料码垛顺序与排列形式的设定器。通过自动更换工具,码垛机器人可以适应不同的产品,并能在恶劣环境下工作。码垛机器人可对各种形状的产品(如箱、罐、包、板材等)进行码垛作业,还能根据用户要求进行拆垛作业。

总体来说,码垛机器人应用系统具有以下优点。

(1)占地面积小,动作范围大,可减少资源浪费。

(2)能耗较低,可降低运行成本。

(3)提高生产效率,避免繁重的体力劳动,实现无人或少人的码垛作业。

(4)改善工人的工作条件,摆脱有毒、有害的作业环境。

(5)柔性高、适应性强,可实现不同物料的码垛。

(6)定位准确,稳定性高。

二、码垛机器人应用系统的硬件选型

码垛是在搬运的基础上,将工件整齐、规则地摆放成货垛的作业形式。工业机器人码垛作业实质上是搬运作业的一种特殊形式,它需要事先对码垛机器人进行路径规划,然后根据规划好的路径把工件从一个位置搬运到另一个位置,只是每次搬运工件的目标位置(放置点)有所不同。

码垛机器人与搬运机器人一样,需要相应的辅助设备组成一个柔性化系统,以便于进行各种码垛作业。在实际应用中,应根据工件的尺寸、材质和作业空间等因素,选择合适型号的工业机器人和夹具。

码垛机器人作业现场

(一)码垛机器人

码垛机器人与搬运机器人在本体结构上没有太大区别,通常码垛机器人比搬运机器人要大些。在实际生产中,码垛机器人通常安装在物流线末端,多数情况下不能进行横向或纵向移动,故常见的码垛机器人多为关节式、摆臂式或龙门式结构。

在实际码垛物流线中,关节式码垛机器人应用最多,其常见本体多为四轴结构,也有五轴或六轴结构的关节式码垛机器人,但其应用相对较少。码垛机器人一般安装在底座上,其位置的高低由生产线高度、托盘高度及码垛层数共同决定。在多数情况下,为了降低成本和提高效益,四轴结构的码垛机器人就可以满足日常的码垛要求。

以 ABB 码垛机器人 IRB460 为例,它具有码垛速度快、占地面积小等优点,其码垛操作节拍可达 2 190 次/h,作业覆盖范围达到 2.4 m,占地面积比一般机器人大约减少 20%。此外,德国 KUKA 公司推出的精细化码垛机器人 KR 180-2 PA Arctic,可在 –30℃ 条件下以 180 kg 的全负荷进行工作,且无需防护罩和额外加热装置,创造了码垛机器人低温工作的极限。

(二)末端执行器

码垛机器人的末端执行器又称手爪,它是夹持工件移动的一种装置,其原理结构与搬运机器人所用末端执行器类似,常见形式有夹板式、抓取式、组合式。

(1)夹板式手爪:它是码垛过程中最常用的一类手爪。常见的夹板式手爪有单板式和双板式,如图 3-43 所示。夹板式手爪主要用于整箱或规则盒的码垛作业,可用于各行各业。其夹持力度较大,可一次码一箱(盒)或多箱(盒),并且两侧板光滑,不会损伤码垛产品的外观。单板式与双板式的侧板一般都会有可旋转爪钩,需要由单独机构控制,在工作状态时爪钩与侧板成90°,起到撑托工件、防止工件在高速运动中脱落的作用。

(a)单板式

(b)双板式

图 3-43　夹板式手爪

(2)抓取式手爪:可灵活适应不同形状和内含物(如大米、水泥、化肥等)的物料的码垛作业,如图 3-44 所示。例如,与 ABB 公司 IRB 460 和 IRB 660 码垛机器人配套的即插即用型 Flex-Gripper 抓取式手爪,采用不锈钢制作,可胜任极端条件下的各种码垛作业。

图 3-44　抓取式手爪

(3)组合式手爪:通过各种手爪的组合来获得各种手爪优势的一种手爪,其灵活性较大,各种手爪之间既可单独使用又可配合使用,可适应多种形式的码垛作业。如图 3-45 所示为真空吸取和抓取组合式手爪。

图 3-45 真空吸取和抓取组合式手爪

码垛机器人手爪的动作一般由单独外力进行驱动，需要连接相应的外部信号控制装置及传感系统，以控制码垛机器人手爪实时的动作状态及夹紧力大小，其手爪驱动方式多为气动或液压驱动。通常在保证相同夹紧力的情况下，气动比液压驱动负载轻、成本低、干净卫生，故在实际码垛作业中，以压缩空气为驱动力的居多。

（三）外围设备与布局

码垛机器人应用系统是一种集成化系统，可与生产单元相连接，形成一个完整的集成化物料码垛生产线。码垛机器人在码垛作业时，还需要一些起辅助作用的外围设备。同时，为节约生产空间，合理的机器人空间布局也很重要。

1. 常用的外围设备

目前，常用的码垛机器人外围设备有金属检测机、重量复检机、自动剔除机、倒袋机、整形机、待码输送机、传送带等装置。

（1）金属检测机：对于某些物品（如食品、药品、化妆品、纺织品等）的码垛作业，为防止在生产制造过程中混入金属异物，需要金属检测机进行流水线检测，如图 3-46 所示。

（2）重量复检机：在自动化码垛流水作业中重量复检机具有重要作用，它不仅可以检测出前工序是否漏装、多装，还能对合格品、欠重品、超重品进行统计，进而控制产品质量，如图 3-47 所示。

图 3-46 金属检测机

图 3-47 重量复检机

（3）自动剔除机：一般安装在金属检测机和重量复检机之后，主要用于剔除含金属异物的产品及重量不合格的产品，如图 3-48 所示。

（4）倒袋机：将输送过来的袋装码垛物按照预定程序进行输送、倒袋、转位等操作，以使码垛物按流程进入后续工序，如图 3-49 所示。

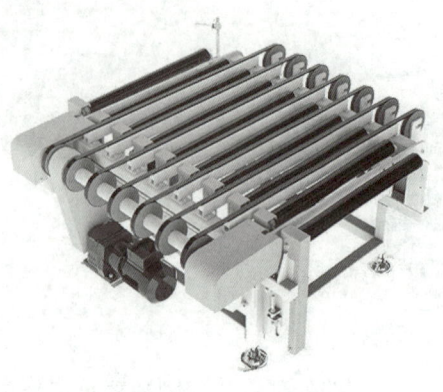
图3-48 自动剔除机
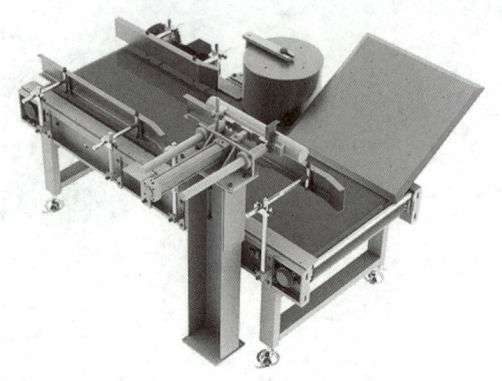
图3-49 倒袋机

（5）整形机：主要对袋装码垛物的外形进行整形。经整形机整形后，袋装码垛物内可能存在的积聚物会均匀分散，使外形整齐，以便于后续工序的进行，如图3-50所示。

（6）待码输送机：码垛机器人生产线的专用输送设备，可将待码垛的货物聚集起来，便于码垛机器人末端执行器抓取，如图3-51所示。

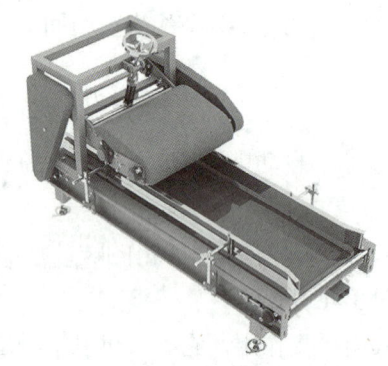
图3-50 整形机
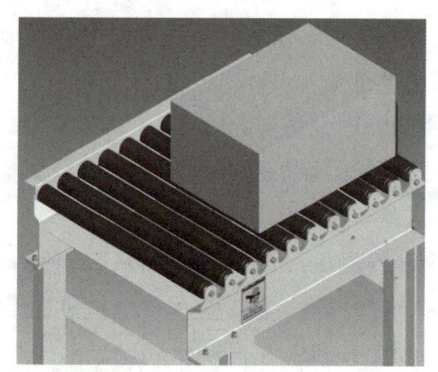
图3-51 待码输送机

（7）传送带：自动化码垛生产线上必不可少的一个环节，针对不同的厂源条件，可选择不同的形式，如图3-52所示。

（a）斜坡式传送带

（b）转弯式传送带

图3-52 传送带

2．码垛机器人应用系统的布局

码垛机器人应用系统的布局应以提高生产效率、节约场地、实现最佳物流码垛为目的，在实际生产中，码垛机器人应用系统常见的布局形式主要有全面式码垛和集中式码垛两种。

（1）全面式码垛：码垛机器人安装在生产线末端，可针对一条或两条生产线，如图3-53所示。这种布局具有较小的输送线成本与占地面积、较大的灵活性、可增加生产量等优点。

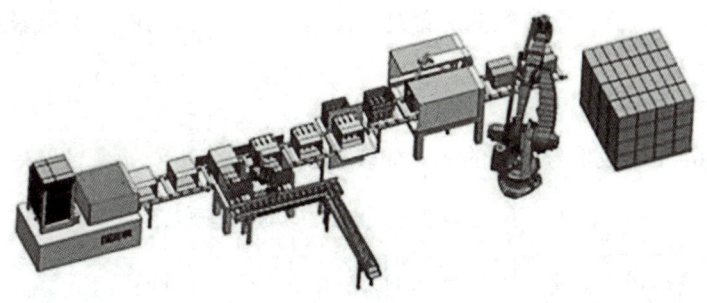

图 3-53　全面式码垛

（2）集中式码垛：码垛机器人被集中安装在某一区域，如图 3-54 所示。这种布局可将所有生产线生产的货物集中在一起，具有较高的输送线成本，但能够节省生产区域资源，节约人员维护成本，一人便可全部操纵。

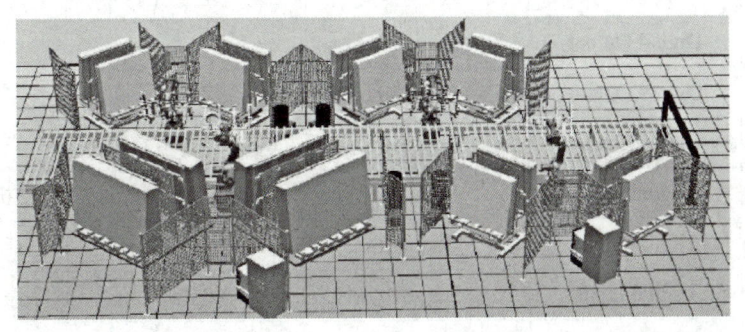

图 3-54　集中式码垛

在实际应用中，码垛作业按物料及货垛进出的情况不同，经常采用一进一出、一进两出、两进两出、四进四出等规划形式。

（1）一进一出：设置一条货物输送线和一条货垛输出线，常出现在工厂资源相对较小、码垛线作业比较繁忙的情况中。这种规划形式的码垛速度较快，托盘分布在机器人左侧或右侧，缺点是需要人工换托盘，浪费时间。

（2）一进两出：在一进一出的基础上增加一条货垛输出线，一侧满盘后，码垛机器人无须等待，直接码另一侧，其码垛效率明显提高。

（3）两进两出：设置两条物料输送线和两条货垛输出线，多数两进两出系统无须人工干预，码垛机器人可自动定位托盘。因此，两进两出是目前应用最多的一种规划形式，也是性价比最高的一种规划形式。

（4）四进四出：设置四条货物输送线和四条货垛输出线，通常会配有自动更换托盘功能。这种规划形式主要应用于多条中等产量或低等产量生产线的码垛作业。

三、码垛机器人应用系统的软件配置

在进行码垛作业前，需要对码垛机器人的参数进行配置，然后建立主程序、初始化程序、抓取程序、放置程序以及专门的放置点计算程序等。此外，操作者还可通过示教器和操作面板进行码垛机器人运动位置和动作程序的示教，设定运动速度、码垛参数等。

（一）系统参数配置

不同型号的码垛机器人，其系统参数的配置是有差异的，现以 ABB 码垛机器人应用系统的参数配置为例进行介绍。

1. 配置标准 I/O 板信号参数

ABB 码垛机器人标准 I/O 板信号参数的配置如表 3-28 所示。

表 3-28　ABB 码垛机器人标准 I/O 板信号参数的配置

Name	Type of Signal	Assigned to Unit	Unit Mapping	I/O 信号注释
di00_BoxInPos_L	Digital Input	Board10	0	左侧输入线产品到位信号
di01_BoxInPos_R	Digital Input	Board10	1	右侧输入线产品到位信号
di02_PalletInPos_L	Digital Input	Board10	2	左侧码盘到位信号
di03_PalletInPos_R	Digital Input	Board10	3	右侧码盘到位信号
do00_ClampAct	Digital Output	Board10	0	控制夹板
do01_HookAct	Digital Output	Board10	1	控制钩爪
do02_PalletFull_L	Digital Output	Board10	2	左侧码盘满载信号
do03_PalletFull_R	Digital Output	Board10	3	右侧码盘满载信号
di07_MotorOn	Digital Input	Board10	7	电动机上电（系统输入）
di08_Start	Digital Input	Board10	8	程序开始执行（系统输入）
di09_Stop	Digital Input	Board10	9	程序停止执行（系统输入）
di10_StartAtMain	Digital Input	Board10	10	从主程序开始执行（系统输入）
di11_EstopReset	Digital Input	Board10	11	急停复位（系统输入）
do05_AutoOn	Digital Output	Board10	5	电动机上电（系统输出）
do06_Estop	Digital Output	Board10	6	急停状态（系统输出）
do07_CycleOn	Digital Output	Board10	7	程序正在运行（系统输出）
do08_Error	Digital Output	Board10	8	程序报错（系统输出）

2. 关联 I/O 信号

对 ABB 码垛机器人的系统 I/O 板信号参数进行配置，以关联标准 I/O 板信号，如表 3-29 所示。

表 3-29　ABB 码垛机器人的系统 I/O 板信号参数配置

Type	Signal Name	Action/Status	Argument	注　释
System Input	di07_MotorOn	MotorOn	无	电动机上电
System Input	di08_Start	Start	Continuous	程序开始执行
System Input	di09_Stop	Stop	无	程序停止执行
System Input	di10_StartAtMain	Start at Main	Continuous	从主程序开始执行
System Input	di11_EstopReset	Reset Emergency Stop	无	急停复位
System Output	do05_AutoOn	Auto On	无	电动机上电状态

表 3-29（续）

Type	Signal Name	Action/Status	Argument	注　释
System Output	do06_Estop	Emergency Stop	无	急停状态
System Output	do07_CycleOn	Cycle On	无	程序正在运行
System Output	do08_Error	Execution error	T_ROB1	程序报错

（二）主程序

ABB 码垛机器人的主程序如图 3-55 所示。

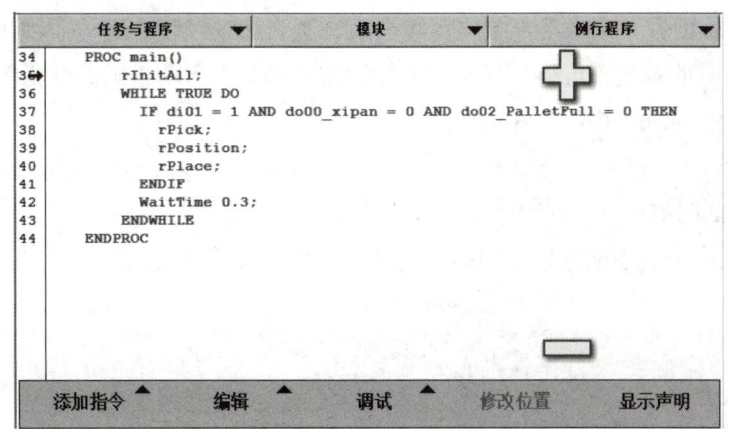

图 3-55　码垛作业主程序

在主程序中，首先调用了初始化程序 rInitAll( )，并通过 WHILE 循环指令将其与其他运行程序指令隔离。在循环指令中，首先设置了码垛作业的启动条件：工件到位、吸盘未打开和工件未满载；然后通过抓取程序 rPick( )、放置点计算程序 rPosition( ) 和放置程序 rPlace( ) 完成码垛作业。在抓取工件之前，需要先判断货垛上的工件是否放满，因此需要对码放的工件计数，当码放工件数达到每层要求的 6 个工件时，需要重新计数。由于需要码放的工件较少，在放置点计算程序 rPosition( ) 中可采用 TEST 指令设置每个工件所对应的放置点位置。而当码放工件较多时，可采用数组来存放放置点位置参数，并在程序中设置相应的调用位置指令。

（三）相关编程指令

由于工业机器人是多轴串联结构，因而 TCP 能以多种方式到达目标点。工业机器人会通过配置各轴数据使 TCP 以一种确定的方式到达目标点，即轴配置。工业机器人一般默认对轴配置进行监控，使工业机器人按照程序中的轴配置完成相关运动，当无法完成运动时，程序将停止执行。

在码垛作业的 RAPID 编程中，为了使工业机器人能够在运动时，采取最接近当前状态的轴配置数据到达目标点，而不至于出现因无法完成运动而停止执行程序的情况，就需要采用 ConfJ 指令和 ConfL 指令来关闭轴配置监控。

1. ConfJ 指令

ConfJ（关节运动轴配置）指令用于指定在关节运动过程中是否监视工业机器人的轴配置。如果不监视（ConfJ\Off），执行程序时，工业机器人将寻找和当前途径具有相同轴配置的途径来完成关节运动，这可能和程序中的轴配置不同。例如，ConfJ 指令

ConfJ\On;

MoveJ *,v1000,fine,tool1;

表示工业机器人按照程序中的轴配置移动到编程位置和方向，如果无法完成，程序将停止执行。

又如，ConfJ 指令

ConfJ\Off;

MoveJ *,v1000,fine,tool1;

表示工业机器人移动到编程位置和方向，如果可以用多种不同的方式、采用多种轴配置来实现，则将选择最相近的配置。

2．ConfL 指令

ConfL（线性运动轴配置）指令用于指定在线性或者圆弧运动过程中是否监视工业机器人的轴配置。如果不监视，执行程序时的轴配置可能和程序中的轴配置不同。当运动模式改变为关节运动的时候，也可能导致不可预知的运动。例如，ConfL 指令

ConfL\On;

MoveL *,v1000,fine,tool1;

表示工业机器人按照程序中的轴配置运动到编程位置和方向，如果不能到达，程序将停止执行。

又如，ConfL 指令

ConfL\Off;

MoveJ *,v1000,fine,tool1;

表示机器人移动到编程位置和方向，但将采用最近的可能轴配置，这可能和程序中的轴配置不同。

（四）相关注意事项

码垛机器人码垛作业需要机器人本体、控制系统、示教器、码放平台和传送单元，以及真空吸盘或气动抓手等抓取工具。在进行软件配置时，应注意以下事项。

（1）一般以码放平台的角点或中心点作为原点，创建工件坐标系，以平台码放方向作为坐标系的方向。

（2）为了减小码垛机器人手臂振动对抓取物件精确度的影响，应尽可能减小夹具靠近工件的速度，并在预设的路径中多示教几个参考点，从而加强路径的可控性。

（3）若采用气动抓手抓取工件，为了确保码垛机器人运动和抓取工件的稳定性和安全性，应尽量避免码垛机器人发生倾斜运动；在抓取工件时，应使机械手垂直升降，此时可使用 Offs 指令来实现 TCP 在垂直方向上的位移。

（4）当码垛机器人离开工作区时，适当加快机器人的运动速度，可减少无效工作时间，提高运行效率。

  素质课堂

知之非难，行之不易

在劳动力成本不断上升的背景下，中国制造业，特别是在超重包装成品的搬运工段，自动化趋势越来越明显。因此，众多原本依赖人工的制造企业纷纷引入机器人来代替传统劳动力。

搬运码垛作业一般被认为是工业机器人在各种应用中相对简单的操作，但实际上并非如此。正所谓"知之非难，行之不易"，将简单的应用做到卓越，不仅需要有深厚的技术底蕴、精准的

系统控制和精益求精的工匠精神,还需要经过多轮的"研发生产→现场应用→总结改进",以及多个项目的实践检验。

即便如此,通过对搬运码垛机器人的创新型应用,我国拥有在智慧物流领域全球领先的科技水平。以山东省青岛市即墨通济新经济区大件物流智能无人仓为例,该无人仓应用全景智能扫描站、关节机器人、吸盘龙门搬运机器人等多项定制智能设备,采用 5G 和视觉识别、智能控制算法等人工智能技术,可实现冰箱、空调等大件商品 24 h 不间断搬运作业。

不断增强的科技实力,推动着我们国家实现中华民族伟大复兴的滚滚大势进入不可逆转的历史进程。

技能实训——IRB 4600 码垛机器人应用系统集成

一、码垛机器人应用系统的设计背景

(1)码垛工件情况:根据作业要求,通过输送线将工件运送至固定位置,由码垛机器人进行抓取并完成在物料盘上的码垛作业。该工件的质量为 50 kg,外形为规则的长方体,长宽高分别为 600 mm、400 mm、250 mm。

(2)作业环境条件:环境温度为 5~45℃,电源为 380 V/50 Hz。

(3)末端执行器的选择:码垛机器人应用系统要根据工件的质量、抓取位置及表面平整度来设计末端执行器的结构。由于工件表面平整且无定位孔,无法通过机械结构式的末端执行器来完成抓取,只能选用吸附式的末端执行器,所以本系统中采用水平式真空吸盘作为末端执行器。

二、码垛机器人应用系统的设备详情

码垛机器人应用系统的设备详情如表 3-30 所示。

表 3-30 码垛机器人应用系统的设备详情

名 称	内容描述	数量	备 注
工业机器人	ABB IRB 4600-60/2.05	1 套	瑞士 ABB 产品
机器人控制器	IRC5	1 套	瑞士 ABB 产品
末端执行器	由 12 个小吸盘组成	1 套	自选
PLC	西门子 1500	1 套	德国产品
空压机	静音无油活塞式空压机 RS120	1 个	中国产品
皮带输送线	由伺服电机驱动	1 套	自选
机器人底座	用于机器人的安装	1 套	自选
物料平台	码放工件	1 个	自选
安全围栏	保证人员安全	1 套	自选

下面主要介绍工业机器人的型号与参数、末端执行器的结构和空压机型号与参数。

(一) 工业机器人的型号与参数

码垛机器人应用系统所用工业机器人的型号为 ABB IRB 4600-60/2.05，具体参数如表 3-31 所示。

表 3-31　ABB IRB 4600-60/2.05 机器人的具体参数

品牌型号	ABB IRB 4600-60/2.05	
工作范围	2 050 mm	
有效负载	60 kg	
手臂负载	20 kg	
重复定位精度	0.06 mm	
安装方式	落地、倾斜或倒置	
底座尺寸	512 mm × 676 mm	
机器人高度	1 727 mm	
机器人重量	435 kg	
轴运动范围	轴 1 旋转	−180° ～ 180°
	轴 2 手臂	−90° ～ 150°
	轴 3 手臂	−180° ～ 75°
	轴 4 手腕	−400° ～ 400°
	轴 5 弯曲	−125° ～ 120°
	轴 6 翻转	−400° ～ 400°
轴最大速度	轴 1 旋转	175°/s
	轴 2 手臂	175°/s
	轴 3 手臂	175°/s
	轴 4 手腕	250°/s
	轴 5 弯曲	250°/s
	轴 6 翻转	360°/s

(二) 末端执行器的结构

本系统中所要抓取工件的质量为 50 kg，即吸盘至少需要提供 490 N 的吸力，若选用半径为 15 cm 的吸盘，则可根据吸盘吸力和吸盘大小计算出所需吸盘的个数。吸盘吸力的计算公式为

$$W = \frac{P \times C}{101} \times 10.13$$

式中，W——吸盘吸力，单位为 N；

　　　P——真空度，单位为 kPa，真空泵的最大真空度取 1 个标准大气压的 60%；

　　　C——吸盘面积，单位为 cm²。

设需要吸盘的个数为 n，则

$$490 = \frac{0.6 \times \pi \times 15^2 n}{101} \times 10.13$$

$$n \approx 12$$

即本应用系统需要 12 个半径为 15 cm 的吸盘。

（三）空压机的型号与参数

码垛机器人应用系统所用的空压机为睿者静音无油活塞式空压机，型号为 RS120，具体参数如表 3-32 所示。

表 3-32 空压机的具体参数

名　称	具体参数	名　称	具体参数
机器型号	RS120	额定功率	1.2 kW
容　量	140 L/min	电源电压/频率	220 V/50 Hz
额定排气压力	0.8 MPa	噪　声	56 dB
主轴转速	1 000 r/min	外形尺寸	700 mm × 330 mm × 770 mm
储气罐容积	40 L	质量	36 kg

三、码垛机器人应用系统的连接布局

码垛机器人应用系统的连接布局如图 3-56 所示。

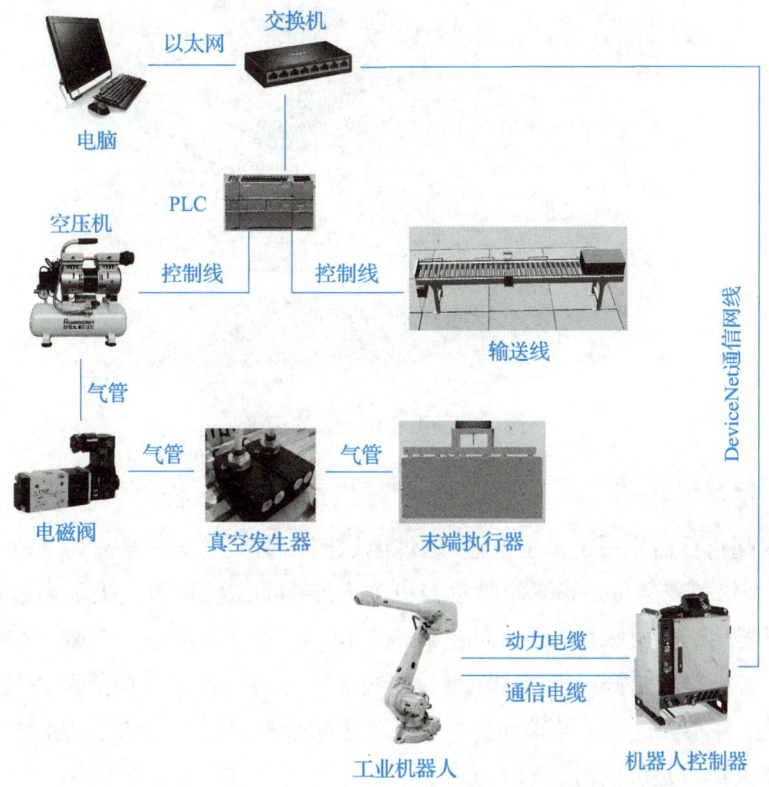

图 3-56 码垛机器人应用系统的连接布局

在机器人仿真模拟软件的模型中，码垛机器人应用系统主要由码垛机器人、示教器、控制器、物料盘、空压机、气动三联件、末端执行器、工件、输送线、安全防护栏等组成，其组成与布局如图 3-57 所示。

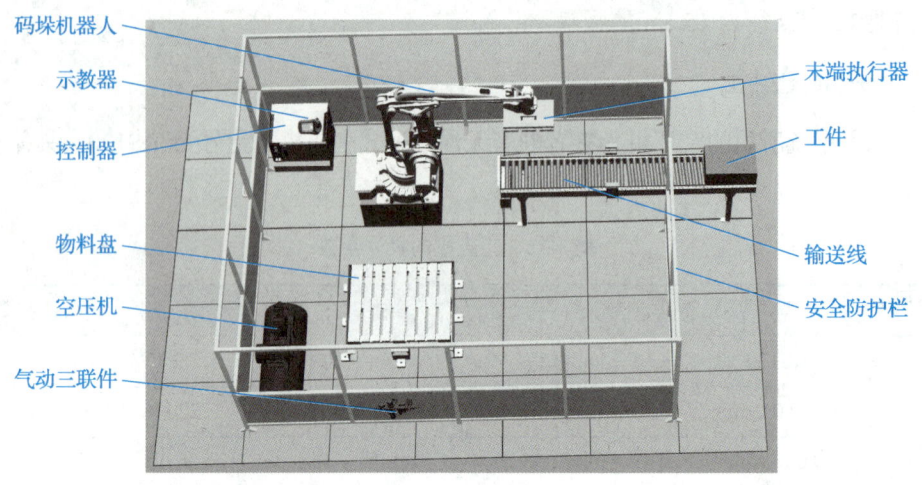

图 3-57 码垛机器人应用系统的组成与布局

（一）码垛机器人的连接

工业机器人的硬件由示教器、控制器、操作机组成，如图 3-58 所示。机器人本体与示教器和控制器之间通过动力电缆和通信电缆建立连接。

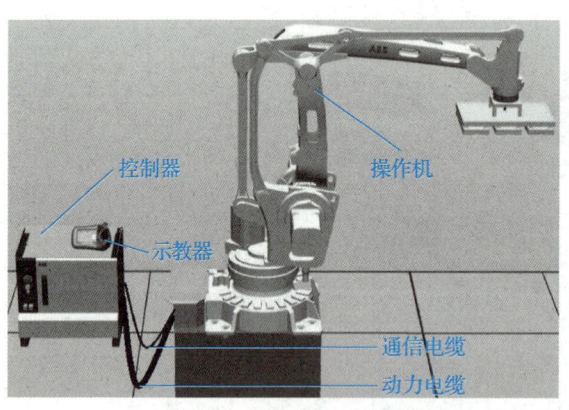

图 3-58 工业机器人的连接

（二）末端执行器的连接

码垛机器人的末端执行器采用了真空吸盘，通过电磁阀控制真空发生器抽真空，抓取表面平整的工件。

如图 3-59 所示，法兰安装位是指真空吸盘与机器人连接的法兰位置，吸盘通过对工件上表面的吸附进行抓取；线性传感器用于检测吸盘与工件间的距离，使得抓取工具有较高的安全性。例如，当系统突然断电或紧急停止时，若机器人恰好已抓取住工件，则线性传感器可以保证真空吸盘保持抓取动作，即具有断电保持功能，确保工件不会因发生坠落而损坏，直至压缩空气消耗到无法触动系统中的真空发生器抽真空，这也保证了操作人员有足够的时间取下工件。

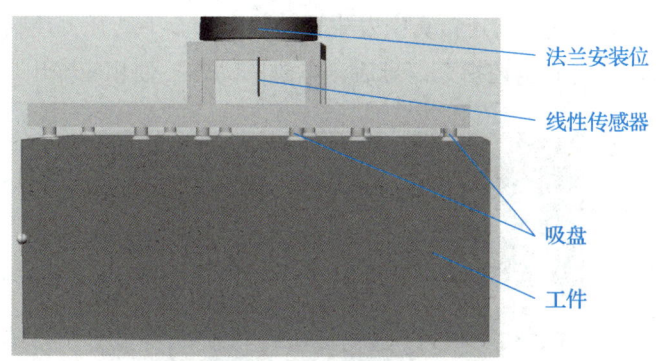

图 3-59 码垛机器人的真空吸盘

（三）空压机的连接

空压机在码垛机器人应用系统中提供设备运行所需的压缩气体，如图 3-60 所示。其中，压力表显示空压机的实际输出压力值，空压机通过气管与气动三联件连接。

图 3-60 空压机

（四）气动三联件的连接

如图 3-61 所示，气动三联件由过滤器、减压阀、油雾器组合而成，其作用是先将压缩空气中的水和固体颗粒分离，实现空气净化，然后将压缩空气的压力调整到设备所需的压力，再通过油雾器对机体运动部件进行润滑，延长机体的使用寿命。气动三联件的输入口连接空压机的输出口，输出口连接阀岛的输入口。

图 3-61 气动三联件

（五）阀岛的连接

阀岛是多个电磁阀的组合体，其输入口为同一进气源，输出口相互独立，如图 3-62 所示。阀岛的输入口连接气动三联件的输出口，输出口连接真空发生器的输入口，手动开关控制输出口的气体流出。每个电磁阀通常都为常闭状态，当得到电控指令信号后，电磁阀动作，使相应输出口有气体输出。

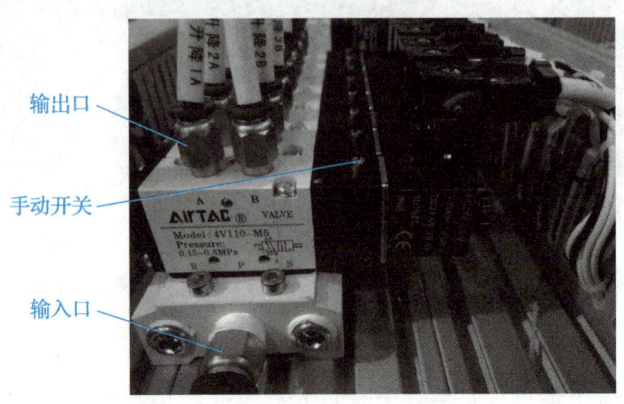

图 3-62 阀岛

四、码垛机器人应用系统的程序调试与运行

（一）码垛机器人应用系统的程序调试

在码垛机器人应用系统中合理布置输送线和物料盘，将工件从上料位置通过输送线运送到机器人抓取位置，码垛机器人抓取工件运送到物料盘的位置1、位置2、位置3、位置4，然后往复循环此动作进行码垛作业，如图 3-63 所示。

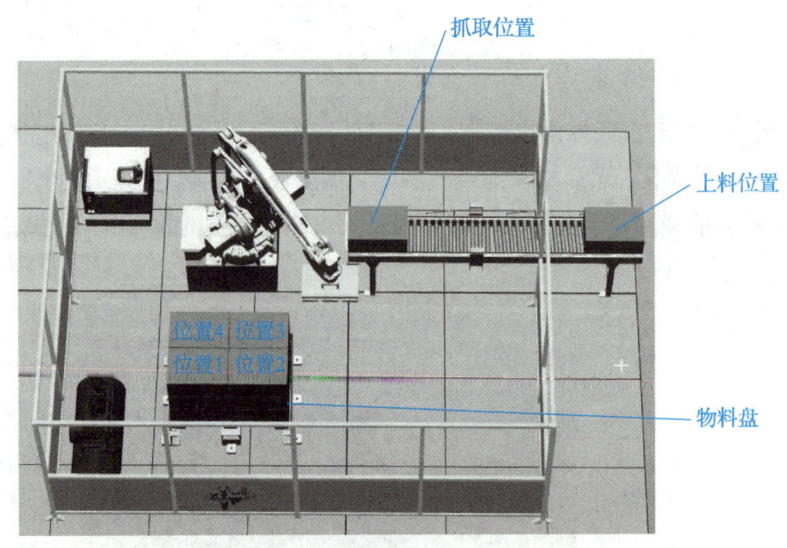

图 3-63 工位示意图

码垛机器人应用系统的程序文件

在 RobotStudio 软件中启动码垛机器人应用系统的程序进行调试，其步骤如下。

（1）在 RobotStudio 软件中打开码垛机器人应用系统的程序文件。

（2）选择相应文件后，RobotStudio 系统处于启动状态，如图 3-64 所示。在该页面的右下角，当控制器状态为红色时表示系统正在启动，为绿色时表示系统完成启动。

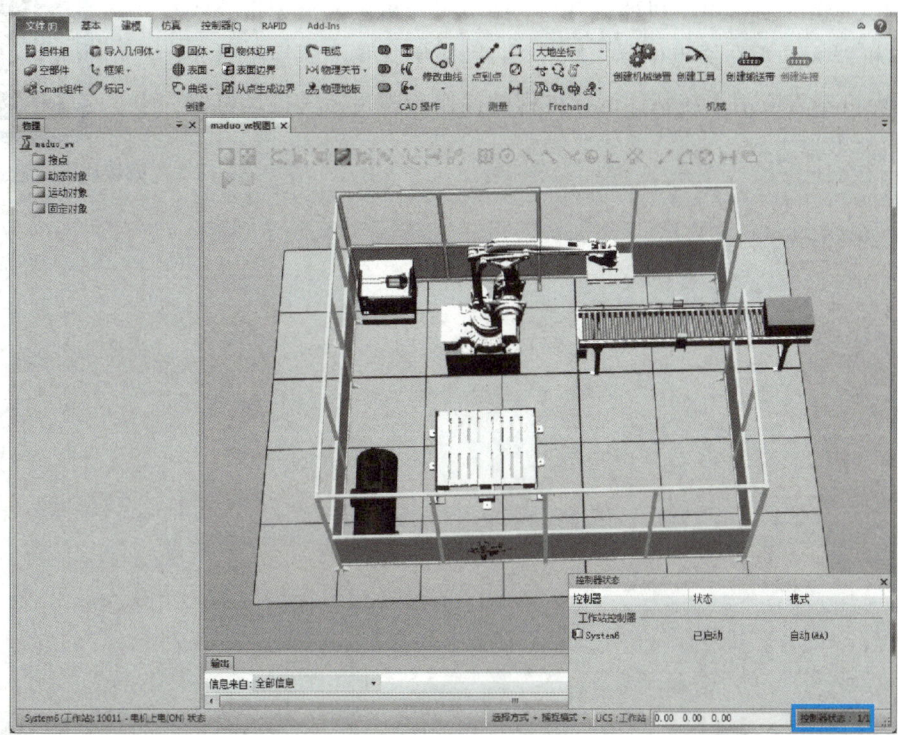

图 3-64　控制器状态显示

（3）在工具栏中选择仿真，然后再选择"播放"按钮，如图 3-65 所示。

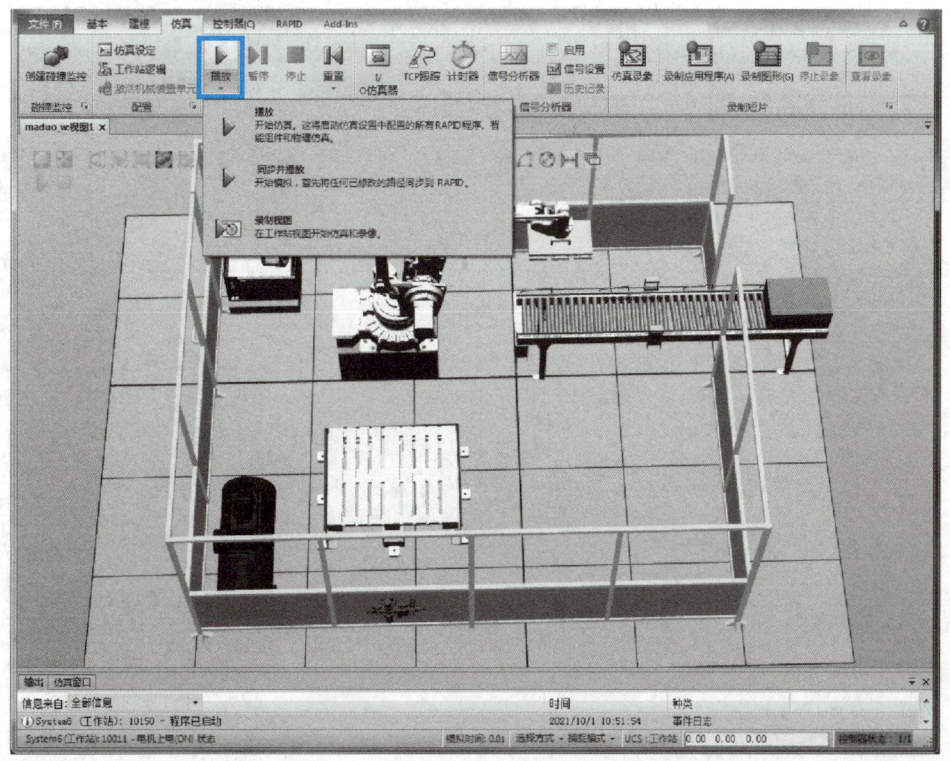

图 3-65　仿真播放

（二）码垛机器人应用系统的整体运行

将码垛机器人应用系统上电，机器人开启，调节码垛机器人至无报警状态，并确认码垛机器人是否在原点位置，若不在，则应手动移动码垛机器人到原点位置。码垛机器人应用系统整体运行过程的操作步骤可参考搬运机器人应用系统的相关步骤进行。

码垛机器人应用系统模拟运行

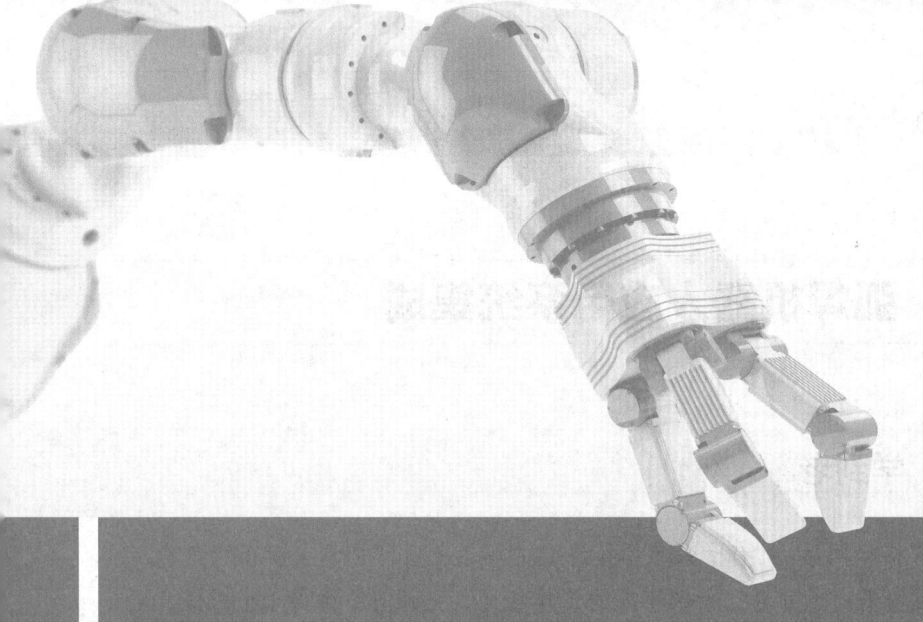

项目四
焊接机器人应用系统集成

项目导读

焊接机器人是应用最广泛的一类工业机器人,在工业机器人应用中占比为 40%~60%。采用机器人进行焊接是焊接自动化的革命性进步,它突破了传统焊接的刚性自动化,开拓了一种柔性自动化的焊接方式。焊接机器人主要分为弧焊机器人和点焊机器人两大类。本项目从任务分析、硬件选型和软件配置三个方面分别认识弧焊与点焊机器人应用系统的集成。

素质目标

- ◆ 养成脚踏实地、求真务实、团结协作、终身学习的职业素养。
- ◆ 弘扬执着专注、科学严谨、精益求精、勇于创新的工匠精神。

学习目标

- ◆ 理解弧焊机器人应用系统的任务分析。
- ◆ 掌握弧焊机器人应用系统的硬件选型与软件配置。
- ◆ 认识实际案例中弧焊机器人应用系统的安装、调试与运行。
- ◆ 理解点焊机器人应用系统的任务分析。
- ◆ 掌握点焊机器人应用系统的硬件选型与软件配置。
- ◆ 认识实际案例中点焊机器人应用系统的安装、调试与运行。

任务一　弧焊机器人应用系统集成

任务引入——活到老，学到老

在某机械加工厂新建了自动化焊接车间后，拥有十余年焊接经验的焊工王师傅被调去新车间负责工艺检测。面对正在进行调试的焊接机器人，想到自己十余年来的工作经历，王师傅不由得心生感慨。王师傅不仅工作经验丰富，而且十分热爱自己的工作，乐于学习新知识、新技能。他先了解了车间中的弧焊机器人，又详细查看了周边设备，心里琢磨着这些新设备的焊接工艺与传统焊接工艺的差别。看到小张正在对弧焊机器人应用系统进行调试，他又让小张向他介绍各硬件设备选型的依据、软件配置中的关键参数及控制计算机中相关的程序设计等。王师傅一边感叹于科学技术的快速发展给工业生产带来的巨大变化，一边暗自决定要将"活到老，学到老"的精神坚持和贯彻下去。

本任务首先介绍弧焊机器人应用系统的任务分析，然后在此基础上分析弧焊机器人应用系统的硬件选型与软件配置方法。本任务的知识与技能要求如表4-1所示。

表4-1　知识与技能要求

任务内容	弧焊机器人应用系统集成	学习程度		
		识记	理解	应用
学习任务	弧焊机器人应用系统的任务分析		●	
	弧焊机器人应用系统的硬件选型			●
	弧焊机器人应用系统的软件配置			●
实训任务	弧焊机器人应用系统的集成			●
自我勉励				

班级_____ 姓名_____ 学号_____

任务工单

1. 任务描述

根据弧焊机器人应用系统的设计背景与要求，结合实际情况，为弧焊机器人应用系统选择合适的硬件设备，然后对设备进行连接布局，并在完成软件配置后，进行弧焊机器人应用系统的调试与运行。将任务内容、任务目的、弧焊机器人类型、弧焊电源类型及焊枪类型填入表4-2中。

表4-2 任务描述

任务内容	
任务目的	
弧焊机器人类型	
弧焊电源类型	
焊枪类型	

2. 小组分工

以3~5人为一组，选出组长并进行任务分工，将小组成员及分工情况填入表4-3中。

表4-3 小组成员及分工情况

班级		组号		指导教师	
小组成员	姓名	学号	任务分工		
组长					
组员					

3. 获取信息

在进行具体工作前，需要掌握弧焊机器人应用系统硬件选型和软件配置的相关知识。请各组组长组织组员收集相关资料，回答下列问题。

引导问题1：常见的弧焊工艺有_____、_____、埋弧焊等。

引导问题2：焊枪将焊接电源的_____产生的热量聚集在焊枪终端，使焊丝融化，融化的焊丝渗透到_____，待冷却后与被焊接物体牢固地连成一体。

引导问题3：弧焊机器人的送丝机构主要由_____和_____组成。

引导问题4：_____是用来拖动待焊工件，使焊缝运动至理想位置进行施焊作业的设备。

引导问题5：ABB焊接机器人编程使用的弧焊指令有_____和_____。

班级_____ 姓名_____ 学号_____

引导问题6：选择弧焊机器人时需要考虑哪些技术指标？

引导问题7：选择焊枪时应考虑哪些方面？

4．制订计划

（1）制订工作计划，并将其填入表4-4中。

表4-4 工作计划

步骤	工作内容	负责人

班级_____   姓名_____   学号_____

（2）将实施过程中所需工具、耗材等的清单填入表 4-5 中。

表 4-5　实施过程中所需工具、耗材等的清单

序号	名称	型号与规格	单位	数量	备注

5．进行决策

（1）每人阐述工作计划。

（2）组员之间进行提问与答疑，选出最佳计划。

（3）教师对各组的工作计划进行点评。

6．任务实施

按照本组确定的最佳计划进行弧焊机器人应用系统集成的各项任务，然后根据实际操作过程，将实施步骤、实施内容及实施过程中遇到的问题和解决办法记录在表 4-6 中。

表 4-6　任务实施过程记录表

序号	实施步骤	实施内容	遇到的问题和解决办法

班级_____   姓名_____   学号_____

表 4-6（续）

序号	实施步骤	实施内容	遇到的问题和解决办法

7. 考核评价

各组代表讲述与展示任务实施成果，并配合指导教师完成如表 4-7 所示的考核评价表。

表 4-7　考核评价表

项目名称	评价内容	分值	评价分数		
			自评	互评	师评
职业素养考核项目 40%	无迟到、无早退、无旷课	6 分			
	仪容仪表符合规范要求	6 分			
	具备良好的安全意识与责任意识	10 分			
	具备良好的团队合作与交流能力	6 分			
	具备较强的纪律执行能力	6 分			
	保持良好的作业现场卫生	6 分			
专业能力考核项目 60%	积极参加教学活动，按时完成任务工单	12 分			
	操作规范，符合作业规程	18 分			
	操作熟练，工作效率高	12 分			
	任务完成情况良好	18 分			
合计		100 分			
总评	自评（20%）+互评（20%）+师评（60%）=_____	综合等级：_____	教师（签名）：_____		

项目四 焊接机器人应用系统集成

知识准备

一、弧焊机器人应用系统的任务分析

弧焊机器人应用系统的主要工作是根据焊接对象的性质及焊接工艺的要求,利用弧焊机器人完成电弧焊接过程。弧焊机器人应用系统的应用范围很广,在汽车制造、通用机械、金属结构等许多加工制造行业中都有广泛的应用。常见的弧焊工艺有熔化极活性气体保护焊(MAG 焊)、熔化极惰性气体保护焊(MIG 焊)、埋弧焊等。

弧焊机器人应用系统进行焊接的材料形状如图 4-1 所示。以 MAG 焊为例,其具体焊接工艺要求如表 4-8 所示。

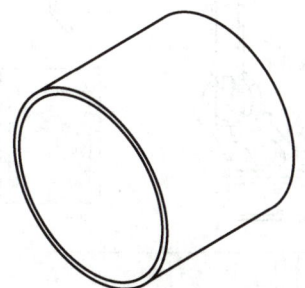 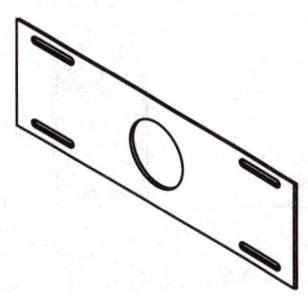

图 4-1 焊接材料形状

表 4-8 焊接工艺要求

	焊接方法	焊材/规格	电源极性	焊接电流/A	焊接电压/V	焊接速度/(cm/min)	导电嘴与母材间距/mm	气体流量/(L/min)
焊接工艺参数	MAG	ER50-6/ ϕ1.2	直流正接	110～150	22～26	35～45	13～16	13～15
焊接技术要求	(1) 焊前准备:将坡口及其边缘 20 mm 内的油污、锈垢、氧化皮等清除,直至呈现金属光泽 (2) 焊缝表面无裂纹、无气孔、无咬边等缺陷 (3) 焊缝余高不大于 1.5 mm							

小贴士

与人工焊接相比,采用焊接机器人进行焊接作业主要具有以下优点。

(1) 易于提高焊接产品质量,确保产品质量的稳定性与均一性。

(2) 可提高生产效率,实现一天 24 h 连续生产。

(3) 焊接机器人可在有害环境下长期工作,改善工人的劳动条件。

(4) 降低了对工人操作技术水平的要求。

(5) 缩短了产品改型换代的准备周期,减少了相应的设备投资。

(6) 可实现批量产品焊接的自动化。

(7) 为焊接柔性生产线提供技术基础。

二、弧焊机器人应用系统的硬件选型

弧焊机器人应用系统的形式多种多样，但一个完整的弧焊机器人应用系统通常包含弧焊机器人、弧焊电源、焊枪、送丝机构、外围设备（如焊接变位机）等基本结构，如图4-2所示。

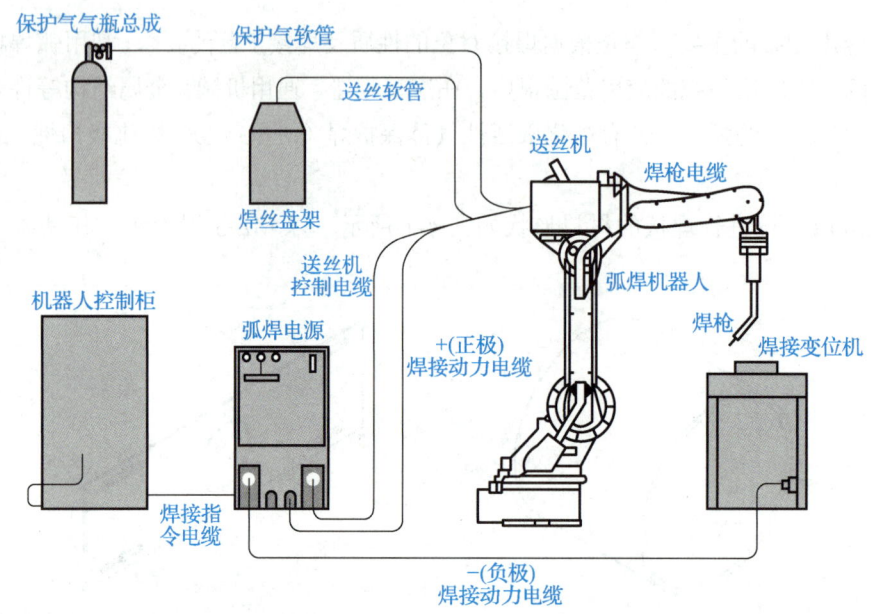

图4-2　弧焊机器人应用系统的组成

（一）弧焊机器人

选择弧焊机器人时，首先应根据焊接工件的形状和大小来确定弧焊机器人的工作范围，通常以保证能焊到工件上的所有焊点为准；其次要综合考虑效率和成本，依此来确定弧焊机器人的轴数、速度及负载能力。

弧焊机器人作业现场

在其他条件相同的情况下，应优先选择已内置弧焊程序的工业机器人，方便程序的编写和调试。在电缆安装方面，应优先选择能在上臂内置焊枪电缆、能在底部内置焊接地线电缆和保护气软管的机器人，以防止电缆因外露而损坏，延长电缆的使用寿命。

选择弧焊机器人时，还应考虑弧焊相关技术指标。

（1）适宜的焊接方法。弧焊机器人一般只采用熔化极气体保护焊，该方法不需要采用高频引弧起焊，能够适应机器人控制系统和驱动系统没有特殊抗干扰能力的实际情况。

（2）摆动功能。作为弧焊机器人的一项重要工艺性能，摆动功能的最佳选择是能在空间（x, y, z）范围内任意设定摆动方式和参数。

（3）焊接工艺故障自检和自处理功能。对于常见的焊接工艺故障，如黏丝、断丝等，若不及时处理，则会发生损坏机器人、报废工件等生产事故。因此，弧焊机器人必须具有检出这类故障、实时自动急停并报警的功能。

（4）引弧和收弧参数的设定和修改功能。焊接时引弧、收弧处特别容易产生气孔、裂纹等缺陷。为确保焊接质量，在弧焊机器人工作过程中，通过示教应能设定和修改引弧和收弧参数。这是弧焊机器人必不可少的功能。

（5）焊接尖端点的示教功能。在焊接示教时，应先示教焊缝上某一点的位置，然后调整焊枪和焊钳姿态。当调整姿态时，弧焊机器人应能确保原示教点的位置完全不变。

（二）弧焊电源

弧焊电源是用来对焊接电弧提供电能的一种专用设备。由于弧焊电源的负载是电弧，因此它必须具有弧焊工艺所要求的电气性能，如合适的空载电压、一定形状的外特性、良好的动态特性、灵活的调节特性等。

常用弧焊电源的特点及其适用范围如表 4-9 所示。

表 4-9　常用弧焊电源的特点及其适用范围

弧焊电源的类型	特　点	适用范围
弧焊变压器式交流弧焊电源	将网路电压转变成适用于弧焊的低压交流电，具有结构简单、易造易修、耐用、成本低、磁偏吹影响小、空载损耗小、噪声小等特点，但其电流波形为正弦波，电弧稳定性较差，功率因数低	酸性焊条电弧焊、埋弧焊和惰性气体钨极保护焊（TIG 焊）
矩形波式交流弧焊电源	将网路电压进行降压，然后运用半导体控制技术将其转变成矩形波的交流电，具有电流过零点极快、电弧稳定性好、可调节参数多、功率因数高等特点，但设备较复杂，成本较高	碱性焊条电弧焊、埋弧焊和 TIG 焊
直流弧焊发电机式直流弧焊电源	通过柴（汽）油发动机驱动获得直流电，输出电流脉动小，过载能力强，但空载损耗大，效率低，噪声大	适用于各种弧焊
整流器式直流弧焊电源	将网路电压进行降压、整流以获得直流电，与直流弧焊发电机式直流弧焊电源相比，具有制造方便、节省材料、空载损耗小、节能、噪声小等特点，电控弧焊整流器的控制与调节灵活方便，适应性强，具有良好的技术性和经济性	适用于各种弧焊
脉冲型弧焊电源	输出幅值大小周期变化的电流，效率高，可调参数多，调节范围宽而均匀，热输入量可精确控制，但设备较复杂，成本高	TIG 焊、MIG 焊、MAG 焊和等离子弧焊

（三）焊枪

焊枪将弧焊电源的高电流产生的热量聚集在焊枪终端，使焊丝融化，融化的焊丝渗透到焊接部位，待冷却后与被焊接物体牢固地连成一体。

1. 焊枪的类型

焊枪的种类很多，应根据具体的焊接工艺选择相应的焊枪。

对于弧焊机器人应用系统而言，通常采用的是熔化极气体保护焊。熔化极气体保护焊用焊枪根据自动化水平不同，分为半自动型焊枪和自动型焊枪；根据适用情形不同，分为适用于大电流、高生产率的重型焊枪和适用于小电流、全位置焊的轻型焊枪；根据冷却方法不同，分为水冷型焊枪和气冷型焊枪；根据形状不同，分为鹅颈型焊枪和手枪型焊枪。如图 4-3 所示为 SRCT-308R 轻型气冷、鹅颈式半自动焊枪，该焊枪内置防撞传感器。

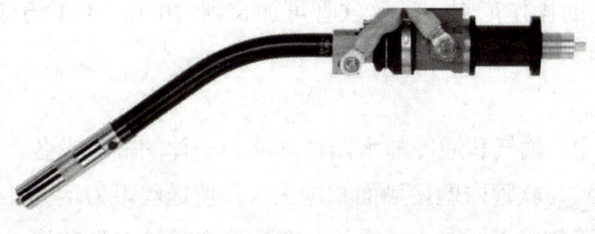

图 4-3　SRCT-308R 焊枪

2. 焊枪的选择

在选择焊枪时，应从以下几个方面进行考虑。

（1）应选择自动型焊枪，不要选择半自动型焊枪。因为半自动型焊枪仅用于人工焊接，不能用于机器人焊接。

（2）根据焊丝的粗细、焊接电流的大小及负载率等因素选择气冷型或水冷型焊枪。例如，使用细焊丝时，焊接电流较小，可选用气冷型焊枪；使用粗焊丝时，焊接电流较大，应选用水冷型焊枪。

（3）根据机器人的结构选择内置型或外置型焊枪。安装内置型焊枪时，要求机器人末端轴的法兰盘必须是中空的。例如，对于安川 MA1400 专用焊接机器人，其末端轴的法兰盘是中空的，应选择内置型焊枪；对于安川 MH6 通用型机器人，则应选择外置型焊枪。

（4）根据焊接电流、焊枪角度选择焊枪。大部分弧焊机器人的焊枪与鹅颈型半自动焊枪基本相同，鹅颈的弯曲角一般都小于 45°。根据工件特点选不同角度的鹅颈，可改善焊枪的可达性。若鹅颈角度过大，送丝阻力会增大，容易使送丝速度不稳定；若鹅颈角度过小，一旦导电嘴稍有磨损，便会出现导电不良的现象。

（5）从设备和人身安全方面考虑，应选择带防撞传感器的焊枪。当机器人运动时，如果焊枪碰到障碍物，防撞传感器能立即使机器人停止运动（相当于急停按钮），以避免损坏焊枪或机器人。

（四）送丝机构

弧焊机器人的送丝机构主要由送丝机和送丝软管组成。弧焊机器人的送丝稳定性关系到机器人能否连续稳定运行。

1. 送丝机

送丝机的作用是向焊枪自动输送焊丝，它主要由送丝电机、压紧机构、送丝滚轮（主动轮、从动轮）等构成。送丝机的分类及选型如下。

（1）根据送丝机在机器人上安装方式的不同，送丝机可分为一体式和分离式两种。目前，采用一体式送丝机的弧焊机器人越来越多，但对于要在焊接过程中自动更换焊枪或变换焊丝的机器人，必须选择分离式送丝机。

（2）根据送丝机结构中滚轮数的不同，送丝机分为一对滚轮式和两对滚轮式两种。从送丝力来看，两对滚轮的送丝力比一对滚轮的要大。当采用药芯焊丝时，由于药芯焊丝较软，滚轮的压紧力不能像使用实心焊丝时那么大，为了确保有足够的送丝力，应选用两对滚轮式送丝机。

（3）根据送丝速度控制方式的不同，送丝机分为开环式和闭环式两种。目前，大部分送丝机仍为开环式，但也有一些送丝机装有带光电传感器或编码器的伺服电机，从而使送丝速度实现闭环控制，不受网路电压或送丝阻力波动的影响，保证送丝速度的稳定性。

（4）根据送丝动力方向的不同，送丝机分为推丝式、拉丝式和推拉丝式三种。推丝式送丝机主要用于直径为 0.8～2.0 mm 的焊丝，其应用最广；拉丝式送丝机主要用于直径不大于 0.8 mm 的细焊丝；推拉丝式送丝机可增加焊枪的操作范围，送丝软管可加长到 10 m，但由于其结构复杂、调整麻烦且焊枪较重，在实际中的应用并不多。

2. 送丝软管

送丝软管是集送丝、导电、输气和通冷却水四种功能为一体的输送设备。软管内径要与焊丝直径配合恰当。若软管直径过小，焊丝与软管内壁接触面积增大，会使送丝阻力增大，此时如果软管内有杂质，容易造成焊丝在软管中卡死；若软管直径过大，焊丝会在软管内呈波浪形前进，在推丝式送丝过程中将增大送丝阻力。

目前,越来越多的系统集成商把安装在机器人上臂的送丝机设计为稍微向上翘的形式,有的还使送丝机能做左右小角度的自由摆动,其目的都是为了减少软管的弯曲,保证送丝速度的稳定性。

(五)常用的外围设备

1. 焊接变位机

焊接变位机是用来拖动待焊工件,使焊缝运动至理想位置进行施焊作业的设备,如图4-4所示。焊接变位机可将工件进行翻转变位,获得最佳的焊接位置,以提高生产效率、保证焊接质量、改善生产过程的安全性,是弧焊机器人作业过程中不可缺少的外围设备。如果采用伺服电动机驱动焊接变位机翻转,则焊接变位机可作为机器人的外部轴,与机器人实现联动,达到同步运行的目的。

图4-4 焊接变位机

2. 焊丝盘架

焊丝盘可安装在机器人S轴上,也可安装在地面的焊丝盘架上,如图4-5所示。焊丝盘上的焊丝从送丝软管中穿入,通过送丝机构送入焊枪。

(a)焊丝盘安装在机器人S轴上　　(b)焊丝盘安装在地面的焊丝盘架上

图4-5 焊丝盘的安装

3. 焊接供气系统

熔化极气体保护焊须有可靠的气体保护。焊接供气系统的作用就是保证纯度合格的保护气体在焊接过程中以适宜的流量平稳地从焊枪喷嘴喷出。目前国内保护气体的供应方式主要有钢瓶供气和管道供气两种,但以钢瓶供气为主。

钢瓶供气系统主要由钢瓶、减压器、PVC气路等构成。减压器通常安装在钢瓶出口处,由减压机构、加热器、压力表和流量计等部分组成。对于提供混合气体的供气系统，还应使用配比器，以稳定气体的配比，提高焊接质量。

4. 焊枪清理装置

弧焊机器人中的焊枪经过焊接作业后，内壁会积累大量的焊渣，影响后续焊接作业的质量，因此，需要使用焊枪清理装置定期清除焊渣。若焊丝过短或过长、焊丝端头成球状，也可通过焊枪清理装置进行处理。

焊枪清理装置主要包括剪丝装置、沾油装置、清渣装置及喷嘴外表面打磨装置，如图4-6所示。剪丝装置主要用于焊丝需要在起始点被检出的情况，以确保焊丝具有一定的伸出长度，提高检出精度；沾油装置主要是使喷嘴表面的飞溅物易于清理；清渣装置主要用于清除喷嘴内表面的飞溅物，以保证保护气体的畅通；喷嘴外表面打磨装置主要用于清除喷嘴外表面的飞溅物。

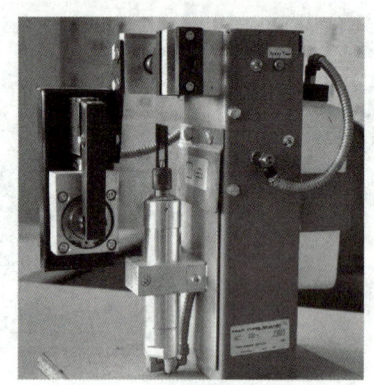

图4-6 焊枪清理装置

（六）常见弧焊机器人应用系统

1. 简易型弧焊机器人应用系统

在简易型弧焊机器人应用系统中，在不需要工件变位的情况下，机器人可以到达所有焊缝或焊点位置。因此该系统不设变位机，是一种能用于焊接生产的、最小组成的一套弧焊机器人应用系统。

简易型弧焊机器人应用系统一般由弧焊机器人、弧焊电源、焊枪、送丝机构、机器人底座、工作台、工件夹具、安全保护装置等组成，另外还可根据需要安装焊枪清理装置。在该应用系统中，工件是被夹紧固定而不作变位的，除夹具需要根据工件单独设计外，其他都是通用设备或简单结构件。由于该应用系统设备操作简单、容易掌握、故障率低，所以能较快地在生产中发挥作用，取得较好的经济效益。

2. 组合型弧焊机器人应用系统

在组合型弧焊机器人应用系统进行焊接作业时，工件需要变动位置，但不需要变位机与机器人协同运动，因此该应用系统比简易型弧焊机器人应用系统要复杂一些。根据工件结构和工艺要求的不同，该应用系统所配套的变位机与弧焊机器人也可以有不同的组合形式。在工业自动化生产领域，配备各式变位机的弧焊机器人应用系统应用范围最广，如配备回转工作台的弧焊机器人应用系统、配备旋转-倾斜式变位机的弧焊机器人应用系统、配备翻转式变位机的弧焊机器人应用系统等。

3. 协同作业型弧焊机器人应用系统

随着机器人控制技术的发展和弧焊机器人应用范围的扩大，机器人与周边辅助设备做协同运动的应用系统在生产中的应用越来越广泛。但由于各机器人生产厂商的机器人控制技术（特别是控制软件）多不对外公开，不同品牌机器人的协同控制技术各不相同。有的一台控制柜可以同时控制两台或多台机器人做协调运动，有的则需要两台或多台控制柜来控制；有的一台控制柜可以同时控制多个外部轴和机器人做协调运动，而有的一台控制柜则只能控制一个外部轴。目前国内外使用的具有联动功能的机器人应用系统大都是由机器人生产厂商自主全部成套生产。专业工程开发单位如要设计周边变位设备，必须选用机器人生产厂商提供的配套伺服电机及驱动系统。

三、弧焊机器人应用系统的软件配置

弧焊机器人应用系统若要实现焊接作业，需要依次完成配置 I/O 信号、设置焊接参数、创建相关程序数据、示教目标点、建立和调试 RAPID 程序等软件配置。

（一）工作过程分析

1. 系统启动

（1）将机器人控制柜的主电源开关合闸，等待机器人启动完毕。
（2）打开弧焊电源、供气系统气阀和焊枪清理装置电源。
（3）在"示教模式"下选择机器人焊接程序，然后将模式开关转至"远程模式"。
（4）若系统没有报警，则表明系统启动完毕。

2. 焊前准备

（1）锁定弧焊工艺。在空载或调试焊接程序时，需要禁止焊接启动功能或其他功能（如摆动启动功能、跟踪启动功能、适用焊接速度功能等）。
（2）手动送丝和退丝。在确定引弧位置时，常常要使焊丝有合适的伸出长度并与工件轻轻接触，故需要手动送丝；若焊丝长度超过要求，则需要手动退丝或手工剪断焊丝。一般来说，焊丝伸出焊枪的长度为焊丝直径的 1.5 倍，故手动送丝时，焊丝伸出长度为 10～15 mm。
（3）手动调节保护气体的流量。保护气体的流量对焊接质量有重要影响，焊接作业时的保护气体流量必须在焊前准备过程中手动调节好。
（4）选择要焊接的工件，将工件安装在焊接工作台上。

3. 开始生产

按下启动按钮，机器人开始按照预先编制的程序与设置的焊接参数进行焊接作业。当机器人焊接完毕回到作业原点后，需要手动或自动更换工件，以开始下一个循环。

（二）系统参数配置

不同的弧焊机器人应用系统，其参数的配置是有差异的，现以 ABB 弧焊机器人应用系统的信号参数配置为例进行介绍。

1. 标准 I/O 板及 I/O 信号的配置

ABB 标准 I/O 板挂在 DeviceNet 总线上面，弧焊机器人常用的标准 I/O 板型号有 DSQC651 和 DSQC652。以 DSQC651 型标准板为例，其参数配置如表 4-10 所示，工业机器人弧焊作业 I/O 信号的参数配置如表 4-11 所示。

表 4-10　标准 I/O 板的参数配置

Name	Type of Unit	Network	Address
Board10	D651	DeviceNet1	10
Board11	D651	DeviceNet1	11

表 4-11　工业机器人弧焊作业 I/O 信号的参数配置

Name	Type of signal	Assigned to Device	Device Mapping	信号说明
ao01_WeldREF	Analog Output	Board10	0~15	焊接电压控制
ao02_FeedREF	Analog Output	Board10	16~31	焊接电流控制
do01_WeldOn	Digital Output	Board10	32	焊接启动
do02_GasOn	Digital Output	Board10	33	打开保护气
do03_FeedOn	Digital Output	Board10	34	送丝启动
do04_CycleOn	Digital Output	Board10	35	机器人处于运行状态
do05_Error	Digital Output	Board10	36	机器人处于错误报警状态
do06_Estop	Digital Output	Board10	37	机器人处于急停状态
do07_GunWash	Digital Output	Board10	38	清除焊渣
do08_GunSpary	Digital Output	Board10	39	喷雾
do09_FeedCut	Digital Output	Board11	32	剪切焊丝
di01_ArcEst	Digital Input	Board10	0	引弧检测
di02_GasOK	Digital Input	Board10	1	保护气检测
di03_FeedOK	Digital Input	Board10	2	送丝检测
di04_Start	Digital Input	Board10	3	程序启动
di05_Stop	Digital Input	Board10	4	程序停止
di06_WorkStation	Digital Input	Board10	5	变位机转到工位
di07_LoadingOK	Digital Input	Board10	6	工件装夹完成
di08_ResetError	Digital Input	Board10	7	错位报警复位
di09_StartAtMain	Digital Input	Board11	0	从主程序开始执行
di10_MotorOn	Digital Input	Board11	1	电动机上电

2. I/O 信号与弧焊软件的关联

将定义好的 I/O 信号与弧焊软件的相关端口进行关联，关联之后，弧焊系统会自动处理关联好的信号。在进行弧焊程序编写与调试时，就可以通过弧焊专用的 RAPID 指令简单高效地对机器人进行弧焊连续工艺的控制。一般来说，工业机器人弧焊作业需要关联的 I/O 信号如表 4-12 所示。

表 4-12　工业机器人弧焊作业需要关联的 I/O 信号

I/O Name	Parameters Type	Parameters Name	I/O 信号注释
ao01_WeldREF	Arc Equipment Analogue Output	Volt Reference	焊接电压控制模拟信号
ao02_FeedREF	Arc Equipment Analogue Output	Current Reference	焊接电流控制模拟信号
do01_WeldOn	Arc Equipment Digital Output	Weld On	焊接启动数字信号
do02_GasOn	Arc Equipment Digital Output	Gas On	打开保护气数字信号
do03_FeedOn	Arc Equipment Digital Output	Feed On	送丝信号
di01_ArcEst	Arc Equipment Digital Input	Arc Est	引弧检测信号
di02_GasOK	Arc Equipment Digital Input	Gas OK	保护气检测信号
di03_FeedOK	Arc Equipment Digital Input	Feed OK	送丝检测信号

（三）弧焊程序指令

在弧焊的连续工艺过程中，应根据材质或焊缝的特性来调整焊接电压或电流的大小，以及焊枪是否需要摆动、摆动的形式和幅度大小等参数。在弧焊机器人系统中，需要用程序数据来控制这些变化因素。ABB 焊接机器人编程使用的弧焊指令有 ArcL 和 ArcC，其功能相当于运动指令 MoveL 和 MoveC。弧焊指令 ArcL 和 ArcC 可实现焊枪的线性或圆弧运动以及定位。弧焊指令中还包含了 Seamdata、Welddata 和 Weavedata 三组弧焊数据。

1. ArcL 指令

ArcL 指令为线性焊接指令，功能类似于 MoveL 指令，其主要包含以下三个选项。

（1）ArcLStart：线性焊接开始指令，表示工具中心点线性运动至目标点并开始焊接作业。该指令用于直线焊缝的焊接开始时刻。

（2）ArcLEnd：线性焊接结束指令，表示工具中心点线性运动至目标点并停止焊接作业。该指令用于直线焊缝的焊接结束时刻。

（3）ArcL：线性焊接指令，表示工具中心点从当前位置到目标点做线性焊接作业。该指令用于直线焊缝的焊接过程中。

2. ArcC 指令

ArcC 指令为圆弧焊接指令，功能类似于 MoveC，其主要包含以下三个选项。

（1）ArcCStart：圆弧焊接开始指令，表示工具中心点圆弧运动至目标点并开始焊接作业。该指令用于圆弧焊缝的焊接开始时刻。

（2）ArcCEnd：圆弧焊接结束指令，表示工具中心点圆弧运动至目标点并停止焊接作业。该指令用于圆弧焊缝的焊接结束时刻。

（3）ArcC：圆弧焊接指令，表示工具中心点从当前位置到目标点做圆弧焊接作业。该指令用于圆弧焊缝的焊接过程中。

> **知识角**
>
> 任何焊接程序都必须以 ArcLStart 指令或 ArcCStart 指令开始，通常采用 ArcLStart 指令作为焊接程序的起始语句。任何焊接程序都必须以 ArcLEnd 指令或 ArcCEnd 指令结束，而焊接中间点则用 ArcL 或 ArcC 指令。焊接过程中，不同的焊接指令可以使用不同的焊接参数。

3. Seamdata

Seamdata 用于定义引弧和收弧时的焊接参数，各参数的含义如表 4-13 所示。

表 4-13 Seamdata 各参数的含义

焊接参数	参数含义
Purge_time	保护气管路的预充气时间，单位为 s
Preflow_time	保护气的预吹气时间，单位为 s
Postflow_time	收弧后保护气体的吹气时间（为防止焊缝氧化），单位为 s

4. Welddata

Welddata 用于定义焊缝的焊接参数，各参数的含义如表 4-14 所示。

表 4-14　Welddata 各参数的含义

焊接参数	参数含义
Weld_speed	焊缝的焊接速度，单位为 mm/s
Weld_voltage	焊缝的焊接电压，单位为 V
Weld_wirefeed	焊接时送丝系统的送丝速度，单位为 m/min

5．Weavedata

weavedata 用于定义焊缝的摆动参数，各参数的含义如表 4-15 所示。

表 4-15　Weavedata 各参数的含义

摆动参数		参数含义
Weave_shape（焊枪摆动类型）	0	无摆动
	1	平面锯齿形摆动
	2	空间 V 字形摆动
	3	空间三角形摆动
Weave_type（机器人摆动方式）	0	机器人所有的轴均参与摆动
	1	仅手腕参与摆动
Weave_length		摆动一个周期的长度
Weave_width		摆动一个周期的宽度
Weave_height		空间摆动一个周期的高度

6．典型语句的示例

例如，焊接指令：

ArcLStart p10,v200,seam1,weld1,fine,tool0;

表示工具 tool0 的中心点，以 200 mm/s 的速度线性运动至 p10 点起焊，运动速度数据 v200 在焊接过程中将被数据 weld1 中的参数 weld_speed 取代，数据 seam1 中则定义了引弧和收弧时的焊接参数。

素质课堂

焊接机器人"加盟"，助力"智造"升级

机械臂紧紧"握"住焊枪，依照电脑指令上下调节、左右移动，而底座部分则紧紧"咬"住导轨匀速前进，伴随着一串耀眼的火花，一条状如鱼鳞的焊缝逐渐形成，工件被严丝合缝地焊接在一起，生产效率提高了 1.73 倍，一次焊接合格率近 100%。这是太原重工股份有限公司（简称太原重工）焦化分公司"新员工"——焊接机器人工作时的画面。

2021 年 9 月 4 日，太原重工焦化分公司焊接机器人应用系统安装完成。该系统在离线编程的基础上，可实现一次装夹即可对箱型梁内部所有焊缝进行自动焊接，同时还可以实现焊缝的多层多道焊接程序自动生成、电弧跟踪自动修正间隙偏差参数、焊接过程中断续焊等功能。对于一些高精尖工件的焊接，拥有"智慧大脑"的焊接机器人有着无可比拟的优势，只要给焊接机器人设定好焊接参数和运动轨迹，轻轻按动启动按钮，它就会自动寻位、焊接、清理焊枪，并且精确

重复焊接动作,可替代 24 名高级焊工,焊接质量十分稳定。焊接机器人的"加盟",不仅提高了生产效率,还显著降低了职工的劳动强度和职业病危害风险。

车间里技术高超的焊接师傅,看着这个"抢饭碗"的新家伙,不仅毫不反感,反而很是激动,感叹道:"再也不用佩戴着厚重的防护用品,猫着腰窝在箱型梁里,忍受着火星烟雾,一干就是好几个小时了!党和国家支持科技发展,切实为我们一线焊接工人谋得了福利!"

(资料来源:https://baijiahao.baidu.com/s?id=1710013612978161657&wfr=spider&for=pc,有改动)

技能实训——IRB 1410 弧焊机器人应用系统集成

一、弧焊机器人应用系统的设计背景

(1)焊接工件情况:焊接工件的材料为普通碳钢,板厚 10 mm,焊接工件的形状和焊接部位如图 4-7 所示。

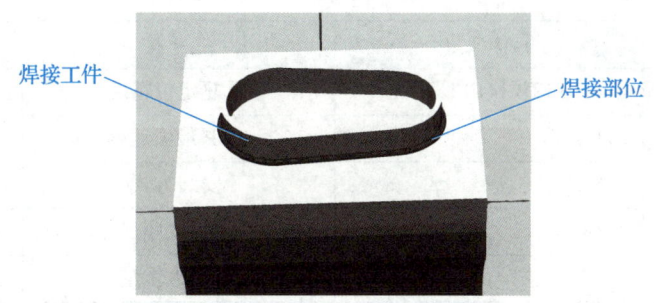

图 4-7 焊接工件的形状和焊接部位

(2)生产节拍要求:弧焊机器人应用系统应能在 40.5 s 内完成一个工件的焊接作业。

(3)作业环境条件:环境温度为 5~45℃,电源电压为 220 V,作业场地长宽高分别为 3 200 mm、3 300 mm、2 200 mm。

二、弧焊机器人应用系统的设备详情

弧焊机器人应用系统的设备清单如表 4-16 所示。

表 4-16 弧焊机器人应用系统的设备清单

设备名称	设备描述	数 量	备 注
工业机器人	ABB IRB 1410	1 套	瑞士 ABB 产品
机器人控制器	IRC5	1 套	瑞士 ABB 产品
焊枪	SRCT-308R	1 套	日本东金产品
PLC	西门子 S7-1200	1 套	德国产品
焊接电源	福尼斯 TPS5000	1 个	奥地利产品
焊枪清理装置	喷油、剪丝、清理	1 套	自选

表 4-16（续）

设备名称	设备描述	数 量	备 注
机器人底座	用于安装机器人	1 套	自选
送丝机	YW-35DG 高精度数字送丝机	1 个	日本松下产品
焊接保护气	80%Ar+20%CO_2	1 套	中国产品
安全围栏	保证工作人员的安全	1 套	自选
工件维修台	用于损坏工件的维修	1 台	自选
设备总控台	控制设备的启停等	1 套	自选

下面主要介绍工业机器人的型号与参数、焊接电源的型号与特点、焊枪的型号与结构、送丝机的型号与结构和焊枪清理装置的结构。

（一）工业机器人的型号与参数

该弧焊机器人应用系统所用工业机器人的型号为 ABB IRB 1410，该工业机器人具有工作范围大、工作周期短、运行可靠、能大幅提高生产效率等优点，其具体参数如表 4-17 所示。

表 4-17　ABB IRB 1410 机器人的具体参数

名　称	具体参数	名　称	具体参数
品牌型号	ABB IRB 1410	重复定位精度	0.05 mm
第 5 轴到达距离	1.44 m	TCP 最大速度	2.10 m/s
承重能力	5 kg	安装方式	落地式
第 3 轴附加载荷	18 kg	机器人底座尺寸	620 mm×450 mm
第 5 轴附加载荷	19 kg	机器人重量	225 kg

（二）焊接电源的型号与特点

该弧焊机器人应用系统所用焊接电源的型号为福尼斯 TPS5000，如图 4-8 所示。该焊接电源为全数字化微处理器监控的逆变电源，通讯方式为 PROFINET，在 MIG/MAG 脉冲电弧焊中的焊接电流范围是 3～500 A，能够满足多种多样的焊接任务。该焊接电源具有体积小巧、操作简单、使用方便、速度较快、焊缝结实等优点，可以瞬间将同种金属材料永久连接，焊缝经热处理后，与母材强度相同，且密封性好。该焊接电源还可用于压力容器的焊接作业。

图 4-8　福尼斯 TPS5000 焊接电源

（三）焊枪的型号与结构

该弧焊机器人应用系统所用焊枪的型号为 SRCT-308R，如图 4-9 所示，该焊枪包括送丝导管、碰撞传感器、枪身、喷嘴和导电嘴等结构。在焊接过程中，焊枪是执行焊接操作的部件，具有使用灵活、方便快捷、工艺简单等特点。

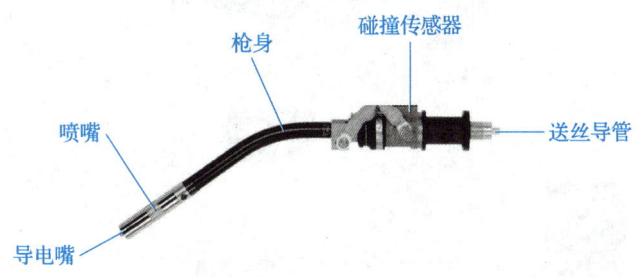

图 4-9　SRCT-308R 焊枪

（四）送丝机的型号与结构

该弧焊机器人应用系统采用 YW-35DG 高精度数字送丝机，如图 4-10 所示，该送丝机内部包括电机、压紧机构、主动轮、矫正轮等结构。送丝机安装在机器人轴上，为焊枪自动输送焊丝，该送丝机可安装 1.2 mm 和 1.0 mm 的焊丝。

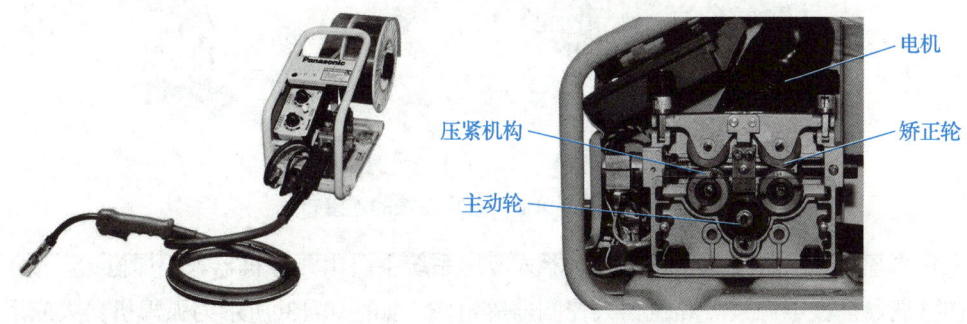

图 4-10　YW-35DG 高精度数字送丝机

（五）焊枪清理装置的结构

该弧焊机器人应用系统采用弧焊清枪器，主要由 TCP 标定尖、剪丝刀、废料盒、气缸、气管和底座组成，如图 4-11 所示。

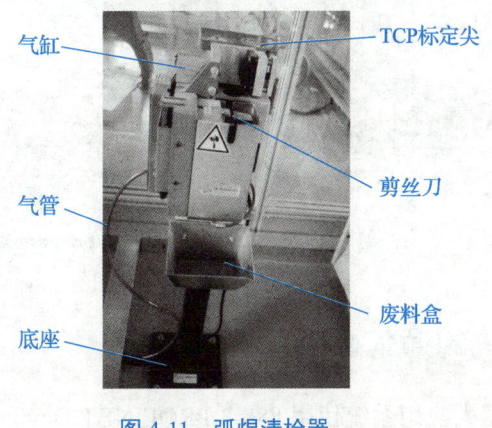

图 4-11　弧焊清枪器

三、弧焊机器人应用系统的连接布局

弧焊机器人应用系统的连接布局如图 4-12 所示。

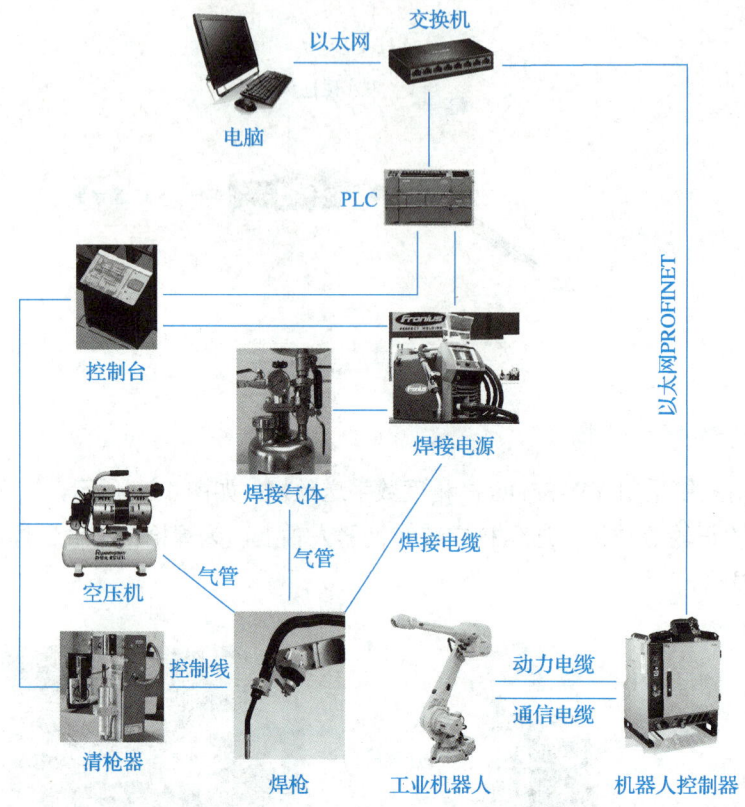

图 4-12 弧焊机器人应用系统的连接布局

在机器人仿真模拟软件的模型中,弧焊机器人应用系统主要由弧焊机器人、焊枪、焊接工作台、送丝机、焊接保护气瓶、焊接电源装置和机器人控制器等组成。如图 4-13 所示为弧焊机器人应用系统在模拟软件中的连接。

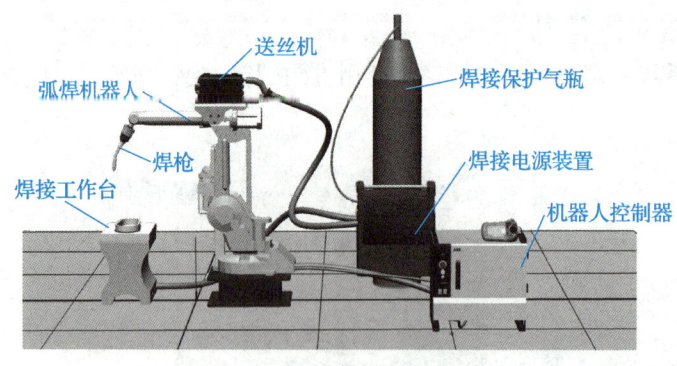

图 4-13 弧焊机器人应用系统在模拟软件中的连接

四、弧焊机器人应用系统的通信配置

如图 4-14 所示,该弧焊机器人应用系统使用 888-3 PROFINET Device 做从站,将 PROFINET 网线连接到机器人 I/O 板的 X5 接口上。

图 4-14 PROFINET 网线的连接方式

弧焊机器人应用系统的通信配置主要包括安装 GSD 文件和配置系统参数两部分内容，具体步骤如下。

（1）在主站端安装工业机器人的 GSD 文件。

（2）在虚拟示教器的主页中单击"控制面板"选项，然后在"控制面板"界面单击"配置"选项，如图 4-15 所示。

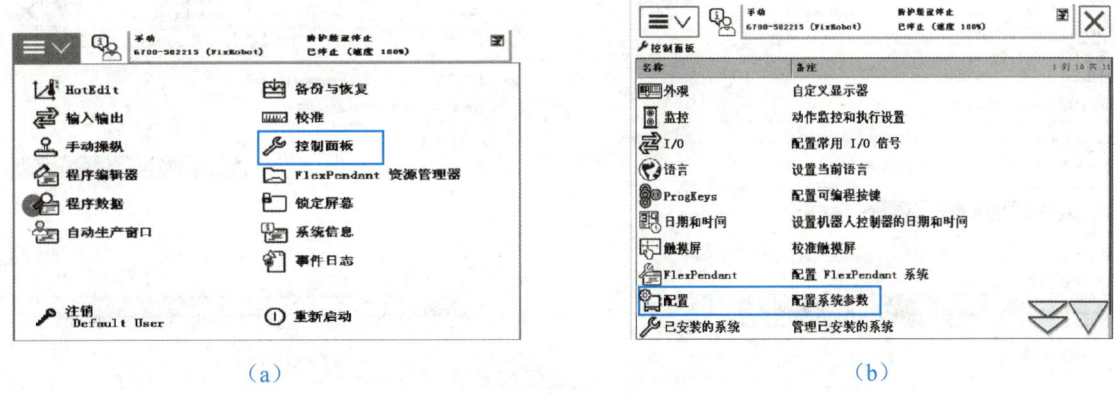

(a)　　　　　　　　　　　　　　(b)

图 4-15 配置系统参数（1）

（3）设置 I/O 系统的相关参数，单击"PROFINET Internal Device"选项，然后单击"PN_Internal Device"选项，如图 4-16 所示。

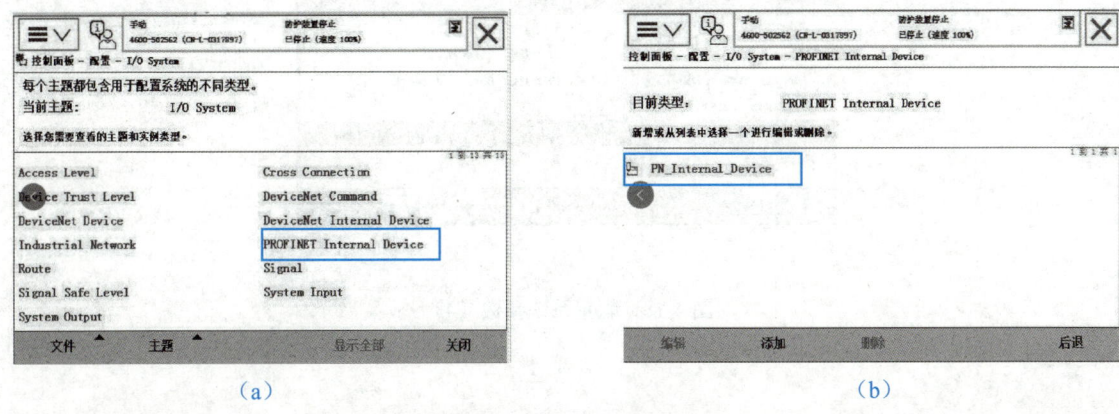

(a)　　　　　　　　　　　　　　(b)

图 4-16 配置系统参数（2）

（4）如图 4-17 所示，对"PN_Internal Device"选项中的参数进行修改，示例中配置了 32 个字节的输入，32 个字节的输出。

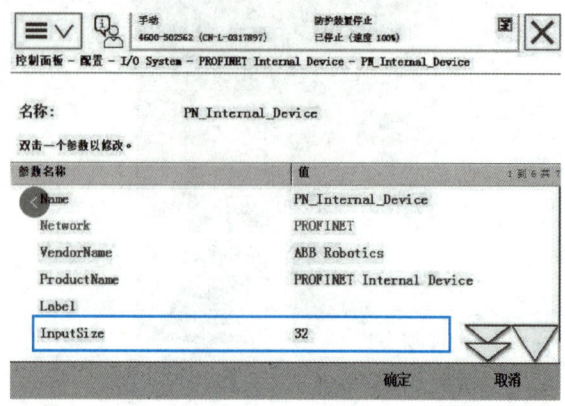

图 4-17　配置系统参数（3）

（5）返回上一级菜单，单击"Industrial Network"选项，然后单击"PROFINET"选项，将"PROFINET Station Name"参数设置为"robot"，如图 4-18 所示。

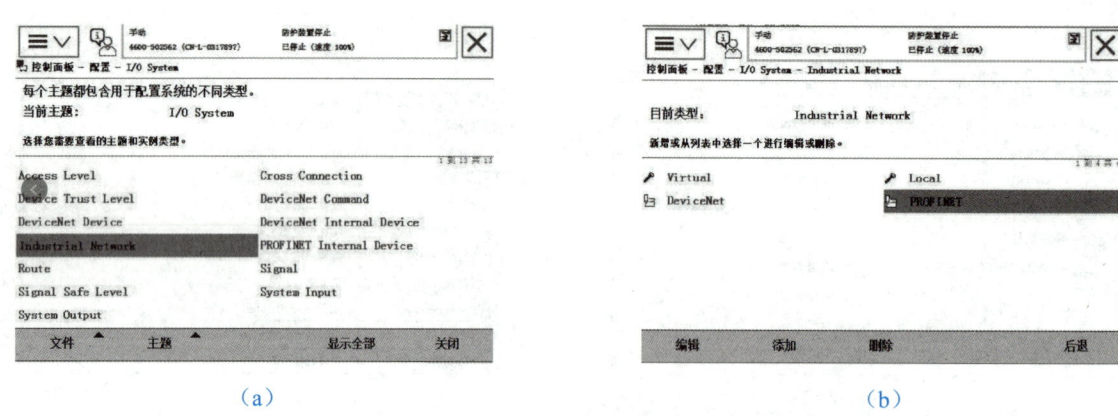

(a)　　　　　　　　　　　　　　　　(b)

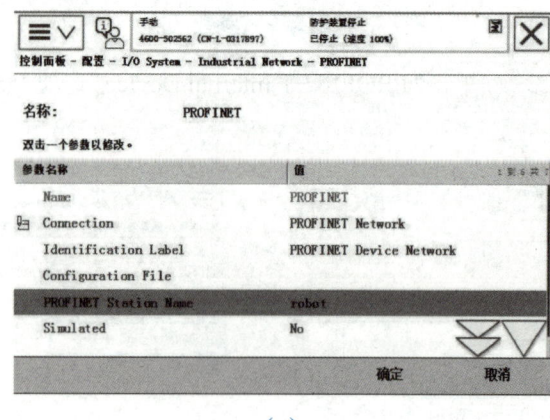

(c)

图 4-18　配置系统参数（4）

（6）返回上一级菜单，选择主题中的"Communication"选项，然后单击"Static VLAN"选项，再单击"X5"选项，将"Interface"参数设置为"LAN3"，如图 4-19 所示。

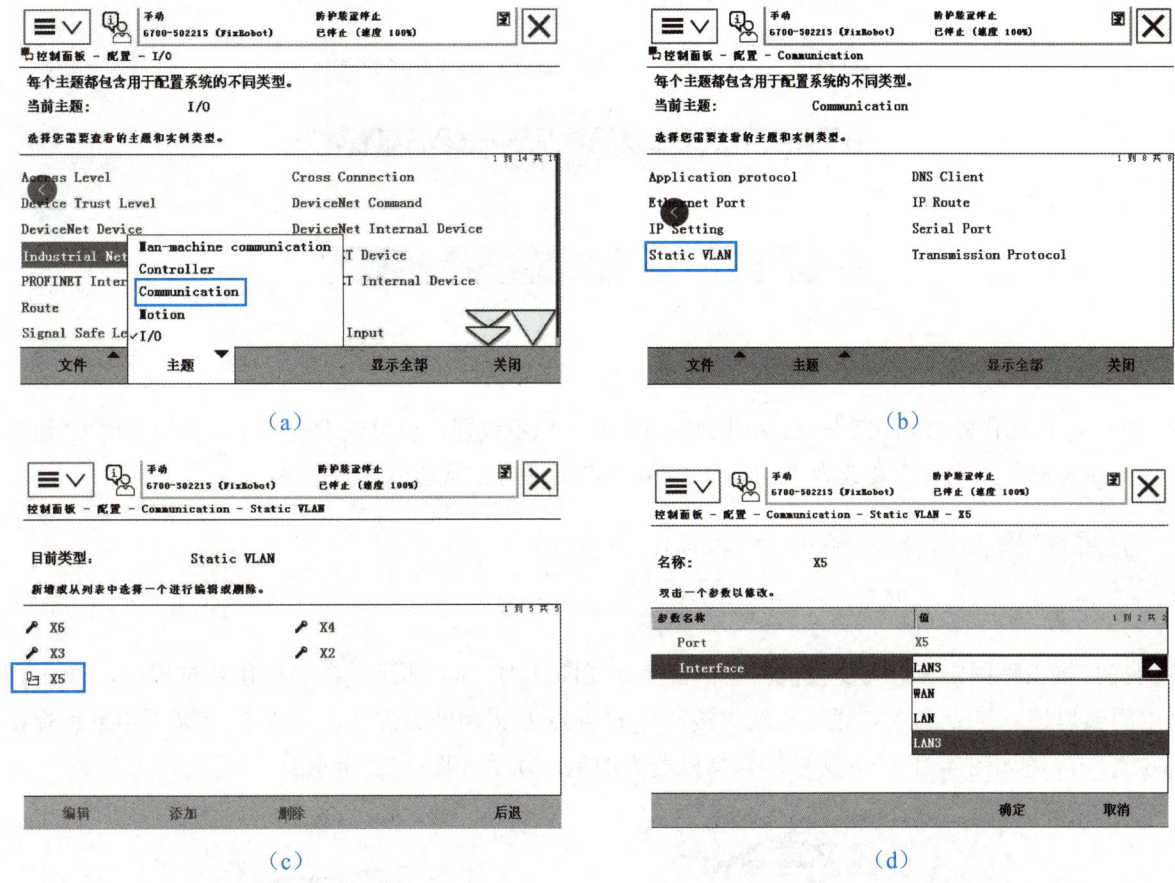

图 4-19　配置系统参数（5）

（7）返回主题"Communication"的配置页面，单击"IP_Setting"选项，然后单击"PROFINET Network"选项，将"Interface"参数设置为"LAN3"，如图 4-20 所示。

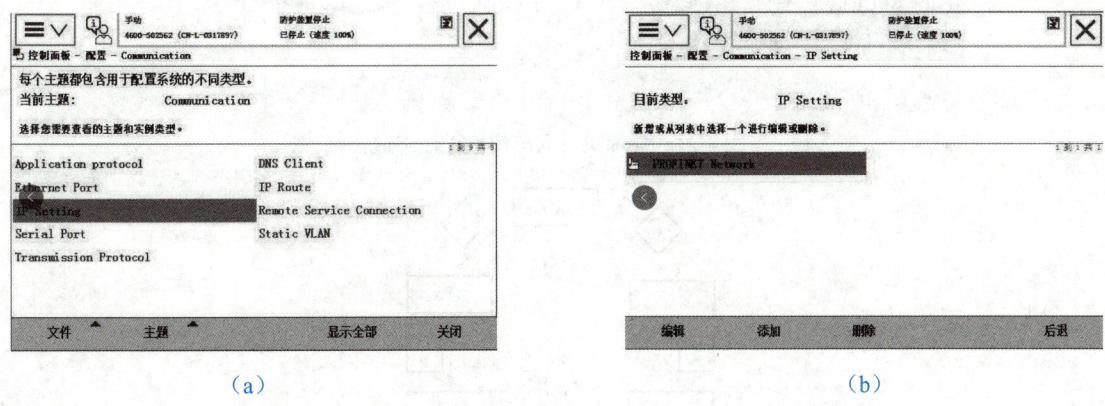

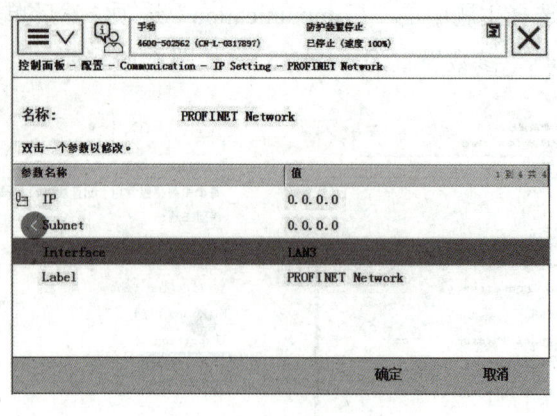

(c)

图 4-20 配置系统参数（6）

（8）由于采用 PROFINET 做从站，因此主机 IP 可以不设置，也可以设置为主站中组态的 IP 地址程序。主站组态时从站名称需要改为"robot"，重新启动后即可正常通信。

五、弧焊机器人应用系统的程序调试与运行

（一）弧焊机器人应用系统的程序调试

用夹具将工件固定在焊接变位机的操作台上，如图 4-21（a）所示。在焊接作业过程中，点 A 到点 B 采用圆弧焊接，点 B 到点 C 采用直线焊接，点 C 到点 D 采用圆弧焊接，点 D 到点 A 采用直线焊接，各点位置与焊道如图 4-21（b）所示。弧焊机器人的运动轨迹如图 4-22 所示。

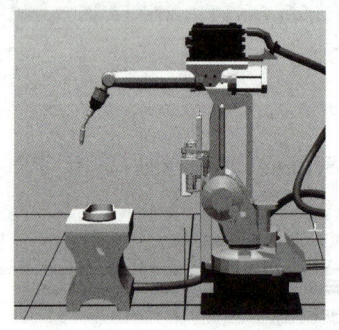

（a）弧焊机器人结构示意图

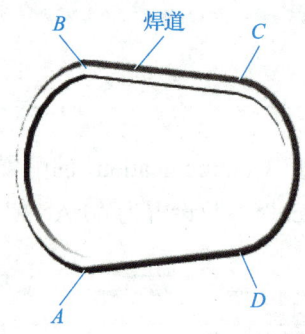

（b）焊接工件焊道

图 4-21 弧焊机器人与焊接工件焊道

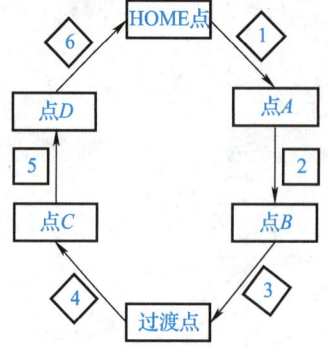

图 4-22 弧焊机器人的运动轨迹

在 RobotStudio 软件中启动弧焊机器人应用系统的程序进行调试，其主要步骤如下。

（1）在 RobotStudio 软件中打开弧焊机器人应用系统的程序文件。

（2）如图 4-23 所示，打开虚拟示教器，在虚拟示教器中，进行弧焊机器人应用系统调试的相关操作，具体调试步骤与搬运机器人的调试步骤相同。

弧焊机器人应用系统的程序文件

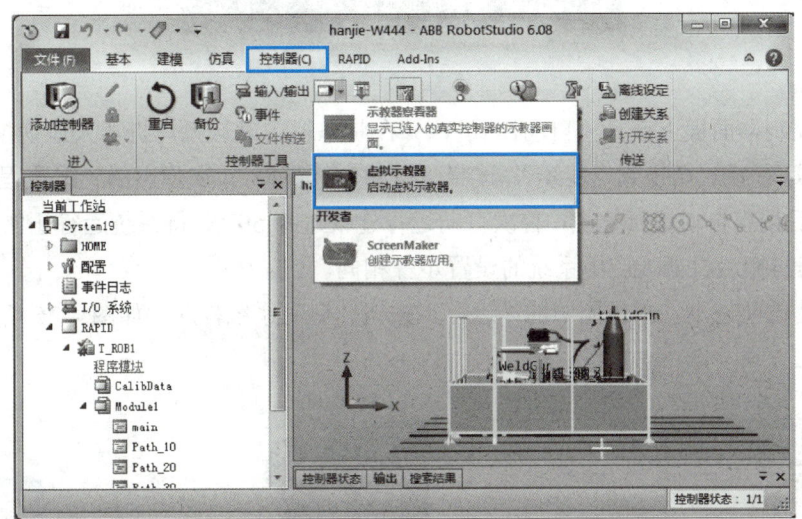

图 4-23　RobotStudio 界面

（3）如图 4-24 所示，单击圈中的"启动"按钮，进行程序调试。

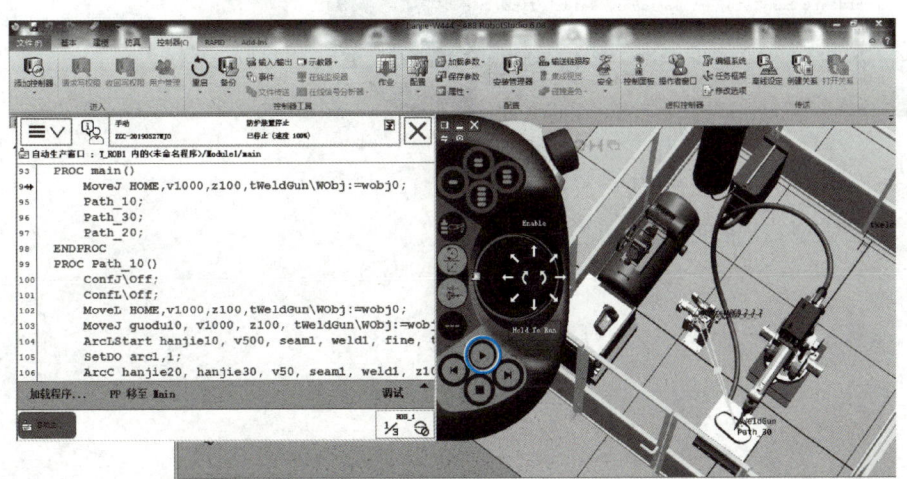

图 4-24　进行程序调试

（二）弧焊机器人实验平台整体运行

（1）确认弧焊机器人是否在原点位置，若不在，应手动将弧焊机器人移动到原点位置。实验平台如图 4-25 所示。

图 4-25 实验平台

（2）首先在控制器面板上选择"自动模式"，并在状态栏中确认弧焊机器人已切换至"自动"状态；然后将弧焊机器人运行模式切换到"连续"，选择"自动生产窗口"，在弹出的"重置程序指针"窗口中单击"是"按钮；最后调整自动运行速度，首次自动运行建议选择 50%，待系统运行正常后再将速度恢复为 100%。该设置过程与搬运机器人应用系统的设置步骤相同。

（3）在电机上电状态下，单击圈中的"运行"按钮，启动系统程序，如图 4-26 所示，观察程序启动后系统的运行情况。

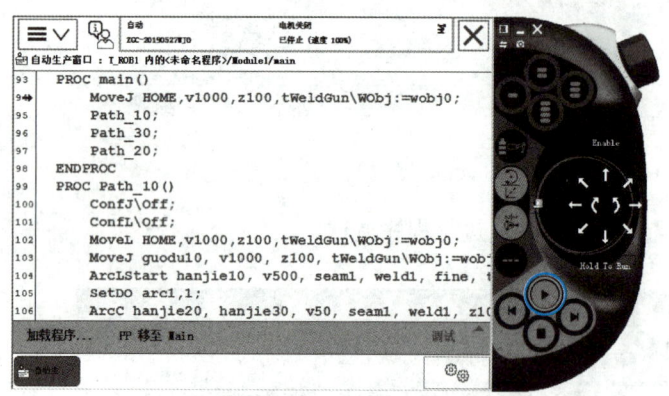

弧焊机器人应用系统模拟运行

图 4-26 启动程序运行

项目四　焊接机器人应用系统集成

任务二　点焊机器人应用系统集成

任务引入——精益求精，一丝不苟

王师傅在新建的自动化焊接车间负责工艺检测。这天小张完成了对点焊机器人应用系统的初步调试。然而，当王师傅拿到调试后点焊机器人加工的样品时，却紧皱眉头。凭借多年的焊接经验，对工作要求严格的王师傅向小张提出了一系列问题，包括焊接点定位不准、存在气孔或弧坑等，由此要求小张重新对系统进行调试。小张被王师傅精益求精、一丝不苟的专业精神深深感染，他根据王师傅提出的问题，重新对硬件设备进行了配置，并对运行程序和数据参数做了适当修正，最后终于使加工工件满足了王师傅的要求。

本任务首先对点焊机器人应用系统进行任务分析，然后在此基础上介绍点焊机器人应用系统的硬件选型与软件配置。本任务的知识与技能要求如表 4-18 所示。

表 4-18　知识与技能要求

任务内容	点焊机器人应用系统集成	学习程度		
		识记	理解	应用
学习任务	点焊机器人应用系统的任务分析		●	
	点焊机器人应用系统的硬件选型			●
	点焊机器人应用系统的软件配置			●
实训任务	点焊机器人应用系统的集成			●
自我勉励				

班级_____ 姓名_____ 学号_____

任务工单

1. 任务描述

根据点焊机器人应用系统的设计背景与要求，结合实际情况，为点焊机器人应用系统选择合适的硬件设备，然后对设备进行连接布局，并在完成软件配置后，进行点焊机器人应用系统的调试与运行。将任务内容、任务目的、点焊机器人类型、点焊钳类型及点焊控制器类型填入表4-19中。

表4-19 任务描述

任务内容	
任务目的	
点焊机器人类型	
点焊钳类型	
点焊控制器类型	

2. 小组分工

以3~5人为一组，选出组长并进行任务分工，将小组成员及分工情况填入表4-20中。

表4-20 小组成员及分工情况

班级		组号		指导教师	
小组成员	姓名	学号	任务分工		
组长					
组员					

3. 获取信息

在进行具体工作前，需要掌握点焊机器人应用系统硬件选型和软件配置的相关知识。请各组组长组织组员收集相关资料，回答下列问题。

引导问题1：点焊工艺过程包括_____、_____和_____三步。

引导问题2：点焊机器人应用系统的主要工作是根据_____的性质与_____的要求，利用点焊机器人完成点焊过程。

引导问题3：点焊控制器是对_____、_____、_____三大焊接条件进行合理控制的装置。

引导问题4：在点焊机器人应用系统中，点焊作业需要设定_____、_____、_____三个常用参数。

班级_____ 姓名_____ 学号_____

引导问题 5：简述点焊机器人应用系统的特点。

引导问题 6：简述点焊机器人的选型依据。

引导问题 7：根据技术参数选择点焊控制器时，应主要考虑哪些参数？

4．制订计划

（1）制订工作计划，并将其填入表 4-21 中。

表 4-21　工作计划

步骤	工作内容	负责人

班级_____ 姓名_____ 学号_____

（2）将实施过程中所需工具、耗材等的清单填入表 4-22 中。

表 4-22 实施过程中所需工具、耗材等的清单

序号	名称	型号与规格	单位	数量	备注

5．进行决策

（1）每人阐述工作计划。

（2）组员之间进行提问与答疑，选出最佳计划。

（3）教师对各组的工作计划进行点评。

6．任务实施

按照本组确定的最佳计划进行点焊机器人应用系统集成的各项任务，然后根据实际操作过程，将实施步骤、实施内容及实施过程中遇到的问题和解决办法记录在表 4-23 中。

表 4-23 任务实施过程记录表

序号	实施步骤	实施内容	遇到的问题和解决办法

班级_____ 姓名_____ 学号_____

表 4-23（续）

序号	实施步骤	实施内容	遇到的问题和解决办法

7. 考核评价

各组代表讲述与展示任务实施成果，并配合指导教师完成如表 4-24 所示的考核评价表。

表 4-24 考核评价表

项目名称	评价内容	分值	评价分数		
			自评	互评	师评
职业素养考核项目 40%	无迟到、无早退、无旷课	6 分			
	仪容仪表符合规范要求	6 分			
	具备良好的安全意识与责任意识	10 分			
	具备良好的团队合作与交流能力	6 分			
	具备较强的纪律执行能力	6 分			
	保持良好的作业现场卫生	6 分			
专业能力考核项目 60%	积极参加教学活动，按时完成任务工单	12 分			
	操作规范，符合作业规程	18 分			
	操作熟练，工作效率高	12 分			
	任务完成情况良好	18 分			
合计		100 分			
总评	自评（20%）+互评（20%）+师评（60%）=____	综合等级：	教师（签名）：_____		

知识准备

一、点焊机器人应用系统的任务分析

点焊是电阻焊的一种，它通过焊接设备的电极加压使两个待焊接的工件紧密接触，然后接通电源，利用电流流经工件接触面及邻近区域产生的电阻热效应，将工件接触面加热到熔化状态，生成牢固的接合部，断电后在外力作用下锻压完成工件的连接。

点焊机器人作业现场

点焊工艺过程包括以下三步。

（1）预先施压，保证工件接触良好。

（2）接通电源，使焊接接触面处形成熔核及塑性环。

（3）断电锻压，使熔核在压力持续作用下冷却结晶，形成组织致密、无缩孔裂纹的焊点。

点焊广泛应用于汽车、家电和铁路机车等相关领域。在实际生产作业中，点焊常用于薄板焊接，更适合运用点焊机器人进行自动化生产。

点焊机器人应用系统的主要工作是根据焊接对象的性质与焊接工艺的要求，利用点焊机器人完成点焊过程。

如图 4-27 所示为点焊机器人应用系统在汽车行业中的典型应用。目前，在装配每台汽车的车体时，大约有 60% 的焊点是由点焊机器人完成的。点焊机器人最初只用于增强焊接作业，后来又用于定位焊接作业，以保证拼接精度。随着技术的发展，点焊机器人的应用日益广泛。

图 4-27 点焊机器人应用系统在汽车行业中的典型应用

点焊机器人应用系统主要具有以下特点。

（1）安装面积小，工作空间大。

（2）快速完成小节距的多点定位。例如，每 0.3~0.4 s 移动 30~50 mm 节距后定位。

（3）定位精度高（±0.25 mm），可确保焊接质量。

（4）持重大（50~100 kg），便于携带内装变压器的焊钳。

（5）内存容量大，示教简单，节省工时。

（6）点焊速度与生产线速度相匹配，且安全性和可靠性好。

二、点焊机器人应用系统的硬件选型

点焊机器人应用系统主要由点焊机器人、点焊钳、点焊控制器与其他辅助设备组成。在实际应用中，点焊机器人应用系统的整体布置如图 4-28 所示。

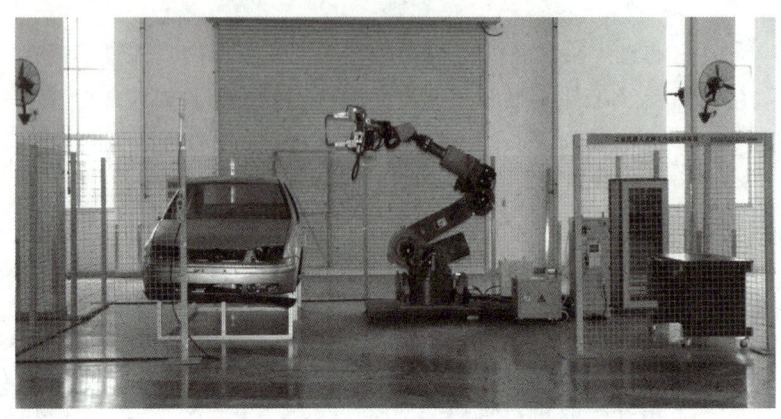

图 4-28　点焊机器人应用系统的整体布置

（一）点焊机器人

点焊机器人的选型依据主要包括以下几点。

（1）必须使点焊机器人实际可到达的工作空间大于焊接所需的工作空间。其中，焊接所需的工作空间由焊点位置决定。

（2）点焊速度与生产线速度必须匹配。首先由生产线速度及待焊点数确定单点工作时间，机器人的单点焊接时间（含加压、通电、维持、移位等）必须小于此值，即点焊速度应大于或等于生产线的生产速度。

（3）应选择内存容量大、示教功能全、控制精度高的点焊机器人。

（4）点焊机器人要有足够的负载能力，其负载能力取决于所用焊钳的形式。对于采用变压器分离式焊钳的机器人，其负载能力应为 30～45 kg；对于采用一体式焊钳的机器人，其负载能力应在 70 kg 左右。

（5）点焊机器人应具有与焊机通信的接口。若是由多台点焊机器人构成的柔性点焊生产系统，点焊机器人还应具有网络通信接口。

（6）若需使用多台机器人，应研究是否采用多种型号机器人或与多点焊机及简易直角坐标机器人并用等问题。当机器人空间间隔较小时，应注意动作顺序的安排，可通过机器人群控或相互间联锁作用来避免相互干涉。

（二）点焊钳

点焊钳作为点焊机器人的执行工具，对机器人的使用性能具有很大影响。若点焊钳选型不合理，将直接影响机器人的操作效率，同时还会对机器人的安全运行产生很大威胁。点焊机器人的点焊钳必须从生产需求和操作特点出发，结构上应满足生产和操作要求。由于传统人工点焊操作与机器人点焊操作有很多不同之处，所以人工操作用点焊钳与机器人用点焊钳有很大差异，其特点对比如表 4-25 所示。

表 4-25　人工操作用点焊钳与机器人用点焊钳的特点对比

人工操作用点焊钳的特点	机器人用点焊钳的特点
对点焊钳自重的要求不太严格	点焊钳装在机器人上，每台机器人有额定负载，因此对点焊钳自重的要求严格
随意性强，靠人来处理各类问题	严格按程序运行，具有处理工件与样件位置不同等问题的能力，因此点焊钳必须具备自动补偿功能，以实现自动跟踪作业
不需要考虑点焊钳与人之间相对位置的问题	机器人在移动、转动、到位、回位的运行过程中，为防止与工件碰撞或与其他装置干涉，必须使点焊钳在随其运行时处于固定位置，因此点焊钳要设计限位机构
点焊钳的动作依靠人来控制，不需要考虑信号	点焊钳按程序运行，每次动作的开始与结束均由相应的指令来控制，其状态信息也需反馈给系统，因此点焊钳需设有相应的信号装置

1. 点焊钳的分类

（1）根据焊接变压器与焊钳结构关系的不同，点焊钳可分为分离式、内藏式和一体式三种。分离式点焊钳的焊接变压器与钳体相分离，钳体安装在机器人手臂上，而焊接变压器悬挂在机器人上方，二者之间用二次电缆相连，这样可以减小机器人的负载，提高机器人的运动速度，但其电能利用率较低；内藏式点焊钳是将焊接变压器安装在机器人手臂内，使其尽可能接近钳体，变压器的二次电缆可以在手臂内部移动，二次电缆较短，变压器的容量可以减小，但会使机器人本体的设计变得复杂；一体式点焊钳是将焊接变压器与钳体安装在一起，然后共同固定在机器人手臂末端的法兰盘上，这样可以节省能量，但会使点焊钳重量显著增大。

（2）根据结构形式与用途的不同，点焊钳可分为 X 型和 C 型两种。X 型点焊钳主要用于点焊水平及近于水平的焊缝，如图 4-29（a）所示；C 型点焊钳主要用于点焊垂直及近于垂直的焊缝，如图 4-29（b）所示。

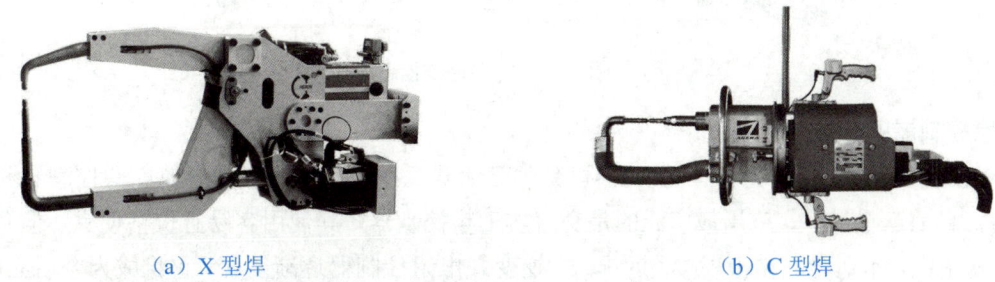

（a）X 型焊　　　　　　　　　　　（b）C 型焊

图 4-29　点焊钳根据结构形式与用途的分类

（3）根据焊钳行程的不同，点焊钳可分为单行程点焊钳和双行程点焊钳。

（4）根据压力驱动方式的不同，点焊钳可分为气动点焊钳和伺服点焊钳。气动点焊钳利用气缸来加压，能够使电极完成大开、小开和闭合三个动作，电极压力一旦调定便不能随意变化，目前较为常用；伺服点焊钳采用伺服电机驱动完成焊钳的张开和闭合，焊钳张开程度可任意选定并预置，且电极间的压力可无级调节。伺服点焊钳与气动点焊钳相比，在提高工件表面质量、提高生产效率和改善工作环境等方面具有优势。

（5）根据焊接变压器种类的不同，点焊钳可分为工频点焊钳和中频点焊钳。

（6）根据点焊钳施加压力大小的不同，点焊钳可分为轻型点焊钳和重型点焊钳，一般地，电极施加的压力在 450 kgf/cm² 及以上的点焊钳为重型点焊钳，压力在 450 kgf/cm² 以下的点焊钳为轻型点焊钳。

2. 点焊钳的选择

机器人点焊钳必须与点焊工件所要求的焊接规范相适应，其选择的基本原则包括以下几点。

（1）根据工件的材质和板厚，确定点焊钳电极的最大短路电流和最大施加压力。

（2）根据工件的形状和焊点在工件上的位置，确定点焊钳钳体的喉深、喉宽、电极握杆长度、最大行程和工作行程等。

（3）综合工件上所有焊点的位置分布情况，确定点焊钳的类型，通常C型单行程点焊钳、C型双行程点焊钳、X型单行程点焊钳和X型双行程点焊钳四种点焊钳比较常用。

（4）在满足以上条件的情况下，应尽可能地减小点焊钳的重量。对于机器人而言，减小点焊钳重量可选择低负载的机器人，从而提高生产效率。

（三）点焊控制器

点焊控制器是对时间、电流、压力三大焊接条件进行合理控制的装置，如图 4-30 所示。点焊控制器的主要功能是完成点焊过程中焊接参数输入、点焊程序控制、焊接电流控制及焊接系统故障自诊断，并实现与机器人控制器的通信。

图 4-30　点焊控制器

1. 点焊控制器的分类

（1）根据供能方式的不同，点焊控制器可分为交流式工频控制器、大电容储能式控制器和逆变式电阻控制器等。目前产量最多、应用最广泛的是交流式工频控制器，其使用容易且价格便宜，但负载功率因数低，输入功率大，不适合超精密焊接。近年来，逆变式电阻控制器逐渐发展，它将成为今后应用的主流。

（2）根据与机器人控制器通信方式的不同，点焊控制器可分为中央结构型和分散结构型两种。中央结构型控制器是将点焊控制器作为一个模块与机器人控制器共同安装在一个控制柜内，由主计算机统一管理并为焊接模块提供数据，焊接过程控制由焊接模块完成，其优点是设备集成度高，便于统一管理；分散结构型控制器是将点焊控制器与机器人控制器分开，二者通过应答通信联系，机器人控制柜给出焊接信号后，其焊接过程由点焊控制器自行控制，焊接结束后给机器人发出结束信号，以便机器人进行后续作业，其优点是调试灵活、焊接系统可单独使用，但需要一定距离的通信，集成度不如中央结构型控制器高。

2. 点焊控制器的选择

在实际应用中，通常根据焊接材料选择点焊控制器。

（1）黑色金属工件的焊接一般选择交流式工频控制器。因为交流式工频控制器采用交流电放电焊接，特别适合电阻值较大的材料，同时交流式工频控制器可通过运用单脉冲信号、多脉冲信号、周波、时间、电压、电流、程序等各种控制方法，对被焊工件实施单点、双点连续、自动控制、人为控制焊接，适用于钨、钼、铁、镍、不锈钢等多种金属的片、棒、丝料的焊接加工。其优点是综合效益较好、性价比较高、焊接条件范围大、焊接回路小，并且可以广泛点焊异种金属。但其受电网电压波动影响较大，焊接放电时间短，不适合一些特殊合金材料的高标准焊接。

（2）有色金属工件的焊接一般选择大电容储能式控制器。因为大电容储能式控制器是利用储能电容放电焊接，具有对电网冲击小、焊接电流集中、释放速度快、穿透力强、热影响区域小等特点，广泛适用于银、铜、铝、不锈钢等各类金属的片、棒、丝料的焊接加工。大电容储能式控制器的优点是电流输出更精确、稳定，效率更高，焊接热影响区更小，较交流式工频控制器节能。但其设备造价较高，放电时间受储存能量和焊接变压器影响，设备定型后，放电时间不可调整，而且放电电容长期使用后其性能会自动衰减，衰减至一定程度后则需要更换。

（3）需要高精度高标准焊接的特殊合金材料可选择逆变式电阻焊机。

在有些场合也会根据技术参数选择点焊控制器，此时主要考虑以下参数。

（1）电源额定电压、电网频率、焊接控制器的一次侧电流、焊接电流、短路电流、连续焊接电流和额定功率。

（2）最大、最小及额定电极压力、顶锻压力或夹紧力。

（3）最大臂伸、最小臂伸和臂间开度。

（4）焊接变压器短路时的最大功率及最大允许功率，额定级数下的短路功率因数。

（5）冷却水或压缩空气消耗量。

（6）适用的焊件材料、厚度或断面尺寸。

（7）额定负载持续率。

（8）焊机重量、焊机生产效率、可靠性指标、寿命及噪声等。

（四）其他辅助设备

其他辅助设备主要有高速电机修磨机、电极压力测试仪、点焊控制器专用电流表等，如图4-31所示。

（a）高速电机修磨机　　　（b）电极压力测试仪　　　（c）点焊控制器专用电流表

图4-31　其他辅助设备

（1）高速电机修磨机主要用于对电极进行打磨。当连续进行点焊操作时，电极顶端会被加热，使其加剧氧化，接触电阻增大，特别是当焊接铝合金及带镀层的钢板时，容易发生镀层物质的黏着。即使保持焊接电流不变，随着顶端面积的增大，电流密度也会随之降低，造成焊接不良。因此，需要在焊接过程中定期打磨电极顶端，除去电极表面的污垢，同时还需要对顶端进行整形，使顶端的形状与初始时的形状保持一致。

（2）电极压力测试仪主要用于焊钳的压力校正。在点焊过程中，为了保证焊接质量，电极施加压力是一个重要的因素，需要对其进行定期测量。电极压力测试仪分为音叉式、油压式、负载传感器式三种。

（3）点焊控制器专用电流表主要用于设备的维护、测试点焊控制器的二次侧短路电流。在点焊过程中，焊接电流的测量对于焊接条件的设定及焊接质量的管理起到重要作用。由于焊接电流是短时间、高电流导通的方式，因此使用普通电流计是无法测量的，需要使用焊机专用电流表。测量电流时，将点焊控制器专用电流表的测试线在焊机的二次侧线路上缠绕成环形线圈，利用此线圈感应磁场的变化测量电流值。

三、点焊机器人应用系统的软件配置

（一）工作过程分析

1．系统启动

（1）在启动前，先打开冷却水开关和焊接电源。
（2）将机器人控制柜主电源开关合闸，等待机器人启动完毕。
（3）在"示教模式"下选择机器人焊接程序，然后将模式开关转至"远程模式"。
（4）若系统没有报警，则表明系统启动完毕。

2．生产准备

（1）选择要焊接的产品。
（2）将产品安装在焊接台上。

3．开始生产

按下启动按钮，机器人开始按照预先编制的程序与设置的焊接参数进行焊接作业。当机器人焊接完毕回到作业原点后，需手动或自动更换材料，以开始下一个循环。

（二）系统参数配置

不同的点焊机器人应用系统，其参数的配置是有差异的，现以ABB点焊机器人应用系统的参数配置为例进行介绍。

1．标准I/O板及I/O信号的配置

ABB点焊机器人应用系统标准I/O板的功能如表4-26所示。

表4-26 ABB点焊机器人应用系统标准I/O板的功能

I/O板名称	功　　能
SW_BOARD1	配置点焊设备1对应的基本I/O信号
SW_BOARD2	配置点焊设备2对应的基本I/O信号
SW_BOARD3	配置点焊设备3对应的基本I/O信号
SW_BOARD4	配置点焊设备4对应的基本I/O信号
SW_SIM_BOARD	配置机器人内部中间信号

一台机器人最多可以连接四套点焊设备。下面以一台机器人配置一套点焊设备为例，说明最常用的I/O信号配置情况。I/O板SW_BOARD1的信号分配如表4-27所示，I/O板SW_SIM_BOARD的常用信号分配如表4-28所示。

表 4-27 I/O 板 SW_BOARD1 的信号分配

信　号	类　型	说　明
gl_start_weld	Output	点焊控制器启动信号
gl_weld_prog	Output group	调用点焊参数组
gl_weld_power	Output	焊接电源控制信号
gl_reset_fault	Output	复位信号
gl_enable_curr	Output	焊接仿真信号
gl_weld_complete	Input	点焊控制器准备完成信号
gl_weld_fault	Input	点焊控制器故障信号
gl_timer_ready	Input	焊接控制器焊接准备完成信号
gl_new_program	Output	点焊参数组更新信号
gl_equalize	Output	点焊枪补偿信号
gl_close_gun	Output	点焊枪关闭信号（气动枪）
gl_open_hilift	Output	打开点焊枪到 hilift 的位置信号（气动枪）
gl_close_hilift	Output	从 hilift 位置关闭点焊枪信号（气动枪）
gl_gun_open	Input	点焊枪打开到位信号（气动枪）
gl_hilift_open	Input	点焊枪已打开到 hilift 的位置信号（气动枪）
gl_pressure_ok	Input	点焊枪压力正常信号（气动枪）
gl_start_water	Output	水冷系统开启信号
gl_temp_ok	Input	过热报警信号
gl_flow1_ok	Input	管道 1 水流信号
gl_flow2_ok	Input	管道 2 水流信号
gl_air_ok	Input	补偿气缸压缩空气信号
gl_weld_contact	Input	焊接接触器状态反馈信号
gl_equipment_ok	Input	点焊枪状态信号
gl_press_group	Output group	点焊枪压力输出组信号
gl_process_run	Output	点焊状态信号
gl_process_fault	Output	点焊故障信号

表 4-28 I/O 板 SW_SIM_BOARD 的常用信号分配

信　号	类　型	说　明
force_complete	Input	点焊压力状态反馈信号
reweld_proc	Input	再次点焊信号
skip_proc	Input	错误状态应答信号

2．点焊常用参数的配置

在点焊的连续工艺过程中，需要根据材质或工艺的特性来调整点焊过程中的运行参数，以达到工艺标准的要求。在点焊机器人应用系统中，可用程序数据来配置这些参数，点焊作业需要设定"点焊设备参数 gundata""点焊工艺参数 spotdata""点焊钳压力参数 forcedata"三个常用参数。

（1）点焊设备参数（gundata）用于定义点焊设备指定的参数，用在点焊指令中。该参数在点焊过程中控制点焊钳达到最佳状态，每一个"gundata"对应一个点焊设备。当使用伺服点焊钳时，需要设定的点焊设备参数如表4-29所示。

表4-29 伺服点焊钳需要设定的点焊设备参数

参数名称	参数注释
gun_name	点焊枪名字
pre_close_time	预关闭时间
pre_equ_time	预补偿时间
weld_counter	已点焊记数
max_nof_welds	最大点焊数
curr_tip_wear	当前电极磨损值
max_tip_wear	电极最大磨损值
weld_timeout	点焊完成信号延迟时间

（2）点焊工艺参数（spotdata）用于定义点焊过程中的工艺参数。点焊工艺参数是与点焊指令 SpotL/J 和 SpotML/MJ 配合使用的，当使用伺服点焊钳时，需要设定的点焊工艺参数如表4-30所示。

表4-30 伺服点焊钳需要设定的点焊工艺参数

参数名称	参数注释
prog_no	点焊控制器参数组编号
tip_force	定义点焊钳压力
plate_thickness	定义点焊钢板的厚度
plate_tolerance	钢板厚度的偏差

（3）点焊钳压力参数（forcedata）用于定义点焊的关闭压力。点焊钳压力参数与点焊指令 SetForce 配合使用，当使用伺服点焊钳时，需要设定的点焊钳压力参数如表4-31所示。

表4-31 伺服点焊钳需要设定的点焊钳压力参数

参数名称	参数注释
tip_force	点焊钳关闭压力
force_time	关闭时间
plate_thickness	定义点焊钢板的厚度
plate_tolerance	钢板厚度的偏差

素质课堂

让机器人也有"工匠精神"

"近年来,我国机器人技术发展迅猛,服务型机器人的技术水平可以达到世界前三,相信不久的将来我国工业机器人的技术水平也可以达到世界前列。很多外国科学家惊叹于我国机器人技术的高速发展,而这与国家的规划和引导是密不可分的。"这是广东省智能制造研究所副研究员周雪峰对我国机器人技术水平在世界上的地位所发表的见解。多年来他和他的团队一直在智能制造、工业机器人领域深耕细作,努力尝试通过技术手段将"工匠精神"灌输到机器人之中去。

周雪峰团队开发了具有自主知识产权的机器人离线编程系统,通过自主运动规划技术,使得机器人可以在复杂的运动路径上实现更精细化的操作。此外,他们还努力让机器人学会控制"力"。因为机器人和人的优势正好相反,人对位置的控制能力上较差,但是对力的感知和控制很好,所以一个工匠可以实现很精细化的操作,而目前机器人对位置控制能力上很强,但对力的感知和控制能力则比较弱。在进行一些复杂表面的加工时,得让机器人学会走轨迹、控制力,保证所加工的表面每个位置的受力都是可控的,这样才能保证加工的品质。

不论是机器人还是人,都要对品质有着执着的坚持和追求。通过用心研发和改善工艺,实现技术创新和质量精益,就是对"工匠精神"的完美践行。

(资料来源:https://www.robot-china.com/news/201710/19/46094.html,有改动)

技能实训——IRB 6640 点焊机器人应用系统集成

一、点焊机器人应用系统的设计背景

(1)焊接工件情况:焊接工件为汽车门板,板厚 2 mm,焊点数量为 22 个,焊点直径 6 mm,如图 4-32 所示。

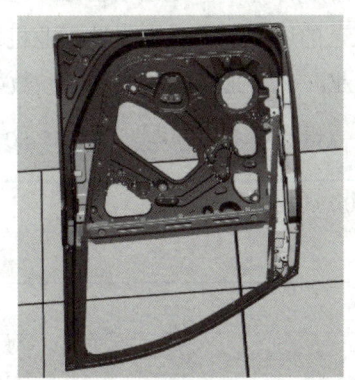

图 4-32 焊接工件情况

(2)生产节拍要求:点焊机器人应用系统应能在 50 s 内完成 22 个焊点的焊接作业。

(3)焊接质量要求:要求焊点周围平滑均匀过渡,无明显的凸起或由局部挤压造成的表面鼓起,无

毛刺，焊点表面无熔化或黏附的杂质及裂纹等缺陷。焊点的位置精度与点焊造成的工件变形应确保在允许的范围内。

（4）作业环境条件：环境温度为 5～45℃，电源电压为 220 V，作业场地长宽高分别为 5 700 mm、5 100 mm、2 200 mm。

二、点焊机器人应用系统的设备详情

点焊机器人应用系统的设备清单如表 4-32 所示。

表 4-32　点焊机器人应用系统的设备清单

设备名称	设备描述	数　量	备　注
工业机器人	ABB IRB 6640-235/2.55	1 套	瑞士 ABB 产品
机器人控制器	IRC5	1 套	瑞士 ABB 产品
点焊钳	X 型气动点焊钳	1 套	中国产品
PLC	三菱 FX3U-32M	1 套	日本产品
点焊控制器	小原 ST21	1 套	中国产品
空压机	SLB06	1 台	中国产品
冷水机	FL-05	1 台	中国产品
机器人底座	用于机器人的安装	1 套	自选
安全围栏	保证工作人员安全	1 套	自选
工件维修台	用于损坏工件的维修	1 台	自选
设备总控台	控制设备的启停等	1 套	自选

下面主要介绍工业机器人的型号与参数、点焊钳的类型、PLC 的型号与特点及点焊控制器的型号与特点。

（一）工业机器人的型号与参数

该点焊机器人应用系统所用工业机器人的型号为 ABB IRB 6640-235/2.55，该工业机器人加长的上臂结合了多种手腕模块，显著增强了对各种工艺的适应能力。由于该工业机器人可向后弯曲到底，大大扩展了其工作范围，十分适合在密集的生产线上作业。该工业机器人的具体参数如表 4-33 所示。

表 4-33　ABB IRB 6640-235/2.55 机器人的具体参数

品牌型号	ABB IRB 6640-235/2.55
工作范围	2 550 mm
有效负载	235 kg
重复定位精度	0.05 mm
安装方式	落地式
机器人底座尺寸	1 107 mm×720 mm
机器人重量	1 310 kg

表 4-33（续）

轴运动范围	轴 1 旋转运动	−170°～170°
	轴 2 手臂运动	−65°～85°
	轴 3 手臂运动	−180°～70°
	轴 4 手腕运动	−300°～300°
	轴 5 弯曲运动	−120°～120°
	轴 6 翻转运动	−360°～360°
轴最大速度	轴 1 旋转运动	100～110°/s
	轴 2 手臂运动	90°/s
	轴 3 手臂运动	90°/s
	轴 4 手腕运动	170～190°/s
	轴 5 弯曲运动	120～140°/s
	轴 6 翻转运动	190～235°/s

（二）点焊钳的相关参数

由于焊接工件的焊点位置都是沿着工件边沿分布的，所以该点焊机器人应用系统选择 X 型点焊钳，并根据以下几点确定点焊钳的相关参数。

（1）根据点焊钳的工作位置与焊接工件的形状来选择点焊钳的喉深、喉宽。

（2）根据焊接工件的板厚、加压时间等条件确定电极加压力，从而选择气缸直径。

（3）根据客户要求选择电缆的连接方式。

（4）根据焊接条件来选择手柄型号。

（三）PLC 的型号与特点

由于该点焊机器人应用系统采用 CC-Link 通信方式，所以选用型号为 FX3U-32M 的三菱 PLC，如图 4-33 所示。该装置具有以下特点。

（1）可将每个模块分散到类似的生产线和机械设备中，能够节省整个点焊机器人应用系统的配线。

（2）通过使用处理类似 I/O 信号或 ON/OFF 数据的模块，能够实现简单的高速通信。

（3）可以和其他厂商的多种设备进行连接，使系统更具灵活性。

（四）点焊控制器的型号与特点

该点焊机器人应用系统采用型号为小原 ST21 的点焊控制器，如图 4-34 所示。该点焊控制器的每个控制箱中含有 60 个焊接条件数据以及一个参数条件，能够实现焊接结果监测、参数的确认与变更、焊接条件的确认与变更、I/O 信号的确认、警告信息及其历史数据显示、打点计数及复位等操作内容。

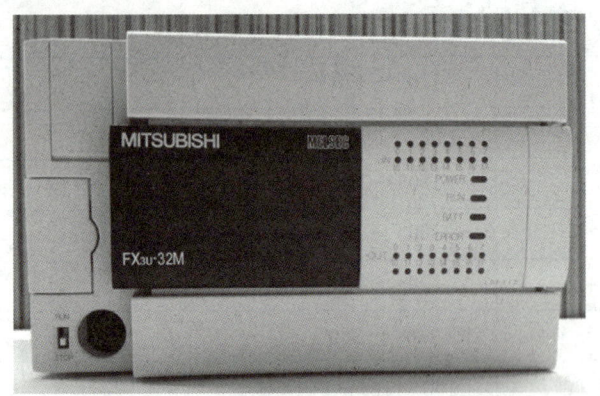 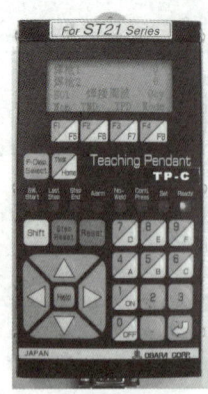

图 4-33　三菱 FX3U-32M PLC 装置　　　　图 4-34　小原 ST21 点焊控制器

三、点焊机器人应用系统的连接布局

点焊机器人应用系统的连接布局如图 4-35 所示。

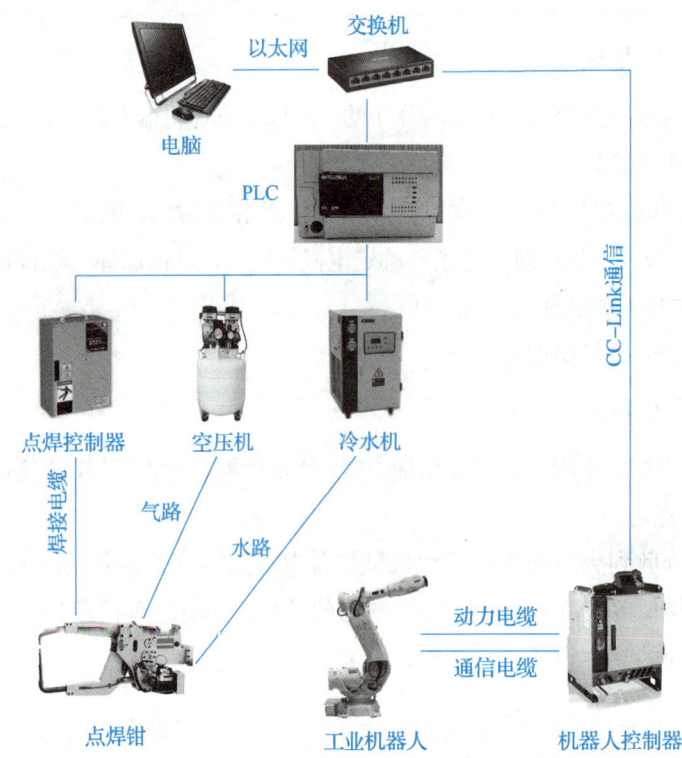

图 4-35　点焊机器人应用系统的连接布局

在机器人仿真模拟软件的模型中,点焊机器人应用系统主要由点焊机器人、点焊控制器、机器人控制器、点焊钳、空压机、工装夹具、冷水机、防护栏等组成,如图 4-36 所示。点焊机器人应用系统的主要设备在模拟软件中的连接如图 4-37 所示。

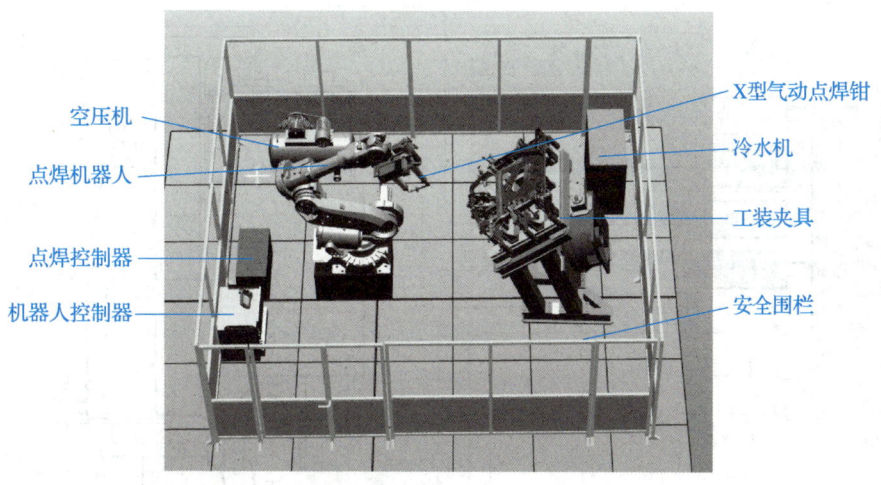

图 4-36 点焊机器人应用系统的组成

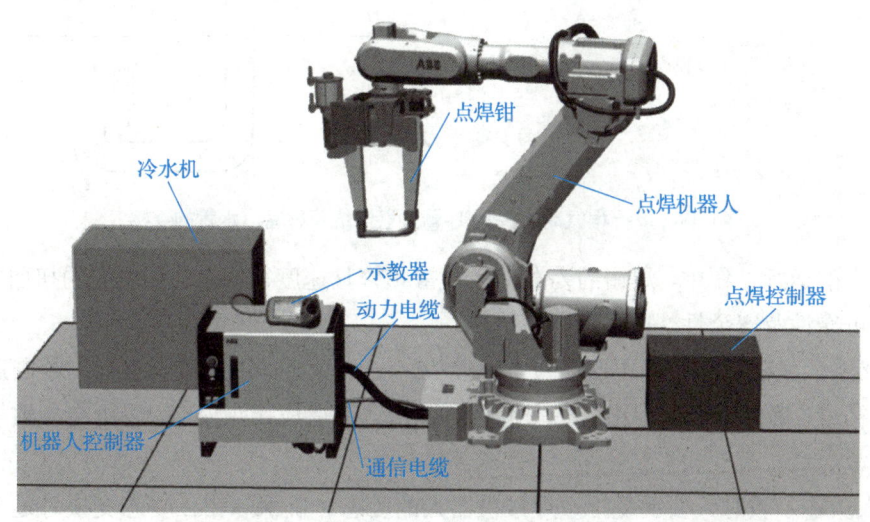

图 4-37 点焊机器人应用系统的主要设备在模拟软件中的连接

该点焊机器人应用系统采用 X 型气动点焊钳,它是完成点焊作业的关键设备,因此需要详细了解其连接情况。对于单行程气动点焊钳,其 U 臂安装电缆及气管、水管的连接如图 4-38 所示。对于双行程气动点焊钳,需要注意其加压电磁阀的界线上会有所区别,但电缆的路径与此类似。点焊钳的配线与配管需要注意以下几点。

(1) 在对点焊钳进行管线连接时,要确保接头位置不影响机器人的动作,使机器人在动作时电缆充分自由,不会受到挤压、拉伸或摩蹭等。

(2) 气管水管的连接应做到不泄漏、不影响点焊钳的加压、不与工装夹具等周围设备发生摩擦。

(3) 在管线连接完成后,要对裸露的电缆及气管、水管等进行保护,确保其不会受到焊接飞溅物的影响。

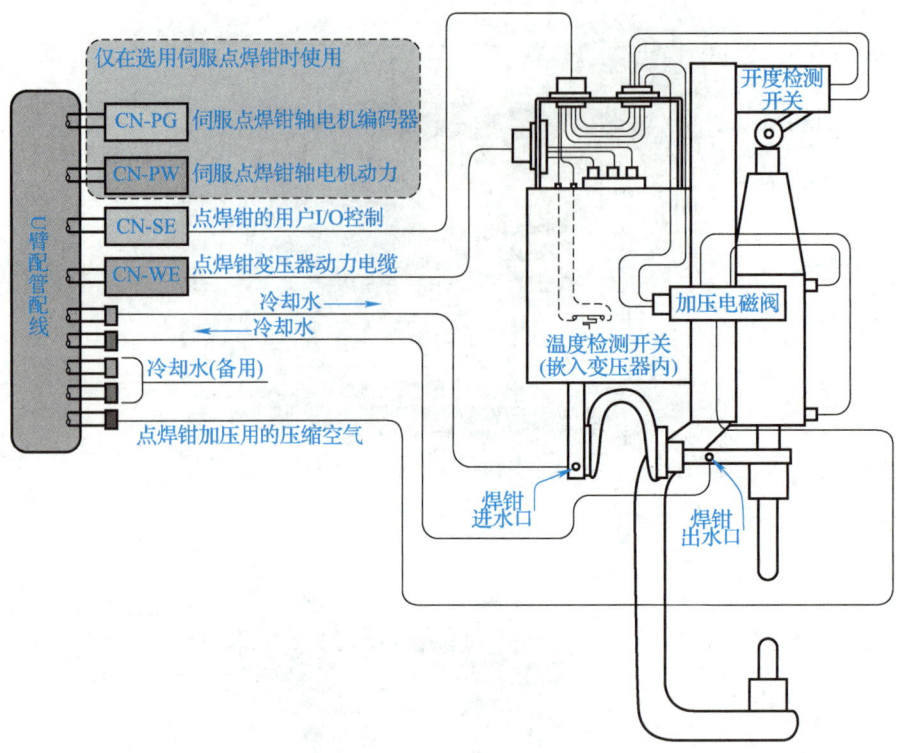

图 4-38　单行程气动点焊钳 U 臂安装电缆及气管、水管的连接

在点焊机器人的运行过程中，焊钳的姿态转换非常频繁且速度很快，会使电缆的扭曲非常严重。为了保证所有连接的可靠性及安全性，应采取以下措施。

（1）所有接头，尤其是焊接变压器动力电缆接头，一定要通过固定板与点焊钳紧固连接，并保证电缆有足够的活动裕量，确保不会因焊钳姿态变换时电缆扭转而造成接头松动，否则会导致接头严重损坏或发生重大生产事故。

（2）调试人员在示教时，要反复推敲焊接机器人的姿态，确保焊钳在姿态变换时过渡自然，避免电缆的过分拉伸及扭转。

四、点焊机器人应用系统的通信配置

该点焊机器人应用系统采用 CC-Link 做从站的通信方式，由于 CC-Link 需要下挂在 DeviceNet 网路下面，而 DSQC378B 板就是一个用于 CC-Link 与 DeviceNet 转换的模块，所以该系统使用 DSQC378B 板进行信号传输。如图 4-39 所示为 DSQC378B 板的实物图，该 I/O 板的接口包括一个 X8 硬件接线接口、一个 X3 供电电源接口和一个 X5 DeviceNet 接口。对于 X3 供电电源接口和 X5 DeviceNet 接口，在项目二在已经做过详细介绍，此处不再赘述，X8 硬件接线接口的接口名称与使用定义如表 4-34 所示。

图 4-39　DSQC378B 板

表 4-34　DSQC378B 板 X8 硬件接线接口的接口名称与使用定义

接口编号	接口名称	使用定义
1	SLD	Shield，connected to power GND/Housing
2	DA	Signal line，A
3	DG	Digital GND，connected to signal GND
4	DB	Signal line，B
5	NC	Not connected
6	FG	power GND，same as SLD

点焊机器人应用系统的通信配置需要设定 StationNo、BaudRate、OccStat、BasicIO、Reset 五个参数，具体操作步骤如下。

（1）打开虚拟示教器，选择"DeviceNet Device"选项，添加一块 DSQC378B 板，根据实际接线情况设置地址，同时使输入输出的大小保持为 –1，以便控制器自动搜寻 CC-Link 的信号，如图 4-40 所示。

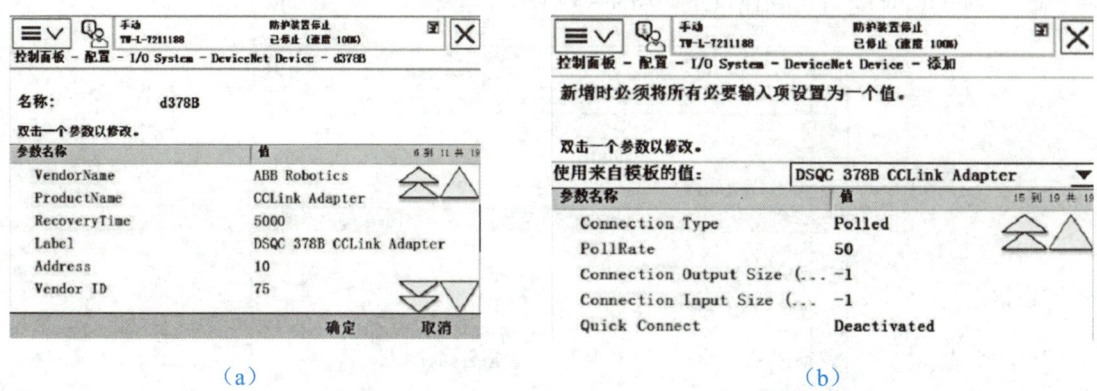

(a) （b)

图 4-40　点焊机器人应用系统的通信配置（1）

（2）选择"控制面板"→"配置"→"I/O System"选项，如图 4-41 所示。

图 4-41　点焊机器人应用系统的通信配置（2）

（3）单击"DeviceNet Command"选项，选择 StationNo 参数，具体设置如图 4-42 所示。

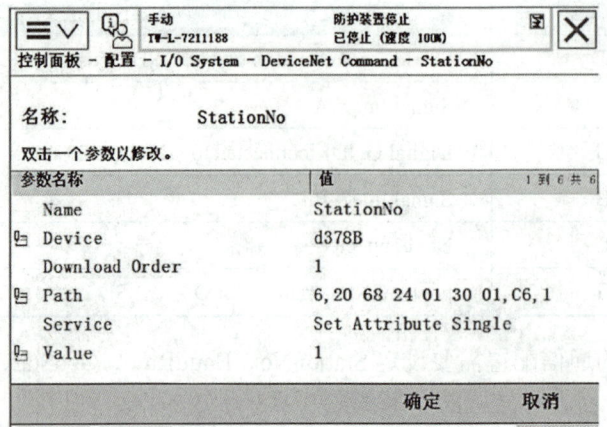

图 4-42　点焊机器人应用系统的通信配置（3）

（4）选择 BaudRate 参数，具体设置如图 4-43 所示。

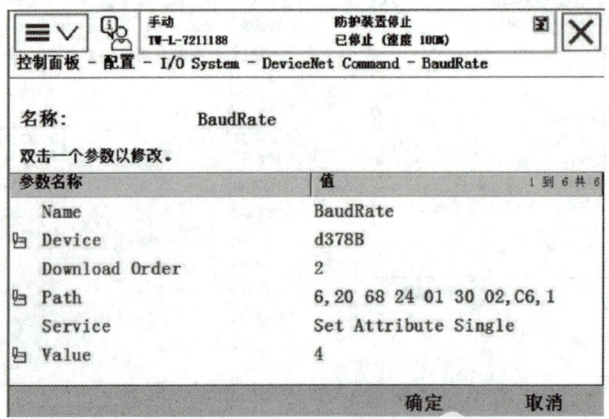

图 4-43　点焊机器人应用系统的通信配置（4）

（5）选择 OccStat 参数，具体设置如图 4-44 所示。

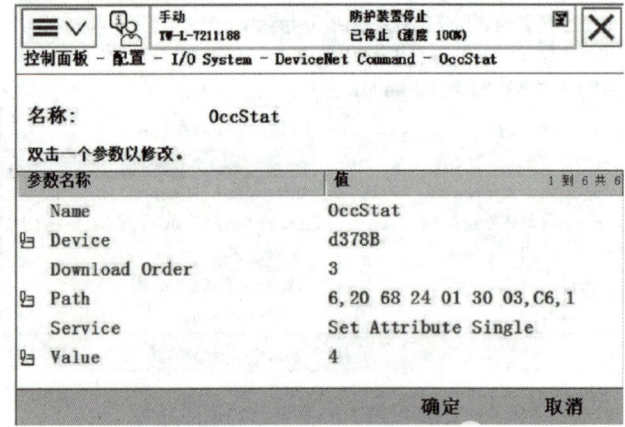

图 4-44　点焊机器人应用系统的通信配置（5）

（6）选择 BasicIO 参数，具体设置如图 4-45 所示。

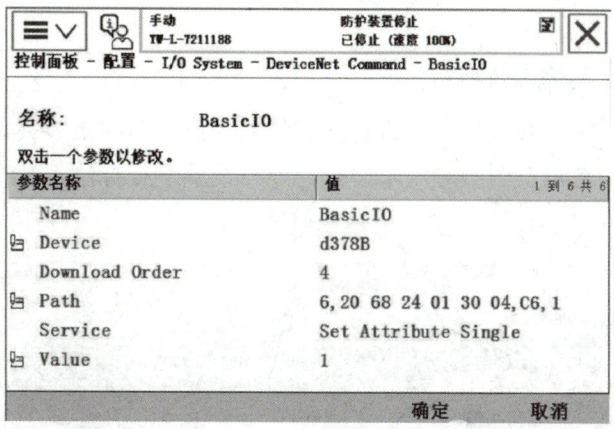

图 4-45　点焊机器人应用系统的通信配置（6）

（7）选择 Reset 参数，具体设置如图 4-46 所示。

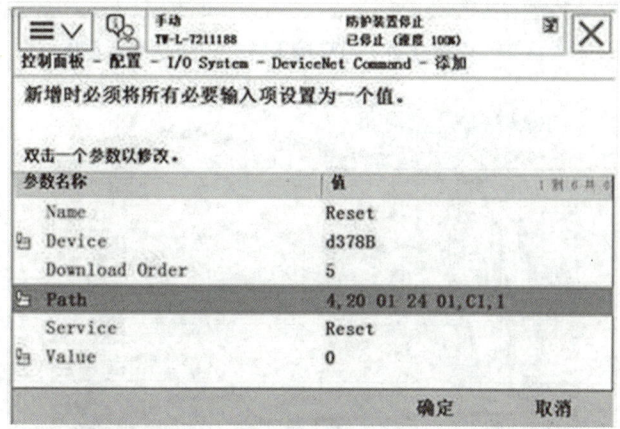

图 4-46　点焊机器人应用系统的通信配置（7）

（8）设置完成后重新开机，会跳出事件消息"71307"，如图 4-47 所示。进入"DeviceNet Device"选项，将"Connection Output Size"和"Connection Input Size"分别设置成 46、47，重新开机后便可完成通信配置。

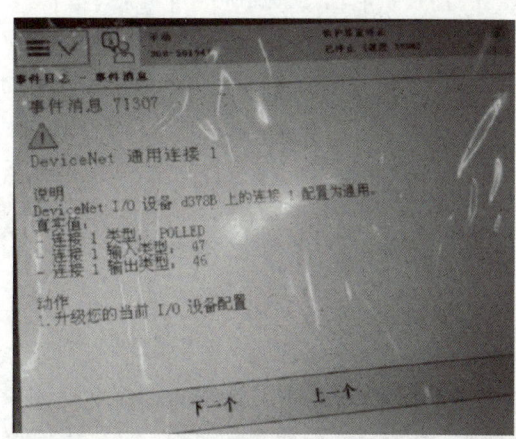

图 4-47　点焊机器人应用系统的通信配置（8）

五、点焊机器人应用系统的程序调试与运行

（一）点焊机器人应用系统的程序调试

在点焊机器人应用系统中，其末端执行器的核心装置为点焊钳与工装夹具。如图 4-48 所示为点焊机器人与焊接工件的工作状态示意图。对汽车门板的焊点位置进行标注，每个小球代表一个焊点位置，如图 4-49 所示。

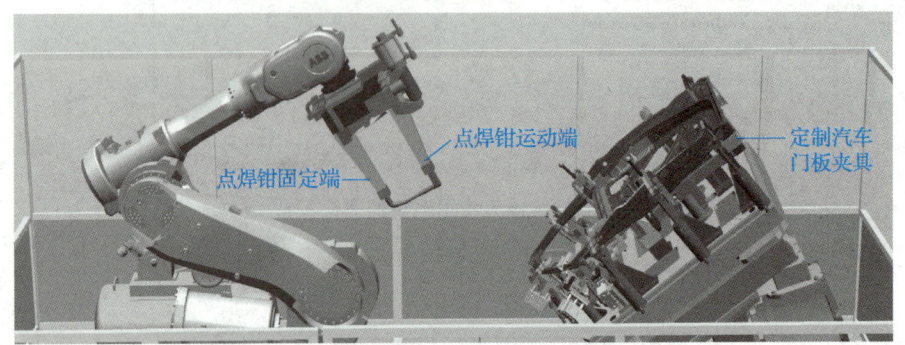

图 4-48　点焊机器人与焊接工件的工作状态示意图

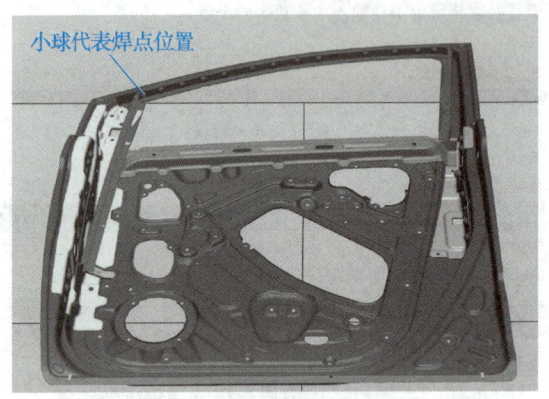

图 4-49　焊点位置示意图

在点焊作业过程中，点焊钳沿门板周围对门板进行焊接，其作业流程如图 4-50 所示。

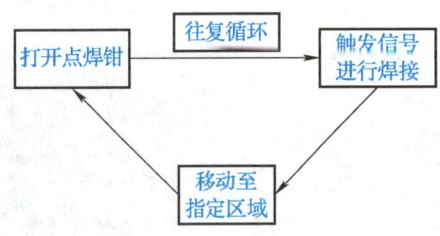

图 4-50　点焊钳的作业流程

在 RobotStudio 软件中启动点焊机器人应用系统的程序进行调试，其步骤如下。

（1）在 RobotStudio 软件中打开点焊机器人应用系统的程序文件。

（2）如图 4-51 所示，打开虚拟示教器，在虚拟示教器中，进行点焊机

点焊机器人应用系统的程序文件

器人应用系统调试的相关操作，具体调试步骤与搬运机器人应用系统的调试步骤相同。

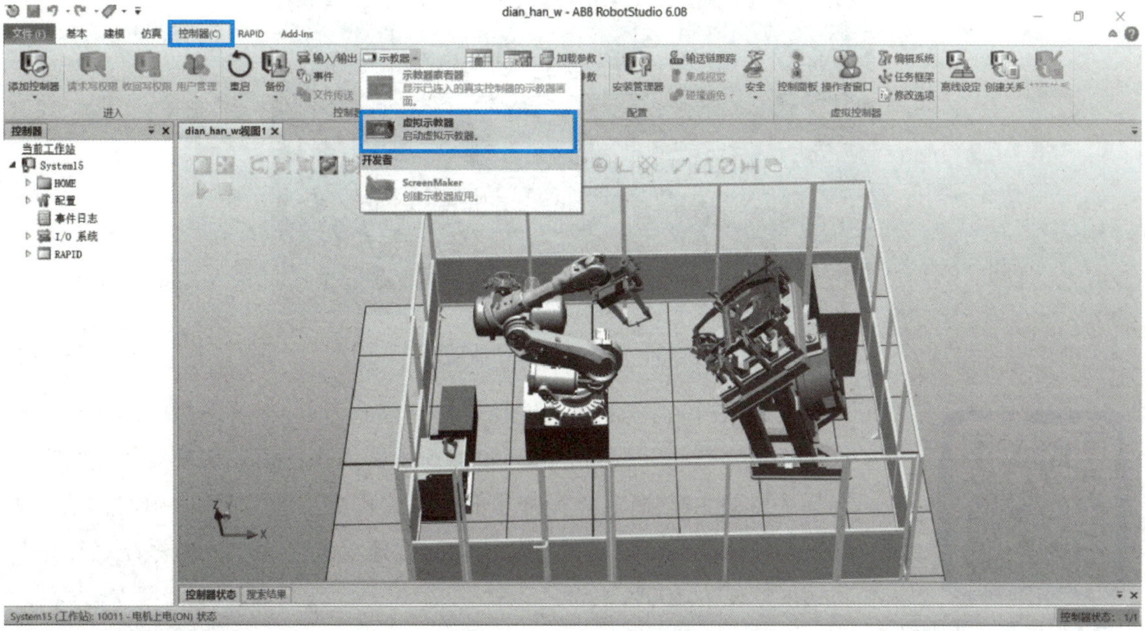

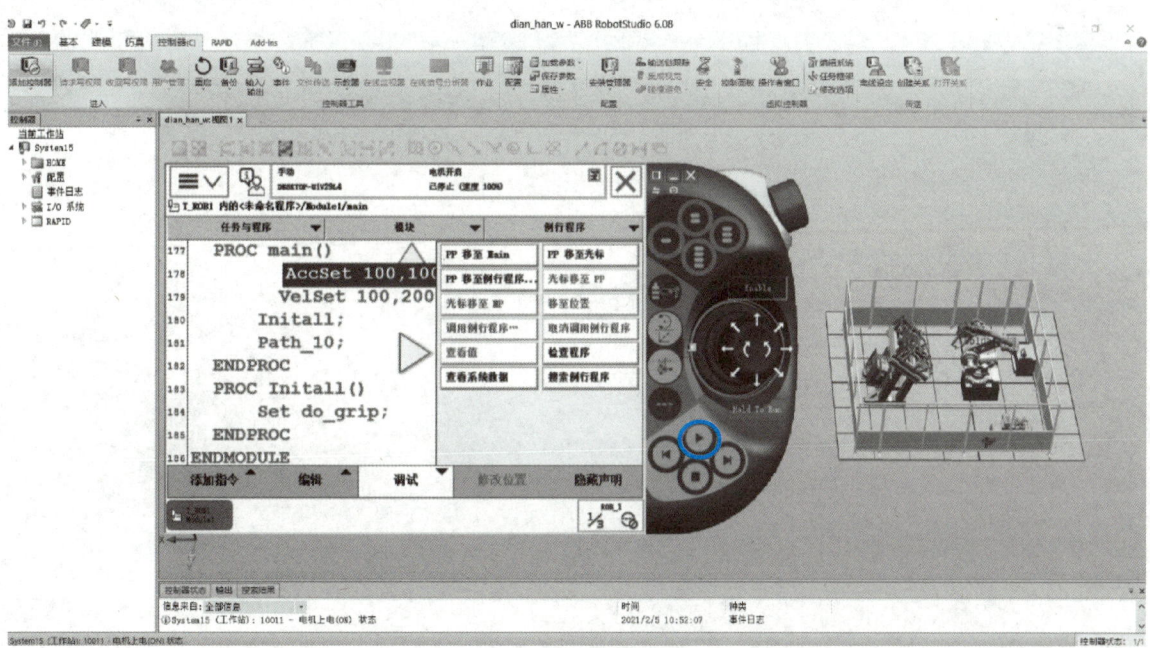

图 4-51 RobotStudio 界面

（3）如图 4-52 所示，单击圈中的"启动"按钮，进行程序调试。

图 4-52 进行程序调试

（二）点焊机器人实验平台的整体运行

（1）确认点焊机器人是否在原点位置，若不在，应手动控制点焊机器人移动到原点位置。点焊机器人作业现场如图 4-53 所示。

图 4-53 点焊机器人作业现场

（2）在控制器面板上选择"自动模式"，并在状态栏中确认点焊机器人已切换至"自动"状态；然后将点焊机器人运行模式切换为"连续"模式，选择"自动生产窗口"，在弹出的"重置程序指针"窗口中单击"是"按钮；最后调整自动运行速度，首次自动运行建议选择 50%，待系统运行正常后再将速度恢复为 100%。

（3）在电机上电状态下，单击"运行"按钮，启动系统程序，观察程序启动后系统的运行情况。

点焊机器人应用系统模拟运行

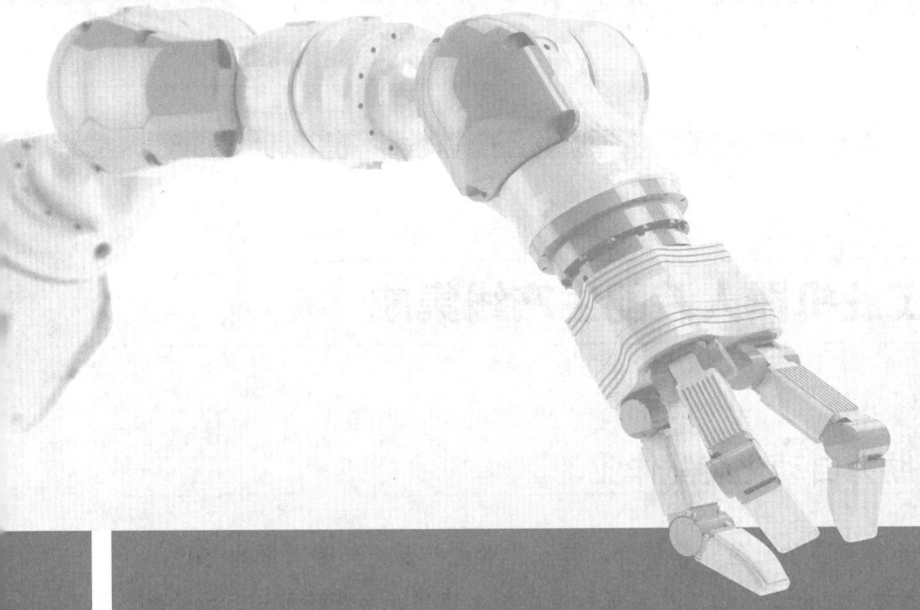

项目五
工业机器人自动生产线集成

项目导读

　　工业机器人自动生产线是按照工艺顺序整合而成的，能够自动完成产品全部或部分制造过程的生产系统，它可在无人干预的情况下按规定的程序或指令自动进行操作或控制，其目标是"稳、准、快"。采用工业机器人自动生产线不仅可以把人从繁重的体力劳动与恶劣的工作环境中解放出来，而且还能极大地提高劳动生产效率，增强人类认识世界和改造世界的能力。本项目在分析工业机器人装配和喷涂生产线工作任务的基础上，介绍这两种生产线的硬件选型、软件配置与系统集成的相关知识，并分别进行安装、调试与运行。

素质目标

- 培养爱国情怀，坚定制度自信。
- 养成环保节能意识与安全责任意识。
- 弘扬执着专注、精益求精的工匠精神。

学习目标

- 理解工业机器人装配生产线的任务分析。
- 掌握工业机器人装配生产线的硬件选型、软件配置与集成。
- 正确完成工业机器人装配生产线的安装、调试与运行。
- 理解工业机器人喷涂生产线的任务分析。
- 掌握工业机器人喷涂生产线的硬件选型、软件配置与集成。
- 正确完成工业机器人喷涂生产线的安装、调试与运行。
- 掌握点焊机器人应用系统的硬件选型与软件配置。
- 认识实际案例中点焊机器人应用系统的安装、调试与运行。

任务一　工业机器人装配生产线集成

任务引入——国家政策助力自动化装配作业

装配作业在现代工业生产中占有十分重要的地位。据统计，装配作业占产品生产劳动量的 50%～60%，在某些场合该比例甚至更高。例如，在电子厂的芯片装配和电路板生产中，装配作业占劳动量的 70%～80%。目前企业已经逐步开始使用工业机器人装配复杂部件，如发动机、电动机、大规模集成电路等，采用工业机器人装配生产线来实现自动化装配作业已成为现代化生产的必然趋势。这些自动化装配作业的实现，离不开国家政策的支持，得益于建立健全关键核心技术攻关的新型举国体制，体现出了我国集中力量办大事的制度优势。

本任务首先介绍工业机器人装配生产线的任务分析，然后在此基础上分析工业机器人装配生产线的硬件选型、软件配置、布局与集成。本任务的知识与技能要求如表5-1所示。

表5-1　知识与技能要求

任务内容	工业机器人装配生产线集成	学习程度		
		识记	理解	应用
学习任务	工业机器人装配生产线的任务分析		●	
	工业机器人装配生产线的硬件选型			●
	工业机器人装配生产线的软件配置			●
	工业机器人装配生产线的布局与集成案例		●	
实训任务	工业机器人装配生产线的集成			●
自我勉励				

班级_____ 姓名_____ 学号_____

任务工单

1. 任务描述

根据工业机器人装配生产线的设计背景与要求，并结合实际情况，为工业机器人装配生产线选择合适的硬件设备，然后对设备进行连接布局，通过程序完成软件配置后，进行工业机器人装配生产线的调试与运行。将任务内容、任务目的、装配机器人类型、末端执行器类型及所用传感器类型填入表 5-2 中。

表 5-2 任务描述

任务内容	
任务目的	
装配机器人类型	
末端执行器类型	
所用传感器类型	

2. 小组分工

以 3~5 人为一组，选出组长并进行任务分工，将小组成员及分工情况填入表 5-3 中。

表 5-3 小组成员及分工情况

班级		组号		指导教师	
小组成员	姓名	学号	任务分工		
组长					
组员					

3. 获取信息

在进行具体工作前，需要掌握工业机器人装配生产线集成的相关知识。请各组组长组织组员收集相关资料，回答下列问题。

引导问题 1：按照规定的技术要求，将若干个零件组合成部件或将若干个零件和部件组合成产品的过程，称为_____。

引导问题 2：根据手臂运动形式的不同，装配机器人可分为_____、_____、平面关节型和_____等类型。

引导问题 3：常见的装配机器人末端执行器有_____、_____、专用式、组合式等类型。

引导问题 4：装配机器人经常使用的传感器有_____、_____、接近觉传感器、_____和滑觉传感器等。

引导问题 5：在实际生产中，常见的工业机器人装配生产线多采用_____

班级_____   姓名_____   学号_____

或_____。

引导问题6：装配机器人应用在工业机器人装配生产线中具有哪些优势？

引导问题7：简述装配机器人安全保护系统的组成与作用。

4．制订计划

（1）制订工作计划，并将其填入表5-4中。

表5-4　工作计划

步骤	工作内容	负责人

班级_____ 姓名_____ 学号_____

（2）将实施过程中所需工具、耗材等的清单填入表 5-5 中。

表 5-5 实施过程中所需工具、耗材等的清单

序号	名称	型号与规格	单位	数量	备注

5．进行决策

（1）每人阐述工作计划。

（2）组员之间进行提问与答疑，选出最佳计划。

（3）教师对各组的工作计划进行点评。

6．任务实施

按照本组确定的最佳计划进行工业机器人装配生产线集成的各项任务，然后根据实际操作过程，将实施步骤、实施内容及实施过程中遇到的问题和解决办法记录在表 5-6 中。

表 5-6 任务实施过程记录表

序号	实施步骤	实施内容	遇到的问题和解决办法

班级_____   姓名_____   学号_____

表 5-6（续）

序号	实施步骤	实施内容	遇到的问题和解决办法

7．考核评价

各组代表讲述与展示任务实施成果，并配合指导教师完成如表 5-7 所示的考核评价表。

表 5-7　考核评价表

项目名称	评价内容	分值	评价分数		
			自评	互评	师评
职业素养考核项目 40%	无迟到、无早退、无旷课	6分			
	仪容仪表符合规范要求	6分			
	具备良好的安全意识与责任意识	10分			
	具备良好的团队合作与交流能力	6分			
	具备较强的纪律执行能力	6分			
	保持良好的作业现场卫生	6分			
专业能力考核项目 60%	积极参加教学活动，按时完成任务工单	12分			
	操作规范，符合作业规程	18分			
	操作熟练，工作效率高	12分			
	任务完成情况良好	18分			
	合计	100分			
总评	自评（20%）+互评（20%）+师评（60%）=____	综合等级：____	教师（签名）：		

知识准备

一、工业机器人装配生产线的任务分析

在大批量的生产作业中，加工过程的自动化可大大提高生产效率，保证产品质量的稳定性。为了与加工过程的自动化相适应，装配过程也要实现自动化。工业机器人装配生产线就是装配过程自动化的典型应用案例，它包括零件供给、装配作业和装配对象传送等环节的自动化。工业机器人装配生产线主要用于大批量生产且产品结构适合于自动装配作业的工厂中，以及劳动条件比较恶劣或危险的场合。

按照规定的技术要求，将若干个零件组合成部件或将若干个零件和部件组合成产品的过程，称为装配作业。装配机器人是为完成装配作业而专门设计的工业机器人。工业机器人装配生产线是指使用一台或多台配有控制系统、辅助装置及周边设备的装配机器人，完成特定装配任务的生产单元，如图5-1所示。

图 5-1 工业机器人装配生产线

装配机器人与其他工业机器人相比，具有精度高、柔性好、工作范围小等特点，并且能与其他系统配套使用。装配机器人作为工业机器人装配生产线的核心设备，其主要优势可归纳为以下几点。

（1）操作速度快，加速性能好，可缩短工作循环的时间。

（2）具有极高的重复定位精度，能够确保良好的装配精度。

（3）能够实时调节生产节拍和末端执行器的动作状态，可以通过更换不同的末端执行器来适应装配任务的变化。

（4）能够与零件供给器、输送设备等辅助装置集成，还能与其他系统配套使用，可实现柔性化生产。

装配机器人作业现场

（5）通常配有各种传感器，可大大提高装配机器人的作业性能和环境适应性，保证装配任务完成的准确性。

二、工业机器人装配生产线的硬件选型

工业机器人装配生产线的硬件组成包括装配机器人、末端执行器、各种传感器、安全保护系统及其他辅助装置等。

（一）装配机器人

在选择装配机器人时，应保证装配机器人具有较高的速度（加速度）和较高的定位精度，包括重复定位精度和准确度。由于装配作业的种类繁多，特点各不相同，所以还要考虑装配作业的特点。

从装配作业的统计数据来看，插装作业约占装配作业的 85%，如将销、轴、电子元件管脚等插入相应的孔，将螺钉拧入螺孔等。因此，进行装配作业的装配机器人根据手臂运动形式的不同可分为直角坐标型、垂直多关节型、平面关节型和并联关节型等类型。

1. 直角坐标型装配机器人

直角坐标型装配机器人又称单轴机械手，它是目前工业机器人中是最简单的一类，具有操作与编程简单等优点，如图 5-2 所示。直角坐标型装配机器人以 XYZ 直角坐标系统为基准，在 X 轴、Y 轴和 Z 轴上进行线性运动，并被限制在框架内，其最大工作空间类似于一个矩形，可用于零部件移送、简单插入与旋拧等作业。装配机器人的整体结构采用模块化设计，关节处大多装备有球形螺钉和伺服电动机，可实现装配机器人的快速移动和精确定位。直角坐标型装配机器人多为龙门式或悬臂式，现已广泛应用于节能灯装配、电子类产品装配和液晶屏装配等场合。

2. 垂直多关节型装配机器人

垂直多关节型装配机器人又称垂直串联关节式装配机器人，如图 5-3 所示。该类装配机器人大多具有 6 个自由度，能够以任意姿态到达空间上的任意位置。因此这类机器人所面向的是三维空间中任意位置和任意姿态的作业，其最大工作空间类似于一个球体，通常使用极坐标系定义空间中的点。

图 5-2 直角坐标型装配机器人

图 5-3 垂直多关节型装配机器人

3. 平面关节型装配机器人

平面关节型装配机器人又称水平串联关节式装配机器人或 SCARA 机器人，是目前装配生产线上应用数量最多的一类装配机器人，如图 5-4 所示。

平面关节型装配机器人具有一个牢固的底座，它的机械手臂固定在 Z 轴上，可在 X 轴、Y 轴上做旋转运动。机械手臂的中间还有一个附加的 XY 轴关节，机械手臂末端的线性驱动器使 Z 轴运动对底座平面成 90°，线性驱动器还有一个额外的 θ 轴，因此这类机器人一共具有 4 个自由度（两个回转关节、上下移动以及手腕的转动），其最大工作空间相当于圆柱体的一部分，大量装配作业是垂直向下的。

平面关节型装配机器人属于精密型装配机器人，具有速度快、精度高、柔性好等特点，多采用交流伺服电机驱动，具有较高的重复定位精度，适合工厂柔性化生产需求，广泛应用于电子、机械和轻工业等产品的装配。

4．并联关节型装配机器人

并联关节型装配机器人又称拳头机器人、蜘蛛机器人或 Delta 机器人，是一种轻型、结构紧凑的高速装配机器人。并联关节型装配机器人可安装在任意倾斜角度上，独特的并联机构可实现快速、敏捷的动作且减小了非累积定位误差，如图 5-5 所示。

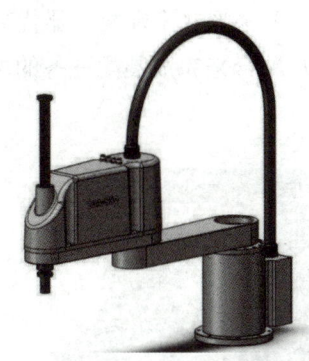

图 5-4　平面关节型装配机器人

图 5-5　并联关节型装配机器人

并联关节型装配机器人有三组手臂和线性驱动器，当对线性驱动器施加作用力时，末端执行器会在 X 轴、Y 轴和 Z 轴上移动但是不会出现旋转。与机械手臂不同，这类机器人可在工作空间内进行 360°的圆形移动，一般通过示教编程或视觉系统捕捉目标物体，由三个并联的伺服轴确定爪具中心（TCP）的空间位置，实现对目标对象的装配作业。

（二）末端执行器

装配机器人的末端执行器是机器人手腕末端机械接口所连接的用于直接夹持工件的夹具，类似于搬运、码垛机器人的末端执行器。常见的装配机器人末端执行器有吸附式、夹钳式、专用式、组合式等类型。

1．吸附式末端执行器

吸附式末端执行器的结构相对来说比较简单，且价格便宜，广泛应用于电视、鼠标等轻小物品的装配场合。如图 5-6 所示为装配机器人的吸附式末端执行器。

2．夹钳式末端执行器

夹钳式末端执行器是装配作业中最常用的一类末端执行器，如图 5-7 所示。夹钳式末端执行器多为气动或由伺服电机驱动，采用闭环控制且配备传感器，可实现准确的启动、停止、调速控制，并能对外部信号做出准确反应。夹钳式末端执行器具有质量轻、力度大、速度快、惯性小、灵敏度高、转动平滑、力矩稳定等特点，其结构类似于用于搬运作业的夹钳式末端执行器，但其精度和柔顺性更高。

图 5-6　吸附式末端执行器

图 5-7　夹钳式末端执行器

3. 专用式末端执行器

专用式末端执行器是在装配中针对某一类装配场合而单独设定的末端执行器，且部分带有磁力，常用于螺钉、螺栓的装配，如图5-8所示。专用式末端执行器与夹钳式末端执行器类似，多为气动或由伺服电机驱动。

4. 组合式末端执行器

组合式末端执行器是通过各种形式末端执行器的组合，来获得各单种形式末端执行器优势的一类末端执行器，如图5-9所示。其灵活性较大，多用于需要多台机器人相互配合来完成装配任务的场合，可以大幅节约时间、提高效率。

图5-8 专用式末端执行器

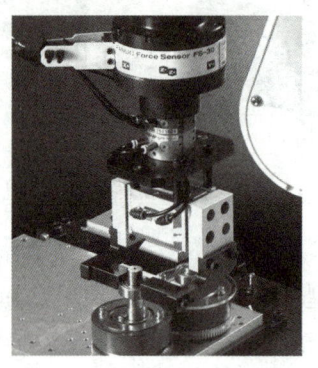

图5-9 组合式末端执行器

（三）常用的传感器

带有传感器的装配机器人可以获取装配机器人与环境、装配对象间相互作用的信息，以便更好地适应装配对象并进行柔性装配作业，如销、轴、螺钉、螺栓等的柔性装配作业。装配机器人经常使用的传感器有视觉传感器、触觉传感器、接近觉传感器、力觉传感器和滑觉传感器等。

1. 视觉传感器

视觉传感器的主要功能是获取足够信息量的原始图像，通过零件平面测量、形状识别等检测行为，完成零件或工件的位置补偿、零件残次品的判别和确认等。

2. 触觉传感器

触觉传感器一般固定在末端执行器的指端，只有末端执行器与被装配对象相互接触时才起作用。触觉传感器主要用于判断装配机器人（主要指四肢）是否接触到外界物体或测量被接触物体的硬度特征。常见的触觉传感器有微动开关、导电橡胶、含碳海绵、碳素纤维、气动复位装置等。

3. 接近觉传感器

接近觉传感器也固定在末端执行器的指端，在末端执行器与被装配对象接触前起作用，是一种非接触传感器。装配机器人利用它可以感觉到近距离的对象或障碍物，同时检测出与物体的距离、相对倾角，甚至对象的表面特性，以防止碰撞，实现无冲击接近和抓取操作。接近觉传感器比视觉传感器和触觉传感器结构简单，应用也更为广泛。

4. 力觉传感器

力觉传感器主要用于测量工业机器人自身或与外界相互作用而产生的力或力矩，普遍应用于各类工业机器人中，通常安装在工业机器人的各关节处，如图5-10所示。在装配机器人中，力觉传感器不仅用于末端执行器与环境作用过程中力的测量，还用于装配机器人自身的运动控制和末端执行器夹持物体的夹持力测量。装配机器人常用的力觉传感器有关节力传感器、腕力传感器、指力传感器等。

图 5-10　力觉传感器

5. 滑觉传感器

滑觉传感器用于判断工业机器人抓握物体时物体是否产生滑移和测量物体产生的滑移量，它实际上是一种位移传感器。根据有无滑动方向检测功能，滑觉传感器可分为无方向性、单方向性和全方向性三种类型。

（1）无方向性滑觉传感器：当物体滑动时，探针产生振动并转换为相应的电信号。该传感器只能判断出物体是否存在滑动，而无法检测滑动方向。

（2）单方向性滑觉传感器：以滚筒光电式滑觉传感器为例，当被测物体的滑移使滚筒转动时，光敏二极管接收到透过码盘（装在滚筒的圆面上）的光信号，并将这种光信号转变成与滚筒转角对应的电信号，从而检测出物体的滑动方向。

（3）全方向性滑觉传感器：其表面为包有绝缘材料的金属球。金属球体与绝缘材料构成导电区和不导电区，两者成经纬分布。当物体产生滑移时，金属球发生转动，使球表面上的导电与不导电区交替接触电极，从而产生通断信号。通过对通断信号的解析即可得出滑移方向和滑移量。

（四）安全保护系统

装配机器人的安全保护系统主要包括监控系统、气动系统、安全线等。

（1）监控系统：工业机器人装配生产线上一般有多台装配机器人与配套的专用设备，它们各自完成一定的动作，为了保证这些动作按既定程序执行和系统的安全运转，监控系统必须严格对其作业状态进行检测与监控，根据检测信号来防止错误操作，必要时还要进行人工干预。

（2）气动系统：针对具体情况，使用专用气源装置，将空气过滤、除湿，保证气压稳定。在保证全线生产效率的前提下，需要对气缸采取适当的缓冲措施以避免冲击。

（3）安全线：安全线使用安全栅栏，使工件上下料按规定的路线进行，并且能够避免非操作人员进入作业区。

（五）其他辅助装置

装配机器人进行装配作业时，除了需要装配机器人本体和装配设备等主要装置之外，还需要一些起辅助作用的装置，如零件供给装置和工件输送装置等。

1. 零件供给装置

零件供给装置的主要作用是提供机器人装配作业所需零部件，保证装配机器人能逐个正确地抓取待装配零件，使装配作业正常进行。目前运用最多的零件供给装置主要是给料器和托盘。

（1）给料器：用振动或回转机构把零件排齐，并逐个送到指定位置，通常用来输送小零件。如图 5-11 所示为振动式给料器。

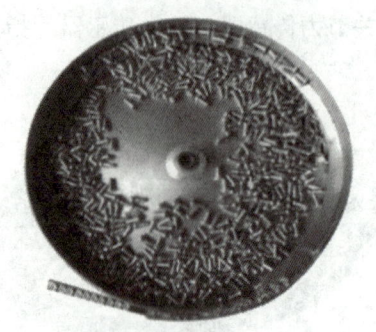

图 5-11 振动式给料器

（2）托盘：用来运输大零件或容易损坏划伤的零件。托盘能按照一定精度要求将零件送到给定的位置，然后再由装配机器人逐个取出。但由于托盘容纳量有限，故在实际装配作业中往往带有托盘自动更换机构来满足生产需求。托盘的样式多种多样，可根据实际生产需要合理配置托盘，如图 5-12 所示。

图 5-12 托盘

2．工件输送装置

在工业机器人装配生产线上，工件输送装置承担着把工件搬运到各作业地点的任务。工件输送装置通常采用传送带，工件随传送带一起运动，借助传感器或限位开关可实现传送带和托盘同步运行，方便装配。工件输送装置常见的技术问题是停止精度、停止时的冲击和减速振动，而利用减速器可提高停止精度，缓解冲击和振动。

三、工业机器人装配生产线的软件配置

不同装配机器人的参数设置是不同的，现以 ABB 装配机器人参数设置为例进行介绍。

在"控制器"菜单中打开"虚拟示教器"，将界面语言改为中文，然后选择"ABB 菜单"→"控制面板"→"配置"选项，进入"I/O 主题"，对 I/O 信号进行配置。在装配机器人中配置 DSQC652 标准板时，需要在 Unit 中设置 I/O 单元的相关参数，如表 5-8 所示。

表 5-8 在 Unit 中设置 I/O 单元的相关参数

Name	Type of Unit	Connected to Bus	DeviceNet Address
Board10	D652	DeviceNet1	10

在某工业机器人装配生产线中,需要配置的 I/O 信号有以下几种。

(1)数字输出信号 do Vacuum On,用于控制吸盘产生真空。

(2)数字输出信号 do Glue On,用于控制胶枪涂胶。

(3)数字输出信号 do Vis I/O On,用于控制虚拟视觉系统启动。

(4)数字输入信号 di Process Start,工业机器人装配生产线启动信号,可随机选择车窗框体样式。

(5)数字输入信号 di Vis I/O On Finished,虚拟视觉系统识别并定位完成。

(6)组输入信号 gi Type,当前随机选择的车窗框体样式编号,取值范围为 1~3。

I/O 信号参数的配置如表 5-9 所示。

表 5-9 I/O 信号参数的配置

Name	Type of Signal	Assigned to Unit	Unit Mapping
do Vacuum On	Digital OutPut	Board10	0
do Glue On	Digital OutPut	Board10	1
do Vis I/O On	Digital OutPut	Board10	2
di Process Start	Digital InPut	Board10	2
di Vis I/O On Finished	Digital InPut	Board10	3
gi Type	Group InPut	Board10	1~3

四、工业机器人装配生产线的布局与集成案例

(一)工业机器人装配生产线的布局

工业机器人装配生产线为柔性化装配单元,其合理的工位布局将直接影响到生产效率。在实际生产中,常见的工业机器人装配生产线多采用回转式布局或线式布局。

1. 回转式布局

采用回转式布局的工业机器人装配生产线可将装配机器人聚集在一起进行配合装配,也可进行单工位装配,灵活性较大,可针对一条或两条生产线,具有较小的输送线成本和占地面积,广泛应用于大、中型装配作业。

工业机器人装配生产线运行演示

2. 线式布局

采用线式布局的工业机器人装配生产线将装配机器人排布于生产线的一侧或两侧,具有生产效率高、装配资源利用率高、人员维护成本低等优点,一个人便可监视全线装配作业,因此广泛应用于小物件的装配场合。

(二)工业机器人装配生产线的集成案例

下面以吊扇电动机自动装配生产线为例,介绍工业机器人装配生产线的集成。如图 5-13 所示为吊扇电动机的结构,它由下盖、转子、定子和上盖等组成。定子上下各由一个深沟球轴承支承,而整个电动机则用三套螺钉垫圈连接,电动机质量约为 3.5 kg,外径尺寸为 180~200 mm,生产节拍为 6~8 s。使用工业机器人装配生产线后,产品质量可显著提高。

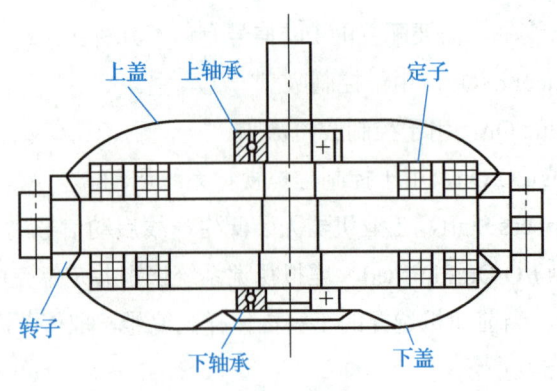

图 5-13 吊扇电动机的结构

如图 5-14 所示为工业机器人装配生产线的平面布置图。整条生产线呈框体布局，全线有 14 个工位，34 套随行夹具分布于生产线上，并按规定节拍同步传送。该生产线使用 5 台装配机器人，各配有 1 台自动送料机，另有 3 台压力机，6 台/套各种功能的专用设备。

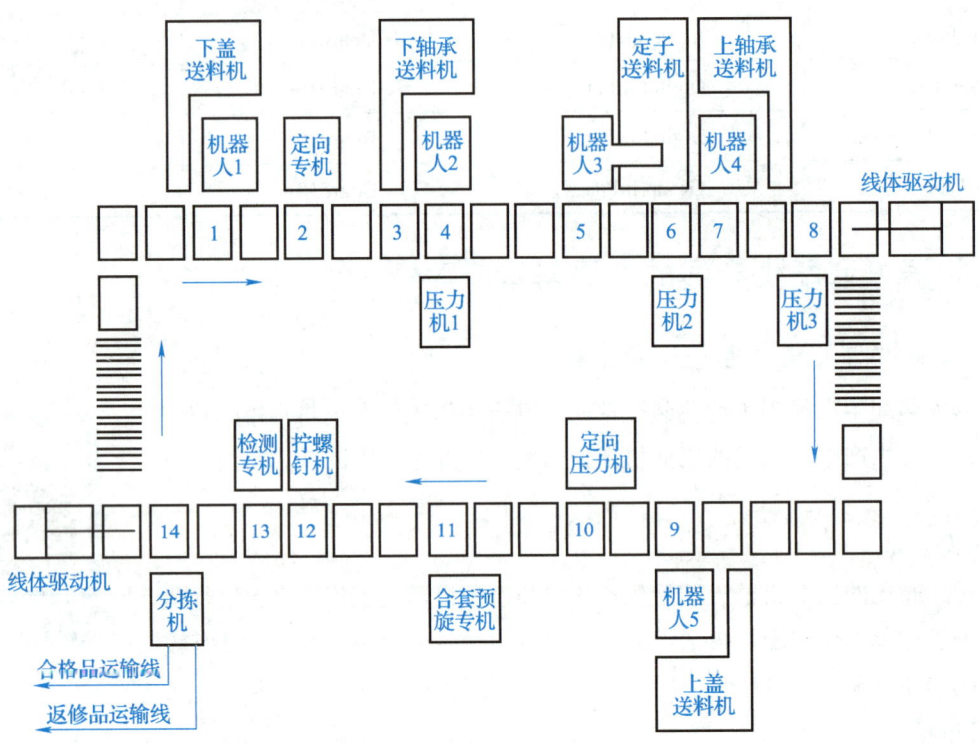

图 5-14 工业机器人装配生产线的平面布置图

工业机器人装配生产线各工位负责的装配作业如下。

工位 1：机器人 1 从下盖送料机上夹持下盖，用光电检测装置检测螺孔定向，并将下盖放入夹具内定位夹紧。

工位 2：定向专机对螺孔进行精确定位，先松开夹具，利用三个定向销校正螺孔位置，然后重新夹紧。

工位 3：机器人 2 从下轴承送料机上夹持下轴承，并将其放入夹具内的下盖轴承室。

工位 4：压力机 1 将下轴承压装到位。

工位 5：机器人 3 从定子送料机上夹持定子，并将其放入下轴承孔中。

工位 6：压力机 2 将定子压装到位。

工位 7：机器人 4 从上轴承送料机上夹持上轴承，并将其套入定子轴颈。

工位 8：压力机 3 将上轴承压装到位。

工位 9：机器人 5 从上盖送料机上夹持上盖，用光电检测装置检测螺孔定向，并将上盖放在上轴承上面。

工位 10：定向压力机先用三个定向销把上盖螺孔精确定向，随后将上盖压装到位。

工位 11：三台合套预旋专机把弹性垫圈和平垫圈分别套在螺钉上，送到抓取位置；三个机械手分别夹持螺钉，送到工件处并插入螺孔中，由合套预旋专机把螺钉拧入螺孔三圈。

工位 12：拧螺钉机以一定扭矩把三个螺钉同时拧紧。

工位 13：检测专机以一定扭矩转动定子，按转速确定电动机装配质量，分成合格品和返修品，然后松开夹具。

工位 14：分拣机从夹具中夹持已装好或未装好的电动机，分别送到合格品或返修品运输线上。

在该装配生产线中，吊扇电动机的装配包括轴孔嵌套和螺纹装配两种基本操作。其中，轴孔嵌套为过渡配合下的轴孔嵌套，这对于装配生产线的设计有决定性的影响。下面从装配机器人、夹持器、上下轴承送料机、上下盖送料机、定子送料机、监控系统等工业机器人装配生产线的硬件选择上，详细介绍工业机器人装配生产线的集成。

1. 装配机器人

装配机器人在进行装配作业时，应满足以下功能要求。

（1）利用装配机器人的码垛功能，实现对零件的顺序抓取，并将排好顺序的零件运送到装配位置。

（2）配合使用柔性定心装置，实现零件在装配位置上的自动定心和插入轴孔。

（3）利用装配机器人及其控制器，配合光电检测装置和识别微处理器，实现螺孔的识别、定向和螺钉装配。

（4）利用装配机器人的示教功能，简化设备的安装调试工作。

（5）使工业机器人装配生产线能够适应产品规格的变化，具有更大的柔性。

根据上述分析，装配机器人应有垂直上下运动，以抓取和放置零件；有水平两个坐标的运动，把零件从送料机运送到夹具上；还有一个绕垂直轴的运动，以实现螺孔的检测。因此，装配机器人选择了具有 4 个自由度的 SCARA（selective compliance assembly robot arm）型机器人，如图 5-15 所示。由于定子采用装料板顺序运送的送料方式，每一个装料板上安放 6 个定子，要求装配机器人必须有较大的工作区域，因此定子的装配选择了直角坐标型机器人。

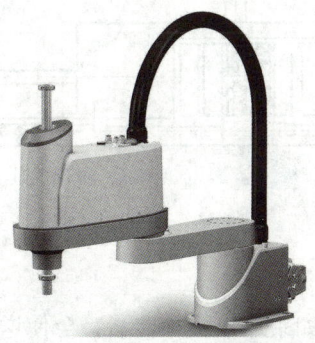

图 5-15　SCARA 型机器人

对于两种形式的装配机器人来说，根据作业要求，水平坐标行程为 600 mm；垂直坐标行程在工件装入定子之前取 100 mm，在装入定子之后，由于定子轴上端有一个保护导线的套管，需要增加 100 mm 行程，因此选择 100 mm 和 200 mm 两种规格。

工厂要求的生产节拍为 6～8 s，为保证达到这一效率，两种形式的装配机器人都选择高速型。其中，SCARA 型机器人第一臂和第二臂的综合运动速度为 5.2 m/s，Z 轴垂直运动速度为 0.6 m/s；直角坐标型机器人的平面运动速度为 1.5 m/s，垂直运动速度为 0.25 m/s。

装配机器人的持重由工件和夹持器的质量共同决定，工件中质量最重的是定子，质量为 2.5 kg，上下盖或轴承等其他工件都比较轻，再考虑到夹持器的质量，因此装配机器人的持重选择 5 kg。为了提高定位精度，根据装配机器人生产厂家提供的技术资料，SCARA 型机器人的重复定位精度选择 ±0.05 mm，直角坐标型机器人的重复定位精度选择 ±0.02 mm。

2．夹持器

夹持器是装配机器人完成装配作业的关键机械装置，该工业机器人装配生产线将形状记忆合金（SMA）驱动元件应用在夹持器中，用于在一些场合代替传统的驱动元件（如电动机、油压或气压活塞）。由于驱动与执行器件已被集成于夹持器中，因此不需要复杂的减速或传动装置。该类型的夹持器结构简单、质量轻、操作方便，非常适合在小负载、高速、高精度的装配作业中使用。

3．上下轴承送料机

轴承零件外形规则、尺寸较小，因此采用料仓储料式送料装置。如图 5-16 所示为轴承送料机，它主要由一级料仓、二级料仓、料道、给油器、机架、隔离板、行程程序控制系统（图中未标出）、气压传动系统（包括输出气缸、隔离气缸、分拣输送气缸和数字气缸）等组成。

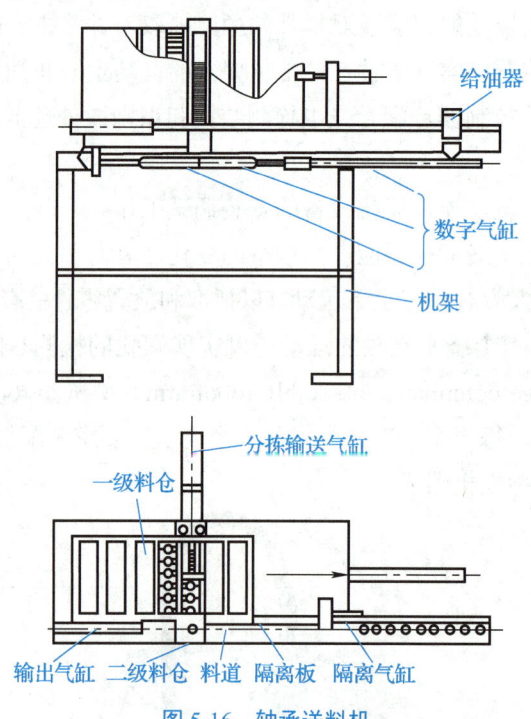

图 5-16　轴承送料机

4．上下盖送料机

由于上盖与下盖的零件尺寸较大，如果追求增加储量，会使送料装置过于庞大，因此应着重从方便加料方面考虑，把选择重点放在加料后能自动整列和传送上，所以应采用圆盘式送料装置。如图 5-17 所示为上下盖送料机，它主要由电磁调速电动机和传动机构、转盘、拨料板、送料气缸、定位气缸、导轨、定位板、机架等组成。上盖与下盖物料不宜堆叠,所以采用单层料盘。

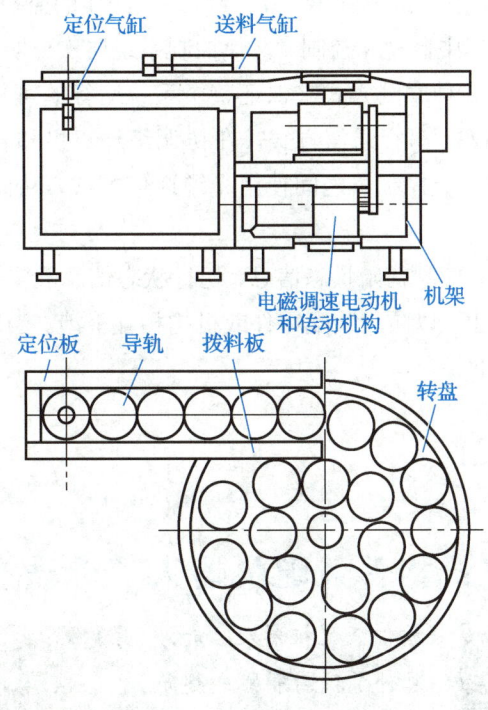

图 5-17 上下盖送料机

5. 定子送料机

由于定子已经绕上线圈,在存放和运送时不允许发生碰撞,因此定子送料机选择具有定位存放功能的装料板形式。定子送料机主要由 11 个托盘、输送导轨、托盘换位驱动气缸、机架等组成。如图 5-18 所示,定子送料机采用框架式布置,沿矩形框四边设有 12 个托盘位,其中一个为空位,用作托盘先后移动的交替位。矩形框四边各设一个气缸,在要切换托盘时循环推动各边的托盘移动一个位,在工作位(输出位)底部设定位销给工作托盘精确定位,以保证装配机器人与被抓取定子的位置关系。

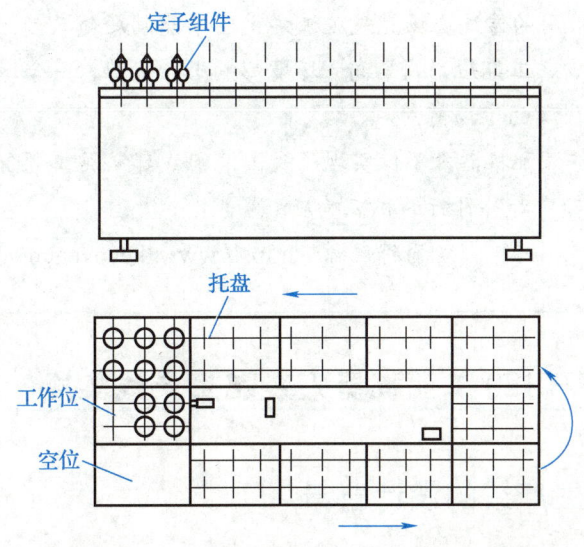

图 5-18 定子送料机

6. 监控系统

监控系统是整个工业机器人装配生产线的核心部分。该生产线的监控系统采用三级分布式控制方式，这样既实现了对整个装配过程的集中监视和控制，又使控制系统层次分明、职能分散。监控级计算机可对全线的工作状态进行监控，采用多种联网方式来保证整个系统运行的可靠性。在监控级计算机和协调级计算机的中型 PLC 之间使用 RS232 串行通信方式，在协调级计算机和各机器人控制器之间使用 I/O 连接方式，在协调级计算机和各执行级控制器之间使用光缆通信方式，从而保证了各级之间不会出现数据传输错误。

监控系统设有数百个检测点，检测初始状态信息、运行状态信息及安全监控信息；在关键部位和易出故障的部位检测危险动作是否发生，以防止装配零件或机构相互干涉。当出现异常时，监控系统将发出报警信号并控制装配机器人紧急停机。

素质课堂

国内首台建筑构件装配机器人"赤沙号"研制成功

2021年6月，国内首台建筑构件装配机器人"赤沙号"在中铁科工集团研制成功，填补了我国装配式建筑施工装备领域的一项空白。

"赤沙号"装配机器人整机长 80 m，有效跨度达到 69 m，采用双桁架主梁结构，可架设最重 120 t 的梁体，拥有 8 条能够独立动作的"腿"，每一条都可以横向、纵向行走，独立伸缩，爬坡过坎，满足跨层施工要求，并且与塔吊、现浇等施工互不干扰。

为了让机器人变得聪明灵活，设备上安装了 72 个传感器、50 个摄像头，只需要一名指挥和一名司机就能完成操作，实现了建筑装配作业人性化、自动化和智能化。

近年来，城市建筑采用的传统现场浇筑施工方式已不能满足越来越严格的环保要求，建筑构件装配机器人因其用工少、工期短、效率高、环境影响小等优势，符合绿色、节能、环保、智能的时代发展要求，具有广阔的市场前景。

"赤沙号"建筑构件装配机器人不仅实现了我国装配式建筑施工装备领域的技术突破，也是对国家实现"碳达峰、碳中和"目标的积极响应。

（资料来源：https://www.thecover.cn/news/7680284，有改动）

技能实训——IRB 120 工业机器人装配生产线集成

一、工业机器人装配生产线的设计背景

（1）客户技术要求：所要装配的工件为圆柱形，直径为 25 mm，高为 35 mm，质量约为 50 g，要求将该圆柱形工件装配到三角卡盘上，如图 5-19 所示。

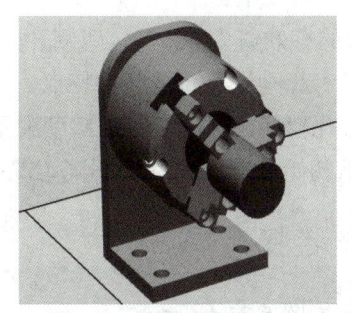

图 5-19 将圆柱形工件装配到三角卡盘

（2）生产节拍要求：工业机器人装配生产线能够在 2 s 内完成一个工件的装配作业。

（3）作业环境条件：环境温度为 5～45℃，电源电压为 220 V，作业场地长宽高分别为 2 400 mm、3 000 mm、2 200 mm。

二、工业机器人装配生产线的设备详情

工业机器人装配生产线的设备清单如表 5-10 所示。

表 5-10　工业机器人装配生产线的设备清单

设备名称	设备描述	数　量	备　注
工业机器人	ABB IRB 120-3/0.6	1 套	瑞士 ABB 产品
机器人控制器	IRC5	1 套	瑞士 ABB 产品
末端执行器	亚德客 HFZ40 型手指气缸	1 套	中国产品
PLC	西门子 S-400	1 套	德国产品
上位机	用于后台程序的编辑及显示	1 台	自选
空压机	SLB06	1 台	中国产品
机器人底座	用于机器人的安装	1 套	自选
安全围栏	保证工作人员安全	1 套	自选
工件维修台	用于损坏工件的维修	1 台	自选
设备总控台	控制设备的启停等	1 套	自选

下面主要介绍工业机器人和末端执行器的型号与参数。

（一）工业机器人的型号与参数

该工业机器人装配生产线所用工业机器人的型号为 ABB IRB 120-3/0.6，与项目三中搬运机器人应用系统选用的工业机器人型号相同，其工作范围为 580 mm，有效负载为 3 kg，手臂负载为 0.3 kg，重复定位精度为 0.01 mm，且 1 kg 拾料节拍能满足该工业机器人装配生产线对生产节拍的要求。

（二）末端执行器的型号与参数

该工业机器人装配生产线所用末端执行器为亚德客 HFZ40 型手指气缸，如图 5-20 所示。该手指气缸的缸径为 40 mm，单个气动手指闭合

图 5-20　亚德客 HFZ40 型手指气缸

夹持力的有效值为 255 N、张开夹持力的有效值为 320 N，两侧开闭行程为 30 mm，重量为 1 268 g。该手指气缸采用一体化设计的线性导轨，具有高刚性、高精度的特点。线性导轨底部附定位插销，可防止导轨和本体分离。本体附带的固定基准准心孔较深，可提高固定精度和重复拆装定位的一致性。根据客户的实际使用要求，可以定制手指气缸的夹爪初始位置，以满足不同工况条件下的需求。

三、工业机器人装配生产线的连接布局

工业机器人装配生产线的连接布局如图 5-21 所示。

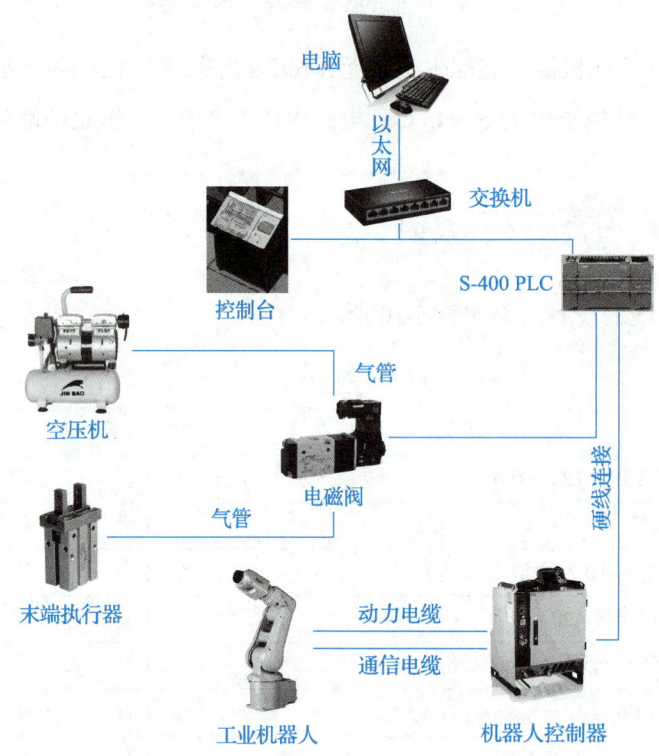

图 5-21　工业机器人装配生产线的连接布局

在工业机器人仿真模拟软件的模型中，工业机器人装配生产线装配作业部分主要由装配机器人、末端执行器、出料口、中转装配台、成品料台等组成，如图 5-22 所示。

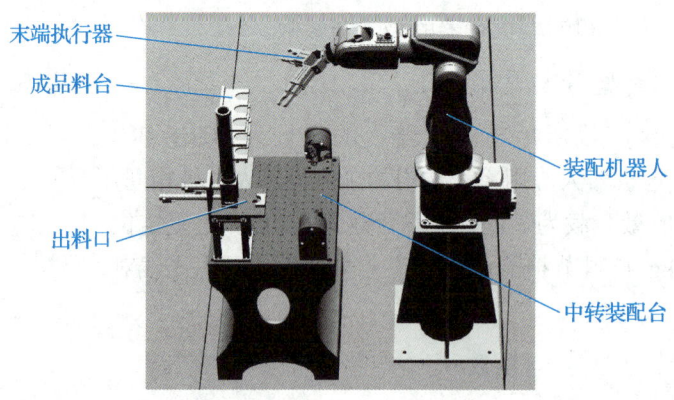

图 5-22　工业机器人装配生产线装配作业部分的组成

四、工业机器人装配生产线的通信配置

在工业机器人装配生产线中，装配机器人与控制系统通过标准 I/O 板 DSQC652 进行通信连接，如图 5-23 所示。DSQC652 板上下各有两排端子，共包含 16 个数字输入接口和 16 个数字输出接口，每一个接口对应一个地址。例如，X1.1 对应数字输出 0 号接口（do0），X1.2 对应数字输出 1 号接口（do1），X3.1 对应数字输入 0 号接口（di0），X3.2 对应数字输入 1 号接口（di1），依此类推。此外，每排端子的 9 号接口与 703 号线（COM）连接，10 号接口与 704 号线（+24 V）连接。

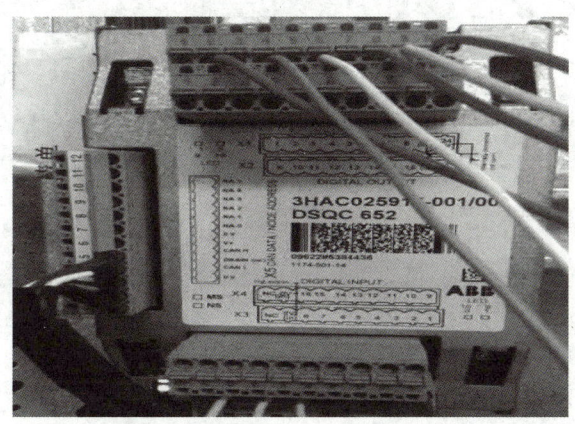

图 5-23　装配机器人与控制系统通过标准 I/O 板 DSQC652 进行通信连接

小贴士

在机器人控制系统中，需要为输入信号和输出信号都配置一个在工业机器人程序中使用的名称。例如，吸盘的吸取信号为 di0JiaZhuaStart，吸盘的松开信号为 di1JiaZhuaEnd。

因为程序不能识别汉字，所以这些信号必须是字母与数字的组合。配置再将这些名称与通信板上的物理地址一一对应。

五、工业机器人装配生产线的程序调试与运行

（一）工业机器人装配生产线的程序调试

在工业机器人装配生产线作业过程中，装配机器人先从出料口夹取工件，将其运送到中转加工台进行装配作业，然后将装配好的工件运送到成品料区，完成装配作业流程，如图 5-24 所示。

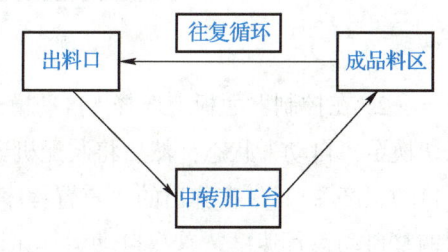

图 5-24　装配机器人的作业流程

工业机器人装配生产线的程序文件

在 RobotStudio 软件中启动工业机器人装配生产线的程序进行调试，其步骤如下：

（1）在 RobotStudio 软件中打开工业机器人装配生产线的程序文件。

（2）如图 5-25 所示，打开"虚拟示教器"，在该界面中，进行工业机器人装配生产线调试的相关操作，具体调试步骤与搬运机器人应用系统的调试步骤相同。

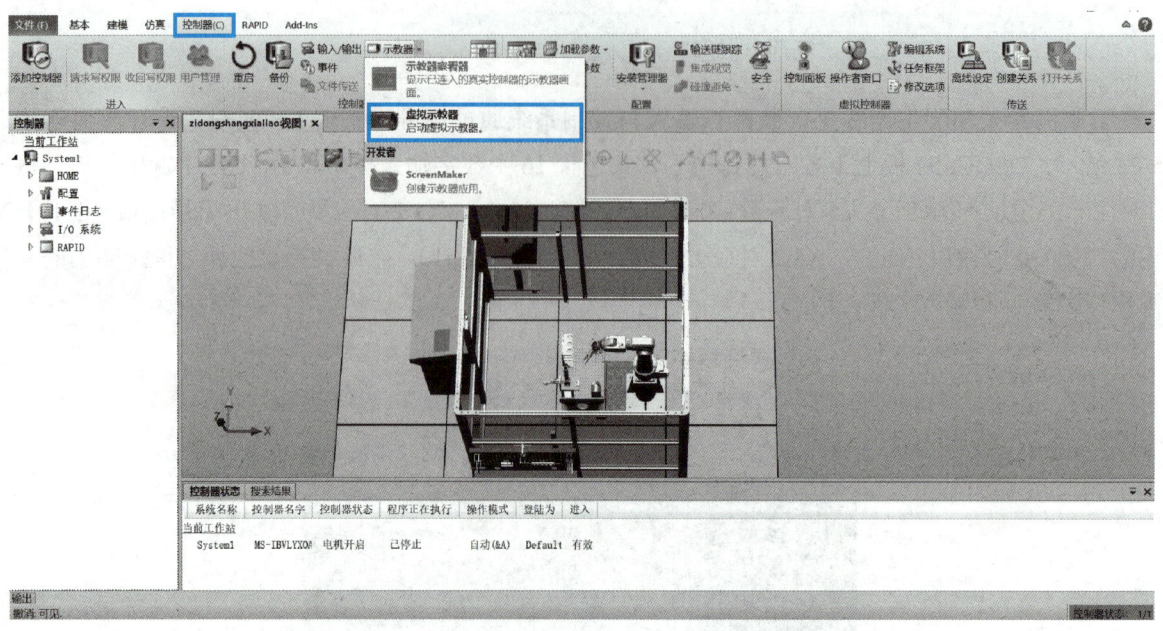

图 5-25 RobotStudio 界面

(二) 工业机器人装配生产线的整体运行

(1) 确认装配机器人是否在原点位置,若不在,应手动将装配机器人移动到原点位置。工业机器人装配生产线的试验平台如图 5-26 所示。

图 5-26 工业机器人装配生产线的试验平台

(2) 在控制器面板上选择"自动模式",并在状态栏中确认装配机器人已切换至"自动"状态;然后将装配机器人运行模式切换到"连续",选择"自动生产窗口",在弹出的"重置程序指针"窗口中单击"是"按钮;最后调整自动运行速度,首次自动运行建议选择 50%,待系统运行正常后再将速度恢复为 100%。

(3) 在电机上电状态下,单击"运行"按钮,启动系统程序,观察程序启动后系统的运行情况。

装配机器人应用系统模拟运行

任务二　工业机器人喷涂生产线集成

任务引入——保护劳动者，环保可持续

随着科学技术的发展，劳动强度大且对人体健康有损害的工种逐渐被高科技设备所代替。工业机器人喷涂生产线就是这种发展趋势的典型案例，它可以代替人在危险和恶劣环境下进行喷涂作业，使人体免受喷涂材料的危害，还可以提高材料使用率和喷涂质量，并且由于它具有可编程能力，柔性好、自动化水平高，所以能适应各种应用场合。这种技术发展不仅将劳动者从恶劣的生产环境中解放出来，而且还具有节约资源、保护环境的优点，符合我国的可持续发展战略。

本任务首先介绍工业机器人喷涂生产线的任务分析，然后在此基础上分析工业机器人喷涂生产线的硬件选型、软件配置、形式与功能模块。本任务的知识与技能要求如表 5-11 所示。

表 5-11　知识与技能要求

任务内容	工业机器人喷涂生产线集成	学习程度		
		识记	理解	应用
学习任务	工业机器人喷涂生产线的任务分析		●	
	工业机器人喷涂生产线的硬件选型			●
	工业机器人喷涂生产线的软件配置			●
	工业机器人喷涂生产线的形式与功能模块		●	
实训任务	工业机器人喷涂生产线的集成			●
自我勉励				

班级_____ 姓名_____ 学号_____

任务工单

1. 任务描述

根据工业机器人喷涂生产线的设计背景与要求，并结合实际情况，为工业机器人喷涂生产线选择合适的硬件设备，然后对设备进行连接布局，通过程序完成软件配置后，进行工业机器人喷涂生产线的调试与运行。将任务内容、任务目的、喷涂机器人类型、主要外围辅助设备填入表 5-12 中。

表 5-12 任务描述

任务内容	
任务目的	
喷涂机器人类型	
主要外围辅助设备	

2. 小组分工

以 3～5 人为一组，选出组长并进行任务分工，将小组成员及分工情况填入表 5-13 中。

表 5-13 小组成员及分工情况

班级		组号		指导教师	
小组成员	姓名	学号	任务分工		
组长					
组员					

3. 获取信息

在进行具体工作前，需要掌握工业机器人喷涂生产线集成的相关知识。请各组组长组织组员收集相关资料，回答下列问题。

引导问题 1：喷涂机器人一般采用_____驱动，具有动作速度快、防爆性能好等特点，其示教方法有手把手示教和_____。

引导问题 2：喷涂机器人的手腕结构主要有_____和_____两种。

引导问题 3：根据驱动方式的不同，喷涂机器人主要分为_____和_____。

引导问题 4：简述喷涂机器人的优点。

班级_____ 姓名_____ 学号_____

引导问题 5：简单介绍常见的喷涂机器人外围辅助设备。

4．制订计划

（1）制订工作计划，并将其填入表 5-14 中。

表 5-14　工作计划

步骤	工作内容	负责人

（2）将实施过程中所需工具、耗材等的清单填入表 5-15 中。

表 5-15　实施过程中所需工具、耗材等的清单

序号	名称	型号与规格	单位	数量	备注

班级_____ 姓名_____ 学号_____

5．进行决策
（1）每人阐述工作计划。

（2）组员之间进行提问与答疑，选出最佳计划。

（3）教师对各组的工作计划进行点评。

6．任务实施
按照本组确定的最佳计划进行工业机器人喷涂生产线集成的各项任务，然后根据实际操作过程，将实施步骤、实施内容及实施过程中遇到的问题和解决办法记录在表 5-16 中。

表 5-16　任务实施过程记录表

序号	实施步骤	实施内容	遇到的问题和解决办法

班级_____ 姓名_____ 学号_____

表 5-16（续）

序号	实施步骤	实施内容	遇到的问题和解决办法

7. 考核评价

各组代表讲述与展示任务实施成果，并配合指导教师完成如表 5-17 所示的考核评价表。

表 5-17　考核评价表

项目名称	评价内容	分值	评价分数		
			自评	互评	师评
职业素养考核项目 40%	无迟到、无早退、无旷课	6 分			
	仪容仪表符合规范要求	6 分			
	具备良好的安全意识与责任意识	10 分			
	具备良好的团队合作与交流能力	6 分			
	具备较强的纪律执行能力	6 分			
	保持良好的作业现场卫生	6 分			
专业能力考核项目 60%	积极参加教学活动，按时完成任务工单	12 分			
	操作规范，符合作业规程	18 分			
	操作熟练，工作效率高	12 分			
	任务完成情况良好	18 分			
合计		100 分			
总评	自评（20%）+互评（20%）+师评（60%）=____	综合等级：____	教师（签名）：_____		

> 知识准备

一、工业机器人喷涂生产线的任务分析

喷涂是一种通过喷枪并借助压力或离心力，将涂料分散成均匀而微细的雾滴，施涂于被涂物表面的涂装方式。喷涂的应用范围非常广泛，涉及国民经济的各个部门，是目前应用最普遍的一种涂装方式。在当今数字化、网络化、信息化潮流的影响下，喷涂作业也要实现自动化、柔性化与智能化。

工业机器人喷涂生产线是指可以根据工件的不同特点，采用不同程序对工件表面进行喷涂作业的智能生产线。工业机器人喷涂生产线通过构建输送链自动化、工序柔性化、加工高效化的生产模式，利用喷涂机器人和自动物流设备进行柔性化生产，提升生产线的自动化水平和柔性化水平；利用传感器和智能算法实现在线检测功能，提升生产线的智能化水平。

（一）认识喷涂机器人

喷涂机器人又称喷漆机器人，是指可以自动进行喷漆或喷涂其他涂料的工业机器人，如图 5-27 所示。喷涂机器人广泛用于汽车、仪表、电器等行业，多采用具有 5 个或 6 个自由度的关节式结构，其手臂要有较大的运动空间，可以完成复杂的运动轨迹，其腕部一般具有 2～3 个自由度，可灵活运动。目前较为先进的喷涂机器人，其腕部多采用柔性手腕，这种手腕既可向各个方向弯曲，又可转动，动作类似人的手腕，能方便地通过较小的孔伸入工件内部，喷涂工件内表面。

喷涂机器人作业现场

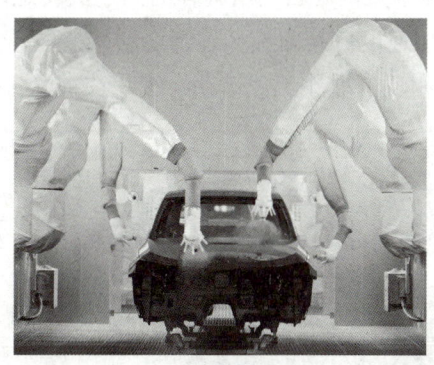

图 5-27 喷涂机器人

喷涂机器人一般采用液压驱动，具有动作速度快、防爆性能好等特点，其示教方法有手把手示教和点位示教。

喷涂机器人的优点主要包括以下几个方面。

（1）柔性大，工作范围大。

（2）可提高喷涂质量和材料使用率。

（3）易于操作和维护，可离线编程，能够大大缩短现场调试时间。

（4）设备利用率高，其利用率可达 90%～95%。

（二）喷涂机器人的涂装工艺

针对不同的涂装工艺，喷涂机器人所使用的喷枪及配备的涂装系统也存在差异。传统涂装工艺中的

空气涂装和高压无气涂装仍被广泛使用，但近年来静电涂装工艺，特别是旋杯式静电涂装工艺凭借其高质量、高效率、节能环保等优点已成为现代汽车车身涂装的主要手段之一，并且被广泛应用于其他工业领域。

1. 空气涂装

空气涂装是指利用压缩空气将涂料雾化进行喷涂的涂装方法。当压缩空气的气流流经喷枪喷嘴时形成负压，在负压作用下涂料被从吸管吸入，然后经过喷嘴喷出，同时利用压缩空气对涂料进行吹散，以达到均匀雾化的效果。该涂装方法的优点是能够任意选择喷涂条件且容易操作，适用于重视喷涂质量的工件，但其涂料利用率低。空气涂装一般用于家具、3C 产品外壳、汽车等的涂装作业。

2. 高压无气涂装

高压无气涂装是一种较为先进的涂装方法，它采用增压泵先将涂料增至 6～30 MPa 的高压，然后通过很细的喷孔将涂料喷出，使涂料成扇形雾状。高压无气涂装具有较高的涂料利用率和生产效率，且表面质量明显优于空气涂装。

3. 静电涂装

静电涂装是根据静电吸附原理，即以接地的被涂物作为正极，接电源负高压的雾化涂料作为负极，使带电荷的涂料雾化颗粒通过静电作用均匀地吸附在工件表面上。该方法通常应用于金属表面或导电性良好且结构复杂的表面，如金属球面、圆柱面等。

如图 5-28 所示为高速旋杯式静电喷枪，它利用旋杯的高速旋转运动产生的离心作用，将涂料在旋杯内表面伸展成薄膜，并通过巨大的加速度使其向旋杯边缘运动，在离心力及强电场的双重作用下，涂料被破碎为极细且带电的雾滴，向极性相反的被涂工件运动，沉积在被涂工件表面，形成均匀、平整、光滑、丰满的涂膜。

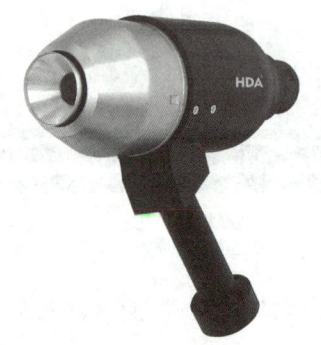

图 5-28　高速旋杯式静电喷枪

（三）工业机器人喷涂生产线

工业机器人喷涂生产线克服了传统喷涂作业物流复杂、管理链路长、人员投入大、生产效率低、产品质量稳定性差的缺点，利用传统喷涂厂房对其内部进行改造，实现自动化、柔性化与智能化喷涂作业。

完整的工业机器人喷涂生产线主要包括喷涂机器人和外围辅助设备。喷涂机器人主要包括机器人本体和自动涂装设备两部分。机器人本体由防爆机器人本体及完成工艺控制的控制器组成，而自动涂装设备主要由供漆系统及自动喷枪/旋杯组成。外围辅助设备除常规的同步系统、自动识别系统、自动输送链及检测系统等模块外,还包括保证喷涂作业环境的喷房和防爆吹扫系统。

在进行涂装作业时,为了获得高质量的涂膜,除了对喷涂机器人动作的柔性和精度、供漆系统及自动喷枪/旋杯的控制精度有要求外,对涂装作业环境状态也提出了要求,如无尘、恒温、恒湿、环境内恒定的供风及对有害挥发性有机物含量的控制等,喷房由此应运而生。喷房一般由涂装作业工作室、收集有害挥发性有机物的废气舱、排气扇以及可将废气排放到建筑物外的排气管等组成。

喷涂机器人多在封闭的喷房内进行喷涂作业,由于喷涂的薄雾是易燃易爆的,如果喷涂机器人的某个部件产生火花或温度过高,就会引起火灾甚至爆炸,因此防爆吹扫系统是喷涂机器人极其重要的一部分。防爆吹扫系统主要由危险区域之外的吹扫单元、操作机内部的吹扫传感器、控制柜内的吹扫控制单元三部分组成。吹扫单元通过柔性软管向包含有电气元件的操作机内部施加压力,阻止易燃易爆性气体进入操作机内部;同时由吹扫控制单元监视操作机内压、喷房气压,当发生异常状况时,立即切断操作机的伺服电源。

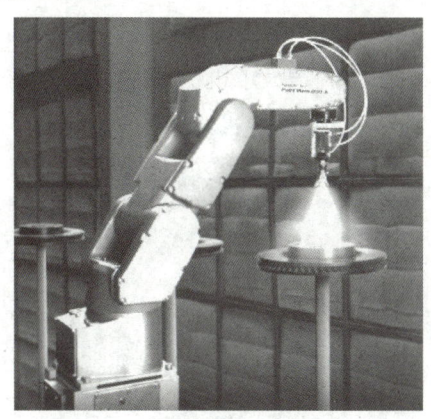

二、工业机器人喷涂生产线的硬件选型

工业机器人喷涂生产线的硬件组成主要是喷涂机器人和外围辅助设备。

(一)喷涂机器人

喷涂机器人的运动链要有足够的灵活性,以适应喷枪面对不同工件表面的姿态要求;同时应确保喷枪的运动速度平稳,特别是在轨迹拐角处的误差要小,以避免涂层不均匀。喷涂机器人通常采用手把手的示教方式,因此要考虑重力平衡问题,以便使示教更省力。此外,喷涂机器人一般采用连续轨迹控制方式,在某些应用场景中可能需要轨迹跟踪装置。

1. 手腕结构的选择

目前,大多数喷涂机器人仍采用与通用型工业机器人相似的具有5个或6个自由度的串联式关节机器人,并在其末端加装自动喷枪。喷涂机器人的手腕结构主要有球型手腕和非球型手腕两种,如图5-29所示。

(a)球型手腕

(b)非球型手腕

图5-29 喷涂机器人的手腕结构

(1)球型手腕:与通用型工业机器人手腕结构类似,手腕的三个关节轴线相交于一点,即目前大多

数机器人所采用的 Bendix 手腕。该手腕结构便于离线编程的控制,但是由于其腕部第二关节不能实现 360°周转,故工作空间相对较小。采用球型手腕的喷涂机器人多为紧凑型结构,多用于小型工件的涂装,其工作半径多为 0.7~1.2 m。

(2)非球型手腕:手腕的三个关节轴线并非如球型手腕那样相交于一点,而是相交于两点。非球型手腕机器人相对于球型手腕机器人来说更适合于涂装作业,该喷涂机器人每个腕关节转动角度都能达到 360°以上,手腕灵活性强,机器人工作空间较大,特别适用于复杂曲面及狭小空间的涂装作业。但由于非球型手腕增大了机器人控制的难度,因此难以实现离线编程控制。

2. 驱动方式的选择

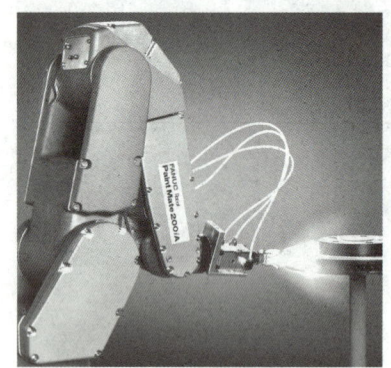

喷涂机器人之前一直采用液压驱动方式,主要是因为它必须在充满可燃性气体的环境中工作,采用液压驱动方式较为安全。近年来,由于交流伺服电机的广泛应用和高速伺服技术的进步,在喷涂机器人中采用电驱动已经成为可能。根据驱动方式的不同,喷涂机器人主要分为液压喷涂机器人和电动喷涂机器人。

(1)液压喷涂机器人:以六轴多关节型液压喷涂机器人为例,它由机器人本体、控制装置和液压系统组成。其手腕采用柔性手腕结构,可绕臂部的中心轴沿任意方向弯曲,而且在任意弯曲状态下可绕腕部中心轴扭转。液压喷涂机器人由于腕部不存在奇异位形,所以能涂装形态复杂的工件,并且具有很高的生产效率。

(2)电动喷涂机器人:多采用耐压或内压防爆结构,限定在 1 类危险环境(在通常条件下有生产危险气体介质的可能)和 2 类危险环境(在异常条件下有生成危险气体介质的可能)下使用。电动喷涂机器人需要在静止状态完成涂装动作的示教,再现时机器人便可根据传送带的信号实时地进行坐标变换,一边跟踪被涂装工件,一边完成涂装作业。由于电动喷涂机器人具有与传送带同步的功能,因此,当传送带的速度发生变化时,喷枪相对于工件的速度仍能保持不变,即使传送带停下来,也可以正常地进行涂装作业,直至完成作业,故涂层质量能够得到良好的控制。

(二)外围辅助设备

常见的喷涂机器人外围辅助设备有机器人行走单元、工件传送(旋转)单元、空气过滤系统、输调漆系统、喷枪清理装置、喷涂生产线控制盘等。

1. 机器人行走单元与工件传送(旋转)单元

机器人行走单元和工件传送(旋转)单元主要包括负责工件传动及旋转动作的伺服转台、伺服穿梭机、输送系统以及负责机器人上下左右滑移的行走单元。喷涂机器人对其所配备的行走单元和工件传送(旋转)单元的防爆性能有着较高的要求。一般来说,配备行走单元和工件传送(旋转)单元的喷涂机器人,其生产线的工作方式有动/静模式、流动模式及跟踪模式三种。

(1)动/静模式:工件先由伺服穿梭机或输送系统传送到涂装室中,由伺服转台完成工件旋转,之后由喷涂机器人单体或配备行走单元的机器人对其完成涂装作业。在涂装过程中工件可以是静止的,也可以与机器人协调运动。

(2)流动模式:工件由输送链承载并匀速通过涂装室,由固定不动的涂装机器人对工件完成涂装作业。

(3)跟踪模式:工件由输送链承载并匀速通过涂装室,机器人不仅要跟踪随输送链运动的涂装物,还要根据涂装面改变喷枪的方向和角度。

2．空气过滤系统

在涂装作业过程中，当大于或等于10μm的粉尘混入漆层时，用肉眼就可以明显看到由粉尘造成的瑕点。为了保证涂装作业的表面质量，工业机器人喷涂生产线所处的环境及涂装作业所使用的压缩空气应尽可能保持清洁，这需要空气过滤系统通过使用大量空气过滤器对空气进行处理并保持涂装车间正压来实现。喷房内的空气对纯净度要求最高，一般来说要经过三道过滤工序才能满足要求。

3．输调漆系统

工业机器人喷涂生产线一般由多个喷涂机器人单元进行协同作业，这便需要有稳定、可靠的涂料及溶剂的供应，而输调漆系统则是完成这一功能的重要装置。输调漆系统一般由油漆和溶剂混合的调漆系统、为喷涂机器人提供油漆和溶剂的输送系统、液压泵系统、油漆温度控制系统、溶剂回收系统、辅助调漆设备及输调漆管网等组成。

4．喷枪清理装置

在进行涂装作业时，难免出现污物堵塞喷枪气路的问题；此外，对不同工件进行涂装时，有时需要进行换色作业。这就需要对喷枪进行清理。自动化的喷枪清理装置能够快速、干净、安全地完成喷枪的清洗和颜色更换，彻底清除喷枪通道内及喷枪上飞溅的涂料残渣，同时对喷枪进行干燥，以减少喷枪清理所用的时间、溶剂及空气。

5．喷涂生产线控制盘

对于采用两套或两套以上喷涂机器人单元同时工作的涂装作业系统，一般需要配置喷涂生产线控制盘对生产线进行监控和管理。喷涂生产线控制盘一般具有如下功能。

（1）生产线监控功能：通过管理界面可以监控整个涂装作业系统的状态，如工件类型、颜色、喷涂机器人和外围辅助设备的操作、涂装条件和系统故障信息等。

（2）设置和更改功能：设置和更改涂装条件和涂料单元的控制参数，即对涂料流量、雾化气压、喷幅气压、静电电压、颜色切换的时序、喷枪清理工序及工件类型和颜色的程序编号等进行设置和更改。

（3）管理和统计功能：对生产线上的各类生产数据进行管理和统计，如涂料消耗量管理、产量统计和故障统计等。

三、工业机器人喷涂生产线的软件配置

不同的喷涂机器人在控制软件中的参数设置是不同的，现以某ABB喷涂机器人参数设置为例进行介绍。

打开虚拟示教器以后，首先将界面语言改为中文，然后选择"ABB 菜单"→"控制面板"→"配置"选项，进入"I/O 主题"，对 I/O 信号进行配置。在喷涂机器人中配置 DSQC652 标准板，此时需要在 Unit 中设置 I/O 单元的相关参数，如表 5-18 所示。

表 5-18　在 Unit 中设置 I/O 单元的相关参数

Name	Type of Unit	Connected to Bus	DeviceNet Address
Board10	D652	DeviceNet1	10

在工业机器人喷涂生产线中，需要配置的 I/O 信号有以下几种。

（1）数字输出信号 do Glue，用于控制喷枪喷漆。

（2）数字输入信号 di Glue Start，用于提供喷漆启动信号。

I/O 信号参数的配置如表 5-19 所示。

表 5-19 I/O 信号参数的配置

Name	Type of Signal	Assigned to Unit	Unit Mapping
do Glue	Digital OutPut	Board10	0
di Glue Start	Digital InPut	Board10	0

四、工业机器人喷涂生产线的形式与功能模块

（一）工业机器人喷涂生产线的形式

工业机器人喷涂生产线有多种形式，常见的有通用型机器人自动生产线、仿形机器人自动生产线、喷涂机器人与自动喷涂机自动生产线、组合式自动生产线等。

1. 通用型机器人自动生产线

早期的全自动喷涂作业主要采用通用机器人组成自动生产线。这种自动生产线适合较复杂型面的喷涂作业，广泛应用于汽车工业、机电产品工业、家用电器工业和日用品工业。因此，这种自动生产线上配备的喷涂机器人要求动作灵活，大多具有 5~6 个自由度。

工业机器人喷涂生产线作业现场

2. 仿形机器人自动生产线

仿形机器人是一种根据喷涂对象形状特点进行简化的通用型机器人，可用于完成专门作业，一般有机械仿形和伺服仿形机器人两种。这种机器人适合箱体零件的喷涂作业。由于仿形作业下喷具的运动轨迹与被喷零件的形状相一致，使喷涂机器人在最佳条件下完成涂装作业，因此涂装质量最高。这种自动生产线的最大优点是工作可靠，但不适合型面较复杂零件的喷涂。

3. 喷涂机器人与自动喷涂机自动生产线

喷涂机器人与自动喷涂机自动生产线一般用于喷涂大型工件，即大平面、圆弧面和复杂型面结合的工件，如汽车驾驶室、车体等。在喷涂机器人与自动喷涂机自动生产线中，喷涂机器人一般用来喷涂车体的前后围及圆弧面，而自动喷涂机则用来喷涂车体的侧面和顶面的平面部分。

4. 组合式自动生产线

组合式自动生产线是指将不同形式的生产线组合在一起进行协同作业。例如，在某典型的组合式喷涂自动生产线中，车体的外表面采用仿形机器人进行喷涂；车体的内表面采用通用型机器人进行喷涂，在涂装时需完成开门、开盖、关门、关盖等辅助工作。

（二）工业机器人喷涂生产线的功能模块

工业机器人喷涂生产线的结构是根据喷涂对象的产品种类、生产方式、输送形式、生产纲领及油漆种类等工艺参数确定的，须根据其生产规模、生产工艺和自动化程度设置系统功能模块。工业机器人喷涂生产线的功能模块主要包括总控系统、同步系统、自动识别系统、自动输漆和换色系统、自动输送链、工件到位自动检测装置、喷涂机器人与自动喷涂机。

1. 总控系统

工业机器人喷涂生产线的总控系统控制所有设备的运行，主要具有以下功能。

（1）全线自动启动、停止和联锁功能。

（2）喷涂机器人作业程序的自动排队和手动排队、接收识别信号、向喷涂机器人发送程序等功能。

（3）控制自动输漆和自动换色系统的功能。

（4）故障自诊断功能。

（5）实时工况显示功能。

（6）单机离线和联线功能。

（7）生产管理功能，如自动统计产品、自动生成报表、打印等。

2. 同步系统

同步系统一般用于连续运行的通过式生产线上，使喷涂机器人和自动喷涂机的工作速度与输送链的速度之间建立同步协调关系，避免因速度快慢差异而造成设备与工件相撞事故。同步系统可自动检测输送链的速度，并向喷涂机器人和总控制台发送脉冲信号，喷涂机器人根据链速信号确定在线程序的执行速度，使喷涂机器人移动的位置与链上零件的位置同步对应。

3. 自动识别系统

自动识别系统是多种产品混流生产的自动线中必须具备的功能模块，它能根据不同零件的形状特点进行识别，一般采用多个红外线光电开关，按照区别零件形状特点的信号而布置安装位置。当自动生产线上被喷涂的零件通过自动识别系统时，自动识别系统将识别出的零件型号进行编组排队，并通过通信送至总控系统。

4. 自动输漆和换色系统

为了保证工业机器人喷涂生产线的喷涂质量，自动输漆系统必须采用自动搅拌和主管循环，使输送到各工位喷具上的涂料黏度保持一致。对于多色喷涂作业，喷具采用自动换色系统，该系统包括自动清理喷枪和吹干功能。换色器一般安装在离喷具较近的位置，以减少换色时间，满足生产节拍要求并减少清理时浪费的涂料。自动换色系统由喷涂机器人控制，对于被喷零件的颜色指令，则由总控系统发出。

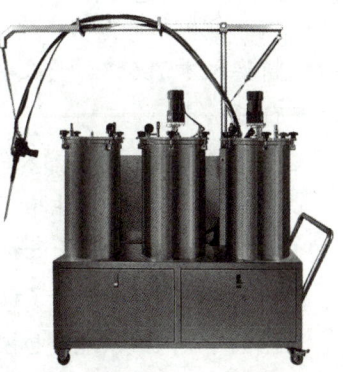

5. 自动输送链

工业机器人喷涂生产线上输送零件的自动输送链有悬挂链和地面链两种。悬挂链有普通悬挂链和推杆式悬挂链两种，地面链有台车式地面链、链条式地面链、滚子式地面链、滑撬式地面链等不同种类。目前，汽车涂装广泛采用滑撬式地面链，该类自动输送链运行平稳、可靠性好，适用于全自动和高光泽度的喷涂生产线。

自动输送链的选择取决于生产规模、零件形状、重量和涂装工艺要求。悬挂链在输送零件时，挂具和轨道上可能出现异物掉落，故一般用于对表面喷涂质量要求不高和进行工件底面喷涂的生产线。对于对表面喷涂质量要求较高的大型工件，大都采用地面链输送。

6. 工件到位自动检测装置

当自动输送链上的待喷涂零件移动到喷涂机器人的工作范围内时，喷涂机器人必须开始作业。喷涂机器人开始作业的启动信号由工件到位自动检测装置给出，而工件到位自动检测装置一般采用红外光电开关或行程开关产生启动信号，用来启动喷涂机器人的喷涂程序。若没有工件进入喷涂作业区域，喷涂机器人将处于等待状态。此外，启动信号还可作为总控系统在工件排队中减去一个工件的触发信号。

7. 喷涂机器人与自动喷涂机

在工业机器人喷涂生产线上采用的喷涂机器人和自动喷涂机除应具备基本工作参数和功能外,还用具备下列功能。

(1)高速运行功能。喷涂机器人的运行速度必须高于正常喷涂速度的150%,以满足同步作业时快速运行的需要。

(2)自动启动功能。

(3)同步功能。

(4)自动更换程序功能(能接收识别信号)。

(5)通信功能。

素质课堂

蒋刚：十年专注,成就"机器人大工匠"

专注是"工匠精神"的重要内涵之一,一个人只有专注于一件事情,才能积累到足够的经验和知识,一个"匠人"的炼成,都是从专注开始的。有这样一位教授,他身体力行地诠释着专注的意义,并把这种"工匠精神"传授给自己的学生和团队的伙伴。

蒋刚,十余年如一日,致力于机电一体化、机器人技术研究和教学工作,目前已经研制成功"龙骑战神军民两用大型重载电液伺服驱动六足机器人""危险环境智能探测机器人""基于小型反应堆的可移动式中子成像检测多功能承载机器人""节能环保警民两用智能平衡巡逻装备"等多个功能强大的机器人。他还在学校创立了先进机电技术创新团队,为社会培养输送高端科技精英人才786人,多次率队参加全国机器人大赛、全国电子设计竞赛等科技竞赛,获全国一等奖11项。

说到蒋刚对机器人的专注与痴迷,可以追溯到他的小时候,蒋刚7岁就自己动手造出了人生第一台电动机。高中毕业后,他为了自己的机器人梦,选择了当时很冷门的专业——机械设计与制造,从小就阅读了大量机器人相关书籍的蒋刚心里十分清楚,要做机器人,这个专业是必修课。在硕士阶段,蒋刚选择了机械电子工程专业,深入学习微机原理、电子电路设计、自动控制技术、单片机与嵌入式系统等电控类知识。到了博士阶段,他转到计算机方向,对信息处理、机器学习、人工智能等进行深入的研究,从而获得了从事机器人研究所需的"机、电、控"专业知识基础体系。

除了在校学习,蒋刚还利用寒暑假,自己跑到上海、成都、深圳的企业去打工,锻炼自己。在他看来,"工匠"是需要历练的。正是这些历练,让蒋刚拥有了与一线工人相比也不遑多让的动手能力,也让他成为了四川省首届30名"四川工匠"中唯一的高校代表。

对于蒋刚而言,只要做与机器人有关的工作,似乎所有困难就都能克服。2008年汶川地震的时候,正是当年全国机器人大赛的备战关键时期,在学校的支持下,他和他的团队圆满完成了大赛的备战任务。更加令人振奋的是,他和他的团队不仅作为唯一一支来自重灾区的队伍参加了比赛,还获得全国八强和最佳风格奖。

汶川地震也激发了蒋刚和他团队的灵感,就是多功能足式机器人的研发。"足式机器人对地形的适应能力远远强于轮式和履带式机器人,适用于地震之后的非结构路况环境,代替人类执行救援任务。"蒋刚称。经过几年的研发，陆续诞生了"机器鼠"（危险环境智能探测机器人）、"龙骑战神"（大型重载六足机器人）、"龙骑士"（中型多足机器人）等成果。

蒋刚带领他的团队已经将"龙骑战神"和"龙骑士"更新了几个版本。从方案设计、计算论证、加工制造、装配调试、硬件控制系统设计、控制软件程序开发，蒋刚都亲力亲为。经常和团队成员们讨论、试验到凌晨。

蒋刚深知，机器人是一个综合性交叉学科，需要机械、电子、控制、材料、计算机等多个学科的专业知识。研制机器人绝非一个人单枪匹马可为，而是需要一个精英团队共同开展科技攻关，无论是作为一名老师，还是团队的领导者，他都需要把自己的知识和技术传授出去，把自己对机器人的这份专注传递下去。

（资料来源：http://qclz.youth.cn/znl/201803/t20180330_11561364.htm，有改动）

技能实训——IRB 4600 工业机器人喷涂生产线集成

一、工业机器人喷涂生产线的设计背景

（1）客户技术要求：通过 7 次喷涂，喷出 7 种不同颜色的彩色圆环图案。

（2）生产节拍要求：工业机器人喷涂生产线能够在 50 s 内完成 7 种不同颜色的彩色圆环图案的喷涂。

（3）作业环境条件：环境温度为 5~45℃，电源电压为 220 V，作业场地长宽高分别为 4 100 mm、4 200 mm、2 200 mm。

二、工业机器人喷涂生产线的设备详情

工业机器人喷涂生产线的设备清单如表 5-20 所示。

表 5-20 工业机器人喷涂生产线的设备清单

设备名称	设备描述	数 量	备 注
工业机器人	ABB IRB 4600-60/2.05	1 套	瑞士 ABB 产品
机器人控制器	IRC5	1 套	瑞士 ABB 产品
末端执行器	自动喷枪 FW-210V	1 套	中国产品
PLC	西门子 S-400	1 套	德国产品
上位机	用于后台程序的编辑及显示	1 台	自选
空压机	SLB06	1 台	中国产品
机器人底座	用于机器人的安装	1 套	自选
安全围栏	保证工作人员安全	1 套	自选
设备总控台	控制设备的启停等	1 套	自选

下面主要介绍工业机器人和末端执行器的型号与参数。

（一）工业机器人的型号与参数

该工业机器人喷涂生产线所用工业机器人的型号为 ABB IRB 4600-60/2.05，与项目三中码垛机器人应用系统选用的工业机器人型号相同，其工作范围为 2 050 mm，有效负载为 60 kg，手臂负载为 20 kg，重复定位精度为 0.06 mm，能够满足喷涂作业的要求。

（二）末端执行器的型号与参数

该工业机器人喷涂生产线所用末端执行器为自动喷枪 FW-210V，如图 5-30 所示。该自动喷枪采用压送式涂料供给方式，喷枪长度为 270 mm，喷枪重量为 0.75 kg，涂料阀的启动气压为 300 kpa，能承受的流体压力和空气压力为 700 kpa。该自动喷枪采用塑钢绝缘材料，具有体积轻、使用寿命长且能避免静电外漏等特点，适用于水性涂料、溶剂型涂料、金属漆等喷涂材料。此外，该自动喷枪由 PLC 控制，喷涂效果较好，能够节省涂料，降低生产成本。

图 5-30　自动喷枪 FW-210V

三、工业机器人喷涂生产线的连接布局

工业机器人喷涂生产线的连接布局如图 5-31 所示。

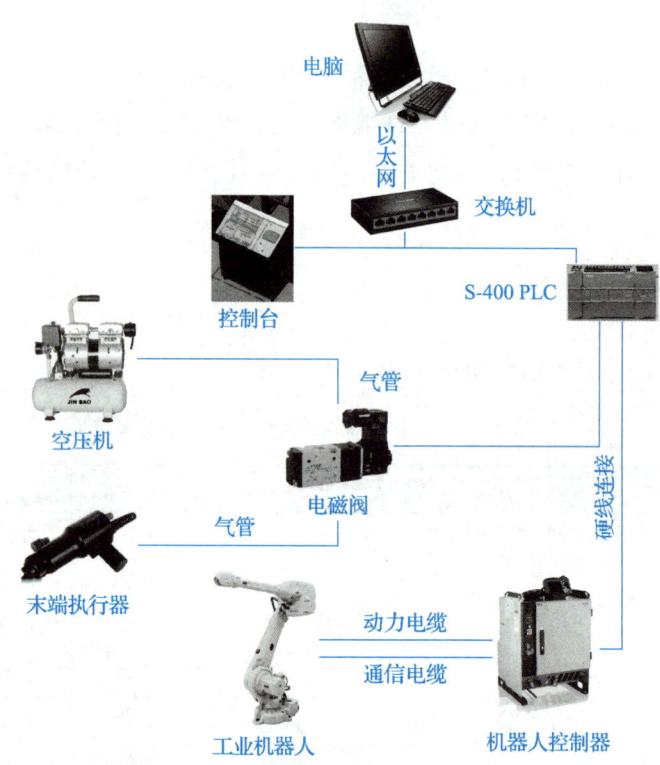

图 5-31　工业机器人喷涂生产线的连接布局

在工业机器人仿真模拟软件的模型中，工业机器人喷涂生产线主要由喷涂机器人、自动喷枪、涂料输送管、涂料罐、空压机、涂料板、机器人控制器、安全围栏等组成，如图 5-32 所示。

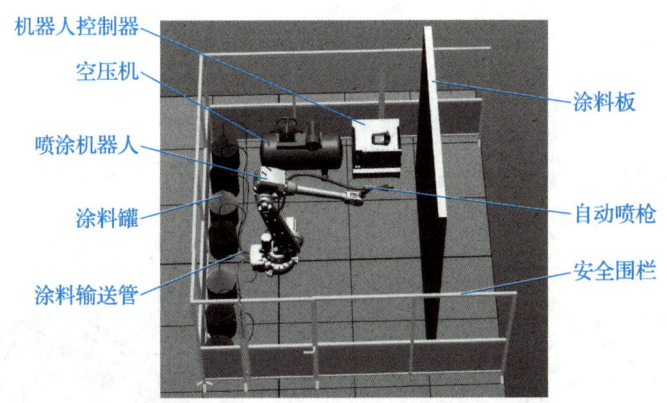

图 5-32 工业机器人喷涂生产线的组成

四、工业机器人喷涂生产线的通信配置

该工业机器人喷涂生产线可采用模拟量控制的方式进行通信配置,具体操作如下。

(1)喷涂机器人与控制系统主要通过 DSQC1030 板进行通信,该板包含 16 个数字输入接口和 16 个数字输出接口。

(2)当需要使用模拟量模块时,应额外安装 DSQC1032 板,该板包含 4 个模拟输入接口和 4 个模拟输出接口。安装时,可将 DSQC1032 板直接挂在 DSQC1030 板后端的卡槽处。

(3)硬件设备通信使用 Ethernetip 协议,喷涂机器人不需要额外配置选项。如果喷涂机器人需要做主站连接其他 Ethernetip 从站或喷涂机器人做 Ethernetip 从站连接其他设备主站,需要增加 Ethernetip Scanner/Adapter 装置,并进行相关设置。

(4)DSQC1030 的硬件连接。

① 出厂时默认把设备底部的 X5 接口连接在机器人控制器 X4 的 LAN2 接口上。

② 硬件最上端的 X5 接口为设备供电接口,默认从 XT31 接口引电。

③ X1 为输出接口。其中,PWR DO 和 GND DO 的数字输出为 24 V 和 0 V,需要单独接电或从 XT31 接口引电,相当于 DSQC652 的 9 号和 10 号接口。

④ X2 为输入接口。其中,GND DI 的数字输入为 0 V,需要单独接线或从 XT31 接口接线。

(5)DSQC1032 的硬件连接。X1 接口为 AO 和 AI,X2 为 24 V 和 0 V。

(6)打开控制面板中的"配置"选项,然后选择"Ethernetip Device",添加模板,所属设备选择 ABB LOCAL I/O Device+Analog。

(7)添加 Signal(DI/DO),所属设备选择 Local IO_Analog。

(8)添加 AO 地址和 AI 地址,其方法与之前添加 DSQC651 模拟量的方法类似,可参考如表 5-21 所示的 ABB 机器人模拟量输出配置。

表 5-21 ABB 机器人模拟量输出配置

名称	地址	名称	地址
AO1	16~31	AI1	16~31
AO2	32~47	AI2	32~47
AO2	48~63	AI2	48~63
AO4	64~79	AI4	64~79

五、工业机器人喷涂生产线的程序调试与运行

（一）工业机器人喷涂生产线的程序调试

在该工业机器人喷涂生产线的作业过程中，喷枪依次喷出 7 种不同的颜色，需要进行 7 种颜色的自动切换，喷枪运动轨迹和最终效果图案如图 5-33 所示。

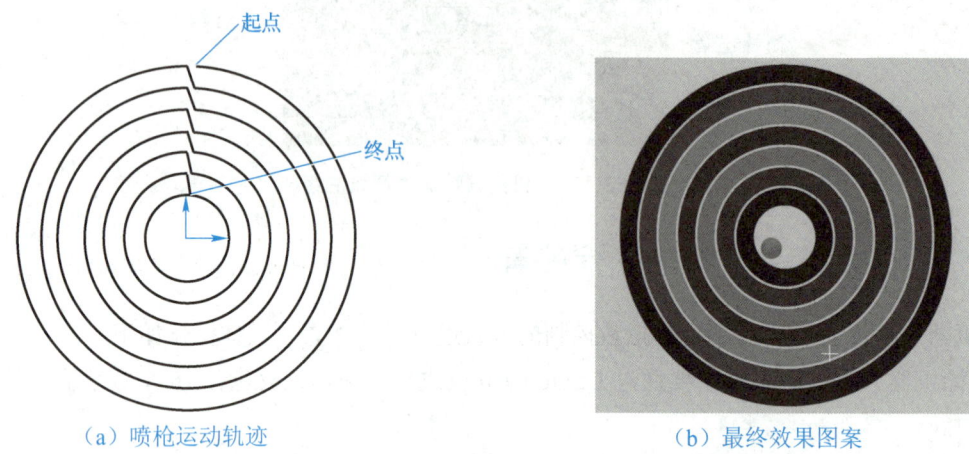

（a）喷枪运动轨迹　　　　　　　　　　（b）最终效果图案

图 5-33　喷枪运动轨迹和最终效果图案

在 RobotStudio 软件中启动工业机器人喷涂生产线的程序进行调试，其步骤如下。

（1）在 RobotStudio 软件中打开工业机器人喷涂生产线的程序文件。

（2）如图 5-34 所示，打开"虚拟示教器"，在该界面中，进行工业机器人喷涂生产线调试的相关操作，具体调试步骤与搬运机器人应用系统的调试步骤相同。

工业机器人喷涂生产线的程序文件

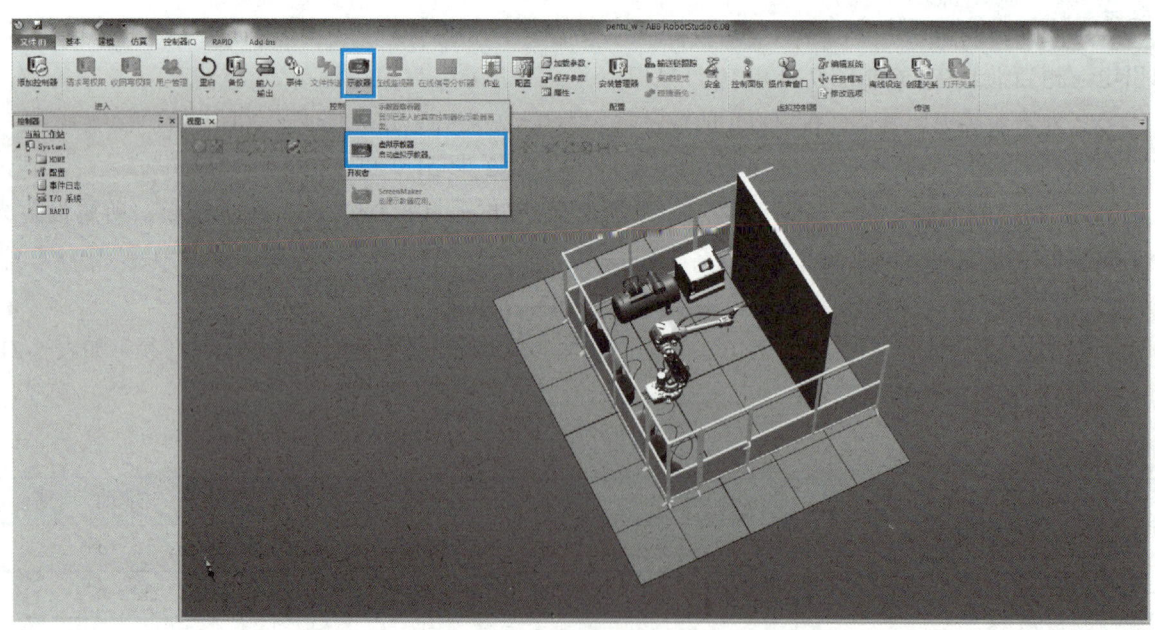

图 5-34　RobotStudio 界面

（二）工业机器人喷涂生产线的整体运行

（1）确认喷涂机器人是否在原点位置，若不在，应手动将喷涂机器人移动到原点位置。工业机器人喷涂生产线的试验平台如图 5-35 所示。

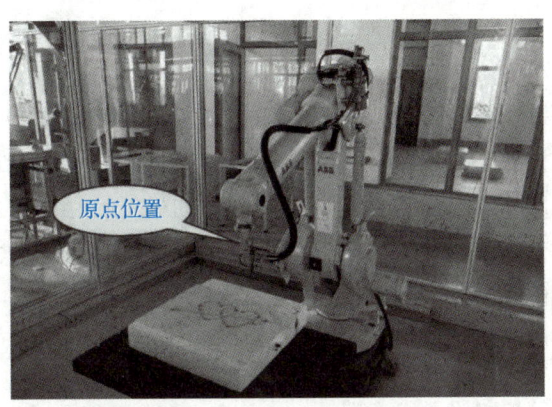

图 5-35　工业机器人喷涂生产线的试验平台

（2）在控制器面板上选择"自动模式"，并在状态栏中确认喷涂机器人已切换至"自动"状态；然后将喷涂机器人运行模式切换到"连续"，选择"自动生产窗口"，在弹出的"重置程序指针"窗口中单击"是"按钮；最后调整自动运行速度，首次自动运行建议选择 50%，待系统运行正常后再将速度恢复为 100%。该设置过程与搬运机器人应用系统的设置步骤相同。

喷涂机器人应用系统
模拟运行

（3）在电机上电状态下，单击圈中"运行"按钮，启动系统程序，观察程序启动后系统的运行情况。

参考文献

[1] 甘宏波,黄玲芝. 工业机器人技术基础 [M]. 北京:航空工业出版社,2019.

[2] 林燕文,魏志丽. 工业机器人系统集成与应用 [M]. 北京:机械工业出版社,2017.

[3] 汪励,陈小艳. 工业机器人工作站系统集成 [M]. 北京:机械工业出版社,2014.

[4] 韩鸿鸾. 工业机器人工作站系统集成与应用 [M]. 北京:化学工业出版社,2017.

[5] 周文军. 工业机器人工作站系统集成 [M]. 北京:高等教育出版社,2017.